国家林业和草原局普通高等教育"十四五"重点规划教材

食品感官评价

（第3版）

杜双奎　韩北忠　童华荣　主编

中国林业出版社
China Forestry Publishing House

内 容 简 介

本书系统地阐述了食品感官评价的心理学和生理学基础、评价员的筛选与培训、食品感官评价的环境条件、食品感官评价中的试验设计与统计分析、食品感官评价技术与分析，并介绍了感官评价在新产品开发、食品感官质量控制和食品研究中的典型应用、食品感官质量的客观化评价技术及其进展。

本书在突出基本理论和方法的同时，将食品感官评价技术、试验设计、统计分析与 SPSS 统计软件的应用有机结合，采用实例的形式对感官评价技术的操作和结果的分析进行说明，充分体现了感官评价的实践性。

本书可作为高等院校食品科学与工程类专业教材，也可作为从事食品行业的科技人员、感官评价爱好者的参考用书。

图书在版编目（CIP）数据

食品感官评价/杜双奎，韩北忠，童华荣主编 .—
3 版 .—北京：中国林业出版社，2023. 6
国家林业和草原局普通高等教育"十四五"重点规划
教材
ISBN 978-7-5219-2217-2

Ⅰ.①食…　Ⅱ.①杜…　②韩…　③童…　Ⅲ.①食品感官评
价-高等学校-教材　Ⅳ.①TS207. 3

中国国家版本馆 CIP 数据核字（2023）第 102408 号

策划编辑：高红岩
责任编辑：高红岩
责任校对：苏　梅
封面设计：五色空间

课件

出版发行　中国林业出版社
　　　　　（100009，北京市西城区刘海胡同 7 号，电话 83223120）
电子邮箱　cfphzbs@ 163. com
网　　址　www. forestry. gov. cn/lycb. html
印　　刷　北京中科印刷有限公司
版　　次　2009 年 7 月第 1 版（共印 4 次）
　　　　　2016 年 1 月第 2 版（共印 6 次）
　　　　　2023 年 6 月第 3 版
印　　次　2023 年 6 月第 1 次印刷
开　　本　787mm×1092mm　1/16
印　　张　18. 5
字　　数　455 千字　　数字资源：180 千字
定　　价　49. 00 元

《食品感官评价》(第3版)编写人员

主　　编　杜双奎　韩北忠　童华荣

副 主 编　冷小京　吴　敬　张　珍　战吉宬　罗　洁

编　　者　(按姓氏拼音排序)

丛海花(大连海洋大学)

杜双奎(西北农林科技大学)

韩北忠(中国农业大学)

冷小京(中国农业大学)

罗　洁(湖南农业大学)

童华荣(西南大学)

王翠娜(吉林大学)

王洪伟(西南大学)

王丽英(西北农林科技大学)

吴　敬(内蒙古农业大学)

战吉宬(中国农业大学)

张　珍(甘肃农业大学)

郑建梅(西北农林科技大学)

第 3 版前言

食品感官评价是基于心理学、生理学和统计学知识发展起来的一门学科，已成为食品产品质量管理、新产品开发、市场预测、顾客心理研究、科学试验等许多方面的重要手段。无论在大专院校，还是在研究机构和生产企业都得到充分的重视，许多机构已建有感官评价室。但如何组织、开展食品感官评价，如何分析感官评价结果，得到客观、可靠的评价结论，是目前许多食品企业、科研院所在食品感官评价过程中面临的主要问题。为解决这一问题，适应新形势下一流专业建设的需要，我们对 2016 年出版的《食品感官评价》（第 2 版）进行修订。

本次修订，以感官评价理论与方法为基础，在介绍食品感官评价生理学和心理学的基础上，重点阐述食品感官评价的方法、原理及数据处理。增加了食品感官评价中的试验设计与统计分析，增补了 SPSS 软件在不同感官评价分析方法中的应用、相似性检验等内容，删除了逐步排序检验、Scheffe 成对比较检验、质地感官评价参照样品标度举例等，丰富了人机一体化感官评价技术，压缩了食品感官评价基础、食品感官评价条件内容。

本版是在前两版基础上修订的，保留了原有的编写体系。编写分工如下：第 1 章由中国农业大学韩北忠、战吉宬编写，第 2 章由甘肃农业大学张珍编写，第 3 章由内蒙古农业大学吴敬编写，第 4 章由西北农林科技大学杜双奎、大连海洋大学丛海花编写，第 5 章由西南大学童华荣、王洪伟编写，第 6 章由西北农林科技大学杜双奎、王丽英编写，第 7 章由湖南农业大学罗洁编写，第 8 章由吉林大学王翠娜编写，第 9 章由中国农业大学冷小京编写，第 10 章由西北农林科技大学郑建梅编写，附表、章节思维导图由杜双奎负责。全书由杜双奎统稿。

本书将食品感官评价方法、试验设计、统计分析以及数据处理软件的应用有机结合，使感官评价结果分析更为严谨、合理，便于学习和参考。本书既可作为食品科学与工程、食品质量与安全、食品营养与健康、葡萄与葡萄酒工程、粮食工程等相关专业的食品感官评价用教材，也可作为从事食品行业的科技人员、广大感官评价爱好者和消费者的参考用书。

因食品感官评价涉及的知识面较广，本次修订虽做了很大的努力，但因时间及编者认识水平所限，书中遗漏、错误在所难免，真诚希望广大读者批评指正，以便修订完善。

编　者
2023 年 1 月

第 2 版前言

《食品感官评价》（第 1 版）在 2009 年出版后，承蒙读者的厚爱，使用范围不断扩大并获得赞誉。2015 年 4 月获得中国林业教育学会主办的"第三届全国林（农）类优秀教材评奖"一等奖。随着食品科学技术的蓬勃发展，在"十三五"初期，编者和出版社认为有必要对《食品感官评价》进行再版，对第 1 版教材进行适当的调整和补充，以满足新时期的教学需求。

本次修订重点完成以下几个方面：第一，对各章节进行局部的内容增删，增加了食品感官评价实验内容，使这本书的应用更为广泛，同时删除了部分章节中的统计分析基本知识，以避免与其他课程教材的重复；第二，对全书的文字进行一次修订，将原有错误之处、不顺畅之处等全面修改、润色，使全书信息更准确、语言更顺畅；第三，更新书中的实例，使其更具实践性。

本书内容分为食品感官评价基础与条件、感官评价技术及应用、感官质量客观化评价的发展、食品感官评价实验、附表共 5 个部分。绪论、第 1 章和第 2 章为感官评价基础与条件部分，感官评价基础主要讲述食品感官评价的发展历史、食品感官特性、感官及其感觉过程、感官评价过程中出现的生理和心理效应；食品感官评价条件包括物理条件要求和评价员的筛选与培训。第 3 章至第 6 章为感官评价技术及应用部分，着重讲述分析型感官评价方法，阐述情感型评价技术，介绍感官评价在质量控制和新产品开发中的典型应用。第 7 章为感官质量客观化评价的发展部分，着重介绍质地、风味等感官特性的客观化评价技术及其发展。实验部分放于附录中，附录中的附表为感官评价设计及统计分析用表。

本书绪论由中国农业大学食品科学与营养工程学院教授韩北忠博士编写，第 1 章由甘肃农业大学副教授张珍博士编写，第 2 章由中国农业大学食品科学与营养工程学院副教授战吉宬博士编写，第 3 章由西南大学教授童华荣博士编写，第 4 章由西北农林科技大学副教授杜双奎博士编写，第 5 章由湖南农业大学教授刘成国博士编写，第 6 章由中国农业大学食品科学与营养工程学院副教授何非博士编写，第 7 章由中国农业大学食品科学与营养工程学院教授冷小京博士编写，附录中实验部分由内蒙古农业大学副教授吴敬博士编写。

本次修订虽尽力而为，但因时间及编者认识所限，也未必尽如人意，真诚希望广大读者继续对本书提出宝贵意见。

编　者
2015 年 9 月

第 1 版序

　　食品质量与安全关系到人民健康和国计民生、关系到国家和社会的繁荣与稳定，同时也关系到农业和食品工业的发展，因而受到全社会的关注。如何保障食品质量与安全是一个涉及科学、技术、法规、政策等方面的综合性问题，也是包括我国在内的世界各国共同需要面对和解决的问题。

　　随着全球经济一体化的发展，各国间的贸易往来日益增加，食品质量与安全问题已没有国界，世界上某一地区的食品质量与安全问题很可能会涉及其他国家，国际社会还普遍将食品质量与安全和国家间商品贸易制衡相关联。食品质量与安全已经成为影响我国农业和食品工业竞争力的关键因素，影响我国农业和农村经济产品结构和产业结构的战略性调整，影响我国与世界各国间食品贸易的发展。

　　有鉴于此，世界卫生组织、联合国粮食及农业组织以及世界各国均加强了食品安全工作，包括机构设置、强化或调整政策法规、监督管理和科技投入。2000 年在日内瓦召开的第 53 届世界卫生大会首次通过了有关加强食品安全的决议，将食品安全列为世界卫生组织的工作重点和最优先解决的领域。近年来，各国政府纷纷采取措施，建立和完善食品安全管理体系和法律法规。

　　我国的总体食品质量与安全状况良好，特别是 1995 年《中华人民共和国食品卫生法》实施以来，出台了一系列法规和标准，也建立了一批专业执法队伍，特别是近年来政府对食品安全的高度重视，促使总体食品合格率不断上升。然而，由于我国农业生产的高度分散和大量中小型食品生产加工企业的存在，加上随着市场经济的发展和食物链中新的危害不断出现，我国存在着不少亟待解决的不安全因素以及潜在的食源性危害。

　　在应对我国面临的食品质量与安全挑战中，关键的一环是能力建设，也就是专业人才的培养。近年来，不少高等院校都设立了食品质量与安全专业或食品安全专业，并度过了开始的困难时期。食品质量与安全专业是一个涉及食品、医学、卫生、营养、生产加工、政策监管等多方面的交叉学科，要在创立的基础上进一步发展和提高教学水平，需要对食品质量与安全专业的师资建设、课程设置和人才培养模式等方面不断探索，而其中编辑出版一套较高水平的食品质量与安全专业教材，对促进学科发展、改善教学效果、提高教学质量是很关键的。为此，中国林业出版社从 2005 年就组织了食品质量与安全专业教材的编辑出版工作。这套教材分为基础知识、检验技术、质量管理和法规与监管 4 个方面，共包括 17 本专业教材，内容涵盖了食品质量与安全专业要求的各个方面。

　　本套教材的作者都是从事食品质量与安全领域工作多年的专家和学者。他们根据应用性、先进性和创造性的编写要求，结合该专业的学科特点及教学要求并融入积累的教学和工作经验，编写完成了这套兼具科学性和实用性的教材。在此，我一方面要对各位付出辛勤劳动的编者表示敬意，也要对中国林业出版社表示祝贺。我衷心希望这套教材的出版能为我国食品质量与安全教育水平的提高产生积极的作用。

中国工程院院士
中国疾病预防控制中心研究员

2008 年 2 月 26 日于北京

第 1 版前言

食品感官质量是影响消费者对食品购买意向的关键要素，随着生活水平的不断提高，消费者对感官质量的要求也越来越高、越来越严格。食品感官评价技术目前已广泛应用于食品质量管理、新产品开发、市场研究、科学试验等许多方面，并且随着科技及经济的发展，不断有新的食品感官技术、设备和方法出现。

食品感官评价不仅仅是一门技术，经过近百年的发展，它已经形成了一门独立的学科，涉及心理学、统计学、生理学等多方面的知识。作为一本主要面向食品科学与工程类专业学生的专业教材，本书内容分为食品感官评价基础与条件、感官评价技术及应用、感官质量客观化评价的发展 3 个部分。感官评价基础与条件部分，包括绪论、第 1 章、第 2 章的内容，主要讲述食品感官评价的发展历史、食品感官特性、感官及其感觉过程、感官评价过程中出现的生理和心理效应；食品感官评价条件，包括物理条件要求和评价员的筛选与培训。感官评价技术及应用部分，包括第 3 章至第 6 章的内容。其中，第 3 章、第 4 章着重讲述分析型感官评价方法，包括差别检验和描述分析，采用实例的形式对典型感官评价技术及其数据分析进行说明；第 5 章阐述情感型评价技术；第 6 章介绍感官评价在质量控制和新产品开发中的典型应用。感官质量客观化评价的发展部分，为第 7 章，着重介绍质地、风味等感官特性的客观化评价技术及其发展。

本书绪论由中国农业大学食品科学与营养工程学院教授韩北忠编写，第 1 章由甘肃农业大学副教授张珍、湖南农业大学副教授刘成国（第 6 节）编写，第 2 章由中国农业大学食品科学与营养工程学院副教授战吉宬编写，第 3 章由西南大学教授童华荣编写，第 4 章由福建农林大学副教授何静编写，第 5 章由湖南农业大学副教授刘成国编写，第 6 章由 SENSINA 法国感官评定研究与咨询公司孔郁、盛松编写，第 7 章由中国农业大学食品科学与营养工程学院副教授鲁站会博士编写。

在本书的编写过程中得到了中国林业出版社高红岩等的热情帮助，在此向他们表示感谢。

在本书的编写过程中参考引用了一些先前出版的书籍及论文的内容，在此向其作者表示敬意，感谢他们为食品感官评价学科的发展曾经作出的贡献。

由于编写人员水平所限，欠妥之处在所难免，敬盼广大读者批评指正。

编　者
2009 年 1 月

目　录

第 3 版前言

第 2 版前言

第 1 版序

第 1 版前言

第1章　绪　论 ……………………………………………………… 1

1.1　感官评价的概念、类型与特点 ……………………………… 2

　　1.1.1　感官 ……………………………………………………… 2

　　1.1.2　感觉与感知 ……………………………………………… 2

　　1.1.3　感官评价 ………………………………………………… 3

1.2　感官评价与理化分析 ………………………………………… 4

1.3　感官评价发展史 ……………………………………………… 5

1.4　动态与展望 …………………………………………………… 8

　　思考题 …………………………………………………………… 8

第2章　食品感官评价基础 ………………………………………… 9

2.1　食品感官的属性 ……………………………………………… 10

　　2.1.1　感觉的属性与分类 ……………………………………… 10

　　2.1.2　感官的特征 ……………………………………………… 11

　　2.1.3　感觉阈值 ………………………………………………… 12

　　2.1.4　感觉的基本规律 ………………………………………… 14

2.2　食品感官评价中的主要感觉 ………………………………… 15

　　2.2.1　味觉 ……………………………………………………… 15

　　2.2.2　嗅觉 ……………………………………………………… 22

　　2.2.3　视觉 ……………………………………………………… 29

　　2.2.4　听觉 ……………………………………………………… 34

　　2.2.5　肤觉 ……………………………………………………… 37

2.3　感官分析实验心理学 ………………………………………… 39

　　2.3.1　实验心理学的概念 ……………………………………… 39

2.3.2 食品感官分析实验心理学的内容 ··· 39

2.3.3 食品感官分析中心理学实验的特点 ··· 39

2.3.4 食品感官评价中特殊的心理效应 ··· 40

2.4 标度 ·· 41

2.4.1 标度的有效性和可靠性 ·· 41

2.4.2 标度的分类 ·· 42

2.4.3 常用的标度方法 ·· 43

思考题 ··· 46

第3章 食品感官评价条件 ··· 47

3.1 食品感官评价的规则与程序 ·· 48

3.1.1 食品感官评价的规则 ··· 48

3.1.2 食品感官评价的程序 ··· 48

3.2 食品感官评价员的筛选与培训 ··· 51

3.2.1 感官评价员的类型 ·· 51

3.2.2 感官评价员的筛选 ·· 52

3.2.3 感官评价员的培训 ·· 62

3.2.4 感官评价员的考核 ·· 65

3.2.5 优选评价员的再培训 ··· 67

3.2.6 感官评价员的工作状态 ·· 67

3.3 食品感官评价的环境条件 ·· 67

3.3.1 食品感官分析实验室的要求与设置 ··· 67

3.3.2 检验区 ·· 69

3.3.3 样品制备区 ·· 74

3.3.4 办公室与辅助区 ·· 74

3.4 评价样品的制备和呈送 ··· 74

3.4.1 样品制备的要求 ·· 75

3.4.2 样品的呈送 ·· 76

思考题 ··· 76

第4章 食品感官评价中的试验设计与统计分析 ································· 77

4.1 试验设计基础 ··· 78

4.1.1 重复性 ·· 78

4.1.2 随机化 ·· 78

4.1.3 局部控制 ··· 79

4.1.4 独立评价 ··· 79

4.2 典型试验设计 ··· 79

4.2.1 完全随机设计 ··· 79

4.2.2 随机区组设计 ··· 80

4.2.3 平衡不完全区组设计 ··· 82

4.2.4 裂区设计 ··· 84

4.3* 参数检验 ……………………………………………………………………………… 85

4.4* 非参数检验 ……………………………………………………………………………… 85

思考题 ………………………………………………………………………………………… 85

第5章 食品感官差别检验 …………………………………………………………………… 86

5.1 总体差别检验 …………………………………………………………………………… 87

5.1.1 三点检验 ………………………………………………………………………… 87

5.1.2 二–三点检验 …………………………………………………………………… 90

5.1.3 五中取二检验 …………………………………………………………………… 92

5.1.4 异同检验 ………………………………………………………………………… 94

5.1.5 "A"–"非A"检验 ……………………………………………………………… 95

5.1.6 与对照的差异检验 ……………………………………………………………… 98

5.2 性质差别检验 …………………………………………………………………………… 101

5.2.1 成对比较检验 …………………………………………………………………… 101

5.2.2 多个样品性质差别检验 ………………………………………………………… 103

5.3 SPSS软件在差别检验结果分析中的应用 …………………………………………… 113

5.3.1 异同检验结果的统计分析 ……………………………………………………… 113

5.3.2 与对照的差异检验结果的统计分析 …………………………………………… 115

5.3.3 排序检验结果的统计分析 ……………………………………………………… 117

5.3.4 评分检验结果的统计分析 ……………………………………………………… 119

思考题 ………………………………………………………………………………………… 122

第6章 描述性分析检验 …………………………………………………………………… 123

6.1 概述 ……………………………………………………………………………………… 124

6.1.1 定义 ……………………………………………………………………………… 124

6.1.2 应用范围 ………………………………………………………………………… 124

6.1.3 描述用语 ………………………………………………………………………… 124

6.2 描述性分析的构成 ……………………………………………………………………… 125

6.2.1 特征——定性方面 ……………………………………………………………… 125

6.2.2 强度——定量方面 ……………………………………………………………… 126

6.2.3 感觉顺序 ………………………………………………………………………… 126

6.2.4 总体印象 ………………………………………………………………………… 127

6.3 常用的描述性分析方法 ………………………………………………………………… 127

6.3.1 风味剖面法 ……………………………………………………………………… 127

6.3.2 质地剖面法 ……………………………………………………………………… 132

6.3.3 定量描述分析法 ………………………………………………………………… 140

6.3.4 系列描述分析法 ………………………………………………………………… 146

6.3.5 自由选择剖面法 ………………………………………………………………… 146

6.3.6 时间–强度描述分析法 ………………………………………………………… 147

6.4 SPSS软件在描述性分析检验结果中的应用 ………………………………………… 148

思考题 ………………………………………………………………………………………… 151

第 7 章　情感检验 ··· 152
　　7.1　情感检验概述 ·· 153
　　　　7.1.1　情感检验的作用 ··· 153
　　　　7.1.2　情感检验对评价员的要求 ·· 153
　　7.2　情感检验的方法 ·· 154
　　　　7.2.1　成对偏爱检验 ··· 155
　　　　7.2.2　偏爱排序检验 ··· 157
　　　　7.2.3　分类检验 ··· 162
　　　　7.2.4　选择检验 ··· 164
　　　　7.2.5　快感评分检验 ··· 166
　　　　7.2.6　接受性检验 ··· 169
　　　　7.2.7　"恰好"检验 ··· 173
　　7.3　SPSS 软件在情感检验结果分析中的应用 ··························· 175
　　　　7.3.1　偏爱排序检验结果的统计分析 ···································· 175
　　　　7.3.2　分类检验结果的统计分析 ·· 177
　　　　7.3.3　快感评分检验结果的统计分析 ···································· 178
　　　　7.3.4　接受性检验结果的统计分析 ······································ 181
　　思考题 ··· 183

第 8 章　食品感官评价的应用 ··· 184
　　8.1　新食品研究开发中的应用 ·· 185
　　　　8.1.1　感官评价在新产品开发中的作用 ·································· 185
　　　　8.1.2　感官评价在新产品开发中的应用 ·································· 186
　　　　8.1.3　感官评价在食品质量分级和比赛中的作用 ······················ 191
　　8.2　食品生产中的质量控制 ·· 192
　　　　8.2.1　感官质量控制在企业中的作用及现状 ······························ 192
　　　　8.2.2　感官质量控制体系的建立 ·· 193
　　　　8.2.3　感官质量控制的应用 ·· 197
　　　　8.2.4　感官评价在企业应用中的注意事项 ································ 199
　　8.3　食品研究中的应用 ·· 201
　　　　8.3.1　食品货架寿命研究中的应用 ······································ 201
　　　　8.3.2　食品掺杂掺假研究中的应用 ······································ 202
　　　　8.3.3　食品感官性质与理化性质的相关研究 ······························ 203
　　思考题 ··· 203

第 9 章　人机一体化感官评价技术 ··· 204
　　9.1　多点传感器片 ·· 205
　　　　9.1.1　应用原理 ··· 205
　　　　9.1.2　实例分析 ··· 205
　　9.2　肌电图 ·· 210
　　　　9.2.1　应用原理 ··· 210

　　　　9.2.2 实例分析 ……………………………………………………………… 211

　9.3 腭电图 ………………………………………………………………………… 214

　　　　9.3.1 应用原理 ……………………………………………………………… 214

　　　　9.3.2 实例分析 ……………………………………………………………… 214

　9.4 多通道功能性近红外光谱技术 ……………………………………………… 215

　　　　9.4.1 应用原理 ……………………………………………………………… 215

　　　　9.4.2 实例分析 ……………………………………………………………… 215

　9.5 气相色谱-嗅味计 …………………………………………………………… 218

　　　　9.5.1 应用原理 ……………………………………………………………… 218

　　　　9.5.2 实例分析 ……………………………………………………………… 219

　9.6 电子鼻 ………………………………………………………………………… 222

　　　　9.6.1 应用原理 ……………………………………………………………… 222

　　　　9.6.2 实例分析 ……………………………………………………………… 223

　9.7 电子舌 ………………………………………………………………………… 224

　　　　9.7.1 应用原理 ……………………………………………………………… 224

　　　　9.7.2 实例分析 ……………………………………………………………… 225

　9.8 电子眼 ………………………………………………………………………… 226

　　　　9.8.1 应用原理 ……………………………………………………………… 226

　　　　9.8.2 实例分析 ……………………………………………………………… 227

　思考题 …………………………………………………………………………… 229

第 10 章　食品感官评价实验 ………………………………………………… 230

　实验一　味觉敏感度测定 ……………………………………………………… 231

　实验二　嗅觉辨别试验 ………………………………………………………… 234

　实验三　基本味的感觉阈值试验 ……………………………………………… 236

　实验四　成对比较检验 ………………………………………………………… 238

　实验五　三点检验 ……………………………………………………………… 240

　实验六　排序检验 ……………………………………………………………… 242

　实验七　评分检验 ……………………………………………………………… 245

　实验八　风味剖面检验 ………………………………………………………… 247

　实验九　定量描述分析 ………………………………………………………… 249

参考文献 ………………………………………………………………………… 251

附　表 …………………………………………………………………………… 255

　附表 1　三位随机数表 ………………………………………………………… 255

　附表 2　t 值表 ………………………………………………………………… 256

　附表 3　F 临界值表 …………………………………………………………… 257

　附表 4　Tukey's HSD q 值表 ……………………………………………… 261

　附表 5　Duncan's 新复极差检验的 SSR 值 ………………………………… 262

　附表 6　χ^2 分布表(单尾) ………………………………………………… 264

　附表 7　Friedman 秩和检验临界值表 ………………………………………… 265

附表 8　三点检验正确响应临界值表 ··· 266

附表 9　采用三点检验进行相似性检验的正确响应临界值表 ······················ 267

附表 10　二–三点检验及方向性成对比较检验正确响应临界值表(单尾检验)······ 268

附表 11　采用成对比较检验和二–三点检验进行相似性检验的正确响应临界值表
　　　　 ··· 269

附表 12　五中取二检验正确响应临界值表 ··· 270

附表 13　无方向性成对比较检验正确响应临界值表(双尾检验) ·················· 272

附表 14　顺位检验法检验表($\alpha = 0.05$) ·· 273

附表 15　顺位检验法检验表($\alpha = 0.01$) ·· 276

第 **1** 章

绪　论

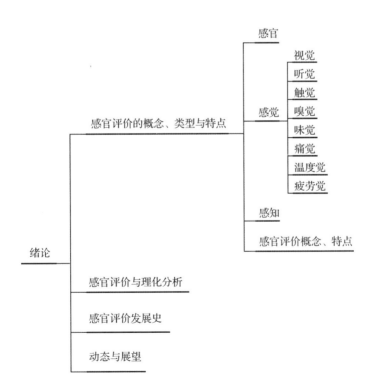

随着食品工业的高速发展以及市场由生产者导向型向消费者导向型的转变，仅仅运用仪器测量和化学检验等方法来分析评价食品已远远不够，食品感官评价变得前所未有的重要。企业越来越意识到食品只有符合消费者的感官喜好和健康意愿，才能产生良好的收益，产品的感官品质成为决定食品是否被消费者接受的关键(Jennifer 等，2013)。工业界和学术界把感官评价作为一个不可替代的工具，以促进生产出更优质的产品，提高消费者满意度，并最大限度地或有针对性地满足各种各样人群的需求。同时，感官评价已经渐渐超出它原有的范围：从人类食品到任何可被有意识的生物体所利用的原料，甚至用于评价某些工业用品的使用性能(如用于加工食品的炊具和电器等)。限于篇幅，本书仅阐述人类食品的感官评价。

由于人的个体差异及其受到潜在因素(如文化、经验和环境)的影响，想要精确测量人的感官响应相当困难。尽管如此，在食品行业，了解消费者对产品的评价是不可或缺的。研究人员为了开发出满足消费者喜好的产品，生产者为了生产出符合消费者要求的感官价值的食品，感官科学应运而生。这是一个既包括基础学术研究，也包括应用商业研究的多学科、全球性、多文化的、定性和定量相结合的、以消费者为中心、以产品为重点的研究领域(Meiselman 等，2022)。食品感官分析是在食品理化分析的基础上，集心理学、生理学、统计学知识发展起来的一门学科。目前食品感官分析已成为产品质量管理、新产品开发、市场预测、顾客心理研究、科学试验等许多方面的重要手段。同时，食品感官评价的应用也反过来促进了心理学、生理医学、仿生学、脑认知科学的发展，如仿生学中电子鼻、电子舌的开发与应用。

1.1 感官评价的概念、类型与特点

1.1.1 感官

感官即感觉器官，由感觉细胞或一组对外界刺激有反应的细胞组成，这些细胞获得刺激后，能将这些刺激信号通过神经传导到大脑。感官直接与客观事物特性相联系，主要存在于人体外部，而且不同的感官对于外部刺激有较强的选择性。其主要特征是对周围环境和机体内部的化学和物理变化非常敏感。

1.1.2 感觉与感知

感觉是客观事物的不同特性刺激感官后，在人脑中引起的反应。人类的感觉划分成5种基本感觉，即视觉、听觉、触觉、味觉和嗅觉。这5种基本感觉都是由位于人体不同部位的感觉受体，分别接受外界不同刺激而产生的。视觉是由位于人眼中的视觉受体接受外界光波辐射的变化而产生。位于耳中的听觉受体和遍布全身的触感神经接受外界刺激后，则分别产生听觉和触觉。人体口腔内带有味感受体而鼻腔内有嗅觉受体，当它们分别与呈味物质或呈嗅物质发生化学反应时，会产生相应的味觉和嗅觉。除上述5种基本感觉外，人类可辨认的感觉还有温度觉、痛觉、疲劳觉等多种感觉。

感觉是生物(包括人类)认识客观世界的本能，是外部世界通过机械能、辐射能或化

学能刺激到生物体的受体部位后，在生物体中产生的印象和(或)反应。因此，感觉受体可分为以下 3 类：

①机械能受体　听觉、触觉、压觉和平衡觉。

②辐射能受体　视觉、热觉和冷觉。

③化学能受体　味觉、嗅觉和一般的化学感觉(包括皮肤、黏膜或神经末梢对刺激性化合物的感觉)。

视觉、听觉和触觉是由物理变化而产生，味觉和嗅觉等则是由化学变化而产生。因此，也有人将感觉分为化学感觉和物理感觉两大类。无论哪种感官或感觉受体都有较强的专一性。

感觉和知觉通常合称为感知。感觉反映客观事物的个别属性或特性，如形状、色泽、气味、质感等。知觉反映事物的整体及其联系与关系，它是人脑对各种感觉信息的组织与解释的过程。人的认识并不仅仅限于事物或现象的某方面特性，而是把这些特性组合成一种整体加以认识，并理解它的意义。例如，人可以感觉到各种不同的声音特性(音高、音响、音色)，但却无法理解其意义。知觉则将这些听觉刺激序列加以组织，并依据我们头脑中的过去经验，将它们理解为各种有意义的声音。

1.1.3　感官评价

感官评价即以人的感官感知测定产品性质或调查嗜好程度，这一方法称为感官评价法或感官鉴评法。食品感官评价是用于唤起、测量、分析和解释通过视觉、听觉、触觉、味觉和嗅觉等感受到的食品及其材料的特性所引起反应的一种科学方法(Stone 和 Sidel，1993)。感官评价包含刺激受试者、测量受试者的响应、分析数据和解释结果等一系列过程和方法。感官评价不仅仅是人的感觉器官(sensor)对接触食品时各种刺激(stimulus)的感知，而且有对这些刺激的记忆、对比、综合分析等理解(perception)过程。所以，感官评价还需要生理学、心理学等方面的知识。另外，评价员的个体感官数据存在很大的变异性，要获得令人信服的感官分析结果，就必须以统计学的理论、方法作为保证。

食品感官评价具有如下特点：

①感官评价具有很强的实用性、很高的灵敏度，且操作简便、省时省钱。

②感官评价是多学科交叉的应用学科，以食品的理化分析为基础，集心理学、生理学及统计学等多学科知识为一体。

③感官评价试验均由不同类别的感官评价小组承担，试验的最终结论是评价小组中评价员各自分析结果的综合。所以，在感官评价中，并不看重个人的结论如何，而是注重于评价小组的综合结论。

④结果的可靠性影响因素多，如评价员的经验与背景、试验材料与容器、评价环境、评价方法、评价的内容以及结果分析所用的统计分析方法等。这些因素常常干扰最终的评价结论。

由于食品感官评价是基于人的感官测量的一门科学，而人的感官状态又常受到环境、感情等很多因素的影响，造成个人判断的不稳定。基于以上特点，食品感官科学还不完善，还有着极大的发展空间。

1.2 感官评价与理化分析

感官评价不仅能直接发现食品感官性状在宏观上出现的异常现象，而且当食品感官性状发生微观变化时也能很敏锐地察觉到。例如，食品中混有杂质、异物，发生霉变、沉淀等不良变化时，人们能够直观地鉴别出来，而不需要再进行其他的检验分析。尤其重要的是，当食品的感官性状只发生微小变化，甚至这种变化轻微到有些仪器都难以准确发现时，通过人的感觉器官，如嗅觉、味觉等都能给予应有的鉴别。可见，食品的感官质量鉴别有着理化和微生物检验方法所不能替代的优越性。在食品的质量标准和卫生标准中，第一项内容一般都是感官指标，通过这些指标不仅能够直接对食品的感官性状作出判断，而且能够据此提出必要的理化和微生物检验项目，以便进一步证实感官鉴别的准确性。因此，感官评价往往在理化分析及微生物检验之前首先进行。

在判断食品的质量时，感官指标往往具有否决性，即如果某一产品的感官指标不合格，则不必进行其他的理化分析与卫生检验，直接判该产品为不合格品。在此种意义上，感官指标享有一定的优先权。另外，某些用感官感知的产品性状，目前尚无合适的仪器与理化分析方法可以替代，使感官评价成为判断优劣的唯一手段。

食品感官评价虽然是一种不可缺少的重要方法，但由于食品的感官性状变化程度很难具体衡量，也由于鉴别的客观条件不同和主观态度各异，人的感官状态常常不稳定，尤其在对食品感官性状的鉴别判断有争议时，往往难以下结论。另外，若需要衡量食品感官性状的具体变化程度，还应辅以理化分析和微生物的检验。因此，食品感官评价不能完全代替理化分析、卫生指标检测或其他仪器测定。感官数据可以定性地得到可靠结论，但定量方面，尤其是差异标度方面，往往不尽如人意。实际上，感官分析应当与理化分析、仪器测定互为补充、相互结合来应用，才可以对食品的特性进行更为准确的评价。

科研人员也一直努力建立对应的理化方法来代替人的感觉器官，试图达到将容易产生误解的语言表达转化为可以用精确数字来表达的方式，如电子眼(electronic eye)、电子舌(electronic tongue)、电子鼻(electronic nose)的开发应用，从而使评价结果更趋科学、合理、公正。与此同时，也产生了食品流变学、食品物性学、仪器分析等新的基础及应用学科，且取得了可喜的进展，在某些方面已经能够代替人的感官评价。例如：

①视觉　电子眼(机器视觉)、图像识别技术、色彩色差计等。

②听觉　听觉仪。

③触觉　质地测试仪、动态及静态流变仪等。

④味觉　电子舌。

⑤嗅觉　电子鼻。

相对地，前三者的仪器分析发展较快且技术较为成熟，而后两者目前虽有商业化的仪器，但功能单一，相比人的感官来说还处于非常原始的阶段。并且，人对食品的评价并非将上述几种感觉特性孤立地进行判断，感官评价能够给出综合性的评价结果，是仪器等理化分析所无法比拟的。综上所述，感官评价具有如下优点：①通过对食品感官性状的综合性检查，可以及时、准确地鉴别出食品质量有无异常，便于早期发现问题，及时进行处理，可避免对人体健康和生命安全造成损害；②方法直观，手段简便，不需要借助任何仪器设备和专用、固定的检验场所以及专业人员；③感官鉴别方法常能够察觉其他检验方法所无法鉴别的食品质量特殊性污染或微量变化。

目前至少有以下 4 种原因使得理化分析不可能在短时间内取代分析型感官评价：①理化分析方法操作复杂，费时费钱，不如感官评价方法简单、实用；②一般理化分析方法还达不到感官评价方法的灵敏度；③用感官可以感知，但其理化性能尚不明了；④还没有开发出合适的理化分析方法。

嗜好型感官评价是人的主观判断，如工艺品的造型是否优美、食品的硬度是否合适等，此时，用理化方法代替感官评价更是不可能的。至今，理化分析方法最多只能作为感官评价的补充。

1.3　感官评价发展史

人类用自己的感官来评价食品的质量由来已久。对于食品，我们都有判别标准（"每个人都有自己的品味，无论他走到哪里，都会用它使自己快乐。"—Henry Adams，1918）。食品的感官鉴别是人类和动物的最原始、最实用的自我保护的一种本能，人们每天都在自觉不自觉地做着每一件食品的感官鉴别。对于广大消费者，甚至包括儿童，感官检查也是择食的基本手段。食品的感官分析作为一门技术最早应用于食品的评比上，如评酒、食品质量评优等。在现代，食品感官分析更多地应用于食品新产品的开发、市场调查、消费群体的偏好、工艺及原材料的改变对产品质量的影响以及开发商的商业定位和战略决策方面。

感官评价正式出现于 20 世纪初。20 世纪 40 年代初，欧美等国家首先进行了感官品评方法的研究，蒂尔格纳（Tilgner）于 1957 年用波兰语写成第一部感官学专著《定量与定性感官分析法》。在 20 世纪下半叶，随着欧美等国家加工食品与消费品工业的快速发展，感官评价由一门技术逐渐发展成为一门科学。Amerine 等（1965）在《食品感官评价原理》（*Principles of Sensory Evaluation of Food*）中对该学科做了全面的回顾，标志着食品感官评价真正成为一门科学，其著作是最早可查的感官评价专著。Stone 和 Sidel（1985）也出版了名为《感官评价实践》（*Sensory Evaluation Practice*）的教科书。首个介绍感官知识和技术应用的专业期刊 *Journal of Sensory Studies* 1986 年正式出版。随后有多部英文专著问世，使这门学科的内容日臻完善。2022 年，Herb Meiselman 对感官评价领域的发展历史进行了梳理，他将感官评价科学的发展分为 3 个阶段，其中 20 世纪 40 年代至 70 年代，专注于感官评价；80 年代至 90 年代，感官科学进一步发展，并逐渐与消费者研究相联系；2000 年至今，新技术出现，在产品研究中不再过分依赖消费者对食品是否喜爱。我国最早可查的感官评价专著为李衡（1990）著的《食品感官鉴定方法及实践》及朱红等（1990）的《食品感官分析入门》。这表明我国的感官评价科学发展相对滞后数十年，但可喜的是近年来发展很快，目前食品的感官评价无论在大专院校还是研究机构和生产企业都得到充分的重视，许多机构都配备了标准的感官评价室，拥有固定的分析型感官评价员专家小组。可以说，食品感官评价已经发展成为一门相当成熟的学科了。

根据感官评价的主要目的和用途，感官评价方法可以分为 3 类。第一类感官检验方法是最简单的感官分析，它出现于 20 世纪 40 年代，仅仅试图回答两种类型的产品间是否存在不同,基于频率与比率的统计学原理,计算正确和错误的答案数。该类检验方法典型的例子是三点检验法,最早在嘉士伯(Carlsberg)啤酒厂和 Seagrems 蒸馏酒厂使用(Helm 和 Trolle,1946;Peryam 和 Swarts,1950)。在啤酒厂中,这一检验主要作为一种筛选评价啤酒品评员的方法,以确保他们有足够的辨别能力。这一方法对于差别判别非常灵敏、实用,目前已被广泛采用。第二类感官检验方法主要是对产品的感官性质感知强度量化的检验方法,主要是进行描述分析,主要方法是风味剖面分析法,发展于 20 世纪 40 年代后期的 Arthur D. Little 咨询集团(Caul,1957)。这一方法包括小组成员的全面训练以使他们能够分辨一种食品的所有风味特点,并且用一种简单的分类标度来表示这些特点的强度并排出顺序。这一进步在某些领域是令人瞩目的。风味剖面分析法经过发展,在 20 世纪 60 年代早期已经可以量化风味特征(Brandt 等,1963;Szczesniak 等,1975),如质地剖面分析法来表述食品的流变学和触觉特性以及咀嚼时随时间的变化。其特点是必须利用标准食品或者作为标准的标准化了的模拟食品。20 世纪 70 年代早期斯坦福研究院(Stanford Research Institute)提出了定量描述分析法(QDA 法,quantitative descriptive analysis)以弥补风味剖面分析法的缺点,这一方法甚至对食品的所有感官特性有更广泛的应用性,而不仅仅是口感和质地(Stone 等,1974;Stone 和 Sidel,1995)。描述分析法已被证明是最全面、信息量最大的感官评价工具,它适用于表述各种产品的变化和食品开发中的研究问题。第三类感官检验方法主要是试图对产品的好恶程度量化,称作快感或情感检验法。20 世纪 40 年代末期于美国陆军军需食品与容器研究所开发的快感准则是此类检验的一个历史性的里程碑(Jones 等,1955)。该方法通过对喜好度进行均衡的 9 点设计来进行感官评价。

目前,食品感官评价已经成为产品质量体系的一个重要组成部分,作为感官标准直接纳入食品标准中。这也表明食品感官评价已经成为一门成熟的科学与技术,在食品质量检测和分析评价方面被广泛接受。食品感官评价已经有了自己的标准体系或是作为其他标准的一部分,当然这些标准随着感官科学的发展也处于不断地修订与完善中。我国自 1988 年开始,相继颁布了一系列感官分析方法的国家标准,并在随后不断地修订更新和补充,包括:

(1)导论与总则

GB/T 10220—2012 感官分析　方法学　总论;

GB/T 10221—2021 感官分析　术语;

GB/T 13868—2009 感官分析　建立感官分析实验室的一般导则;

GB/T 21172—2022 感官分析　产品颜色感官评价导则;

GB/T 25006—2010 感官分析　包装材料引起食品风味改变的评价方法;

GB/T 29604—2013 感官分析　建立感官特性参比样的一般导则;

GB/T 29605—2013 感官分析　食品感官质量控制导则;

GB/T 39501—2020 感官分析　定量响应标度使用导则。

(2)方法标准

GB/T 12310—2012 感官分析方法　成对比较检验;

GB/T 12311—2012 感官分析方法　三点检验;

GB/T 12312—2012 感官分析　味觉敏感度的测定方法;

GB 12313—1990 感官分析方法　风味剖面检验;

GB 12314—1990 感官分析方法 不能直接感官分析的样品制备准则；

GB/T 12315—2008 感官分析 方法学 排序法；

GB/T 15549—1995 感官分析 方法学 检测和识别气味方面评价员的入门和培训；

GB/T 16860—1997 感官分析方法 质地剖面检验；

GB/T 16861—1997 感官分析 通过多元分析方法鉴定和选择用于建立感官剖面的描述词；

GB/T 17321—2012 感官分析方法 二-三点检验；

GB/T 19547—2004 感官分析 方法学 量值估计法；

GB/T 22366—2008 感官分析 方法学 采用三点选配法(3-AFC)测定嗅觉、味觉和风味觉察阈值的一般导则；

GB/T 38493—2020 感官分析 食品货架期评估(测评和确定)；

GB/T 39558—2020 感官分析 方法学 "A"和非"A"；

GB/T 39625—2020 感官分析 方法学 建立感官剖面的导则；

GB/T 39992—2021 感官分析 方法学 平衡不完全区组设计。

(3)评价员管理

GB/T 16291.1—2012 感官分析 选拔、培训与管理评价员一般导则 第 1 部分：优选评价员；

GB/T 16291.2—2010 感官分析 选拔、培训与管理评价员一般导则 第 2 部分：专家评价员；

GB/T 23470.1—2009 感官分析 感官分析实验室人员一般导则 第 1 部分：实验室人员职责；

GB/T 23470.2—2009 感官分析 感官分析实验室人员一般导则 第 2 部分：评价小组组长的聘用和培训。

这些国家标准一般都是参照或者等效采用相关的国际标准(ISO 系列)，并对国际标准做出了编辑性的修改和内容的补充，使国际标准更本土化，具有较高的权威性和可比性，也成为我国执行感官分析的法律法规依据，如 GB/T 10220—2012《感官分析 方法学 总论》等效采用 ISO 6658：2005《感官分析方法 导则》，GB/T 10221—2021《感官分析 术语》修改采用 ISO 5492：2008《感官分析 术语》。

这些修订和更新，扩大了感官分析相关标准的范围与内容，如在《感官分析 方法学总论》中扩充了"一般要求"和"检验方法"中的内容；规范了相关用语，使之更有实用性，如在《感官分析 术语》中增加和修改了部分术语和定义；对具体的检验内容作出了更详细的要求，如在《感官分析方法 三点检验》中将"检验条件和要求"逐项列出，详述关于评价员要求的内容，提高评价方法的精准性；更加注重感官评价人员的筛选和培训，如在《感官分析 选拔、培训与管理评价员一般导则 第 1 部分：优选评价员》中增加了"特定方法评价小组成员的选择"和"优秀评价员的监督检查"两章；提高了对感官评价实验室的要求，更具有指导性，如在《感官分析 建立感官分析实验室的一般导则》中，要求实验室区域中新增供给品贮藏室、样品贮藏室和评价员休息室，并在附录中增加实例图片。

值得注意的是，虽然我国感官评价研究起步较晚，由我国主导或自主制定的感官评价方法标准相对还欠缺，但国内学者在相关研究的基础上，已先后出台了相应的食品感官评

价标准，为世界食品感官评价贡献了中国智慧和力量。例如，《感官分析　花椒麻度评价
斯科维尔指数法》(GB/T 38495—2020)，《粮油检验　小麦粉馒头加工品质评价》(GB/T
35991—2018)，《茶叶感官审评方法》(GB/T 23776—2018)，《水产品感官评价指南》(GB/
T 37062—2018)，《白酒分析方法》(GB/T 10345—2022)，《白酒感官品评导则》(GB/T
33404—2016)，《白酒感官品评术语》(GB/T 33405—2016)，《白酒质量要求　第 1 部分：
浓香型白酒》(GB/T 10781.1—2021)，《茶叶感官审评室基本条件》(GB/T 18797—2012)，
《感官分析　方便面感官评价方法》(GB/T 25005—2010)，《粮油检验　稻谷、大米蒸煮食
用品质感官评价方法》(GB/T 15682—2008)，《肉与肉制品感官评定规范》(GB/T 22210—
2008)，《辣椒辣度的感官评价方法》(GB/T 21265—2007)，等等。我们相信，在建设创新
型国家的进程中，国内学者在"知识创新""科技进步"精神的激励下，践行大食物观，守
正创新，结合我国居民生活水平、膳食习惯、饮食文化和营养健康需求，制定符合国情的
感官评价标准，不断将我国感官科学研究推上新的高度。

1.4　动态与展望

目前，食品品质评价主要依赖人的感官评价、理化检验及微生物检验完成。随着食品
工业的不断发展，食品感官评价在产品的研发和推广过程中发挥着重要的作用。由于食品
感官评价是基于人的感官的一门学科，会受到主观和客观的多方面因素影响，因此，有必
要将感官评价标准化和规范化，要求感官评价员更专业化，同时，感官评价的环境条件逐
步提高、配套设施也不断健全，从而提高感官评价的准确性。随着计算机技术与新型传感
器等仪器的不断开发，结合人的感官、现代传感器及计算机技术的新型"人-机"评价技术
正在快速发展中。在这一系统中，人的感官成为整个系统的一部分，充当与食品试样接触
的终端，人的感官与仪器同步工作，对食品的某一特性进行测量。例如，在质地测试时，
人的上下腭、牙齿取代了流变仪的金属探头，咀嚼时的肌肉运动由附着于面部的传感器转
换成肌电信号，进入计算机进行信号处理。在味觉试验中，人的舌头、口腔等担当味觉传
感器的角色，不同味感引起大脑氧化血色素的浓度变化，由近红外传感器侦测，再由计算
机进行信号处理。这一新的研究方向结合了人的感官与仪器分析的优点，而绕开了其各自
的缺点。笔者相信，不远的将来，感官科学将有一个大的发展。

思考题

1. 简述感官与感觉的关系。

2. 什么是感官评价？其特点有哪些？

3. 查阅文献，简述我国在食品感官评价领域中的贡献。

第 2 章

食品感官评价基础

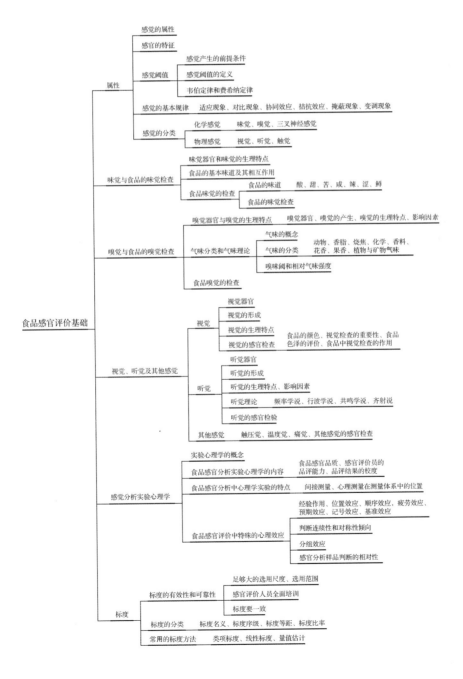

现代食品感官评价是在科学设计的基础上，依靠人体感觉对某种食品作出主观评价、判断，然后再对判断得到的结果进行统计分析，最后得到对这种食品的感官评价结论，所以，人体的感觉是食品感官评价的物质基础和前提。

2.1 食品感官的属性

人在生存的过程中时时刻刻都能感知自身存在的外部环境和内部感觉，这种感知是多途径、多方面的，并且大多数都要通过人类在进化过程中不断变化的各种独立的感觉器官来分别接收、传导这些引起感官反应的外部刺激，然后经大脑分析而形成对客观事物的综合完整认识，所以，感觉(sensation)是指大脑对直接作用于感觉器官或感受器的客观事物的个别属性或个别特征的反应，即眼、耳、鼻、口和皮肤的反映。人的感觉器官主要有眼、耳、鼻、舌、身5种，与之对应，人的感觉也有5种类型，即视觉、听觉、嗅觉、味觉和躯体感觉。按照这样的观点，感觉应是客观事物的不同特性在人脑中引起的反应。例如，面包作用于我们的感官时，通过视觉可以感受到它的颜色和形状；通过味觉可以感受到它的味道；通过嗅觉可以感受到它的风味；通过触摸或咀嚼可以感受到它的软硬等。

任何事物都是由许多属性组成的。例如，任何食品都有颜色、形状、气味、滋味、质地、组织结构、口感等属性。不同属性，通过刺激不同感觉器官反映到大脑，从而产生不同感觉，如颜色和形状刺激视觉器官，质地通过触觉反映到大脑。一种属性产生一种感觉。感觉的综合就能产生对一种物质的认识，即知觉，或者说通过各种感觉的综合反映，可以知道某种物质的性质。所以，感觉应是客观事物的不同特性在人脑中引起的反应。感觉是最简单的心理过程，是形成各种高级复杂心理的基础和前提。

2.1.1 感觉的属性与分类

2.1.1.1 感觉的属性

感觉是由感官产生的，具有如下属性：

①人的感觉可以反映食物的属性。换句话说，食物的属性是通过人的感官反映到大脑被人们所认知的。如香甜的蛋糕，人们通过味觉感受其甜味，通过嗅觉感受其香气，通过触觉感受其绵软结构，而甜味、香气、绵软结构是蛋糕的属性。

②人的感觉不只反映外界事物的属性，也反映人体自身的活动和舒适情况。人之所以知道自己是躺着或是走着，是愉悦还是忧郁，正是凭着对自身状态的感觉。

③感觉虽然是低级的反映形式，但它是一切高级复杂心理的基础和前提。外界信息输入大脑是感觉最先提供了一切，有了感觉才会产生随后的一些高级心理感受，所以感觉对人的生活有着重要作用和影响。如我们看着蛋糕美丽的颜色，闻着蛋糕香甜的气味，吃到软糯的蛋糕会产生美食带给我们美好的享受，这也充分说明感觉的低级形式是高级美食享受的基础和前提。美味的食品、优美的风景和美妙的音乐等高级复杂的心理是需要依靠低级的感觉来产生。

④感觉的敏感性因人而异，受先天和后天因素的影响。人的某些感觉可以通过训练或

强化获得特别的发展，即敏感性增大。反之，某些感觉器官发生障碍时，其敏感性降低甚至消失。例如，食品感官评价员具有非常敏锐的感觉能力，对食品中微弱的品质差别均能分辨，就像乐队的指挥听觉异常敏感一样，对演奏中出现的微弱不和谐音都能分辨。评酒大师的嗅觉和味觉具有超出常人的敏感性。在感官分析中，评价员的选择实际上主要就是对候选评价员感觉敏感性进行测定。针对不同试验，挑选不同评价员，如参加评试酒的评价员，至少具有正常人的味觉能力，否则，评试结果难以说明问题。另外，感觉敏锐性是可以通过后天的培养得到提高，所以评价员的培训就是为了提高评价员的感觉敏感性。

2.1.1.2　感觉的分类

无论哪种感官或感受体都有较强的专一性。早在两千多年前，就有人将人类的感觉划分成 5 种基本感觉，即视觉、听觉、触觉、嗅觉和味觉。这些基本感觉都是由位于人体不同部位的感官受体分别接受外界不同刺激而产生的。除上述 5 种基本感觉外，人类可辨认的感觉还有温度觉、痛觉、疲劳觉等多种感觉。

人体具有多种感觉，不同的感觉对外界的化学或者物理变化会产生不同的反应。因此，可以将感觉分为化学感觉和物理感觉两大类。

视觉是由位于人眼中的视感受体接受外界光波辐射的变化而产生的感觉；听觉是由位于耳中的受体接受声波的刺激产生的感觉；触觉是由遍布全身的触感神经接受外界刺激后产生的感觉，如冷和热是人体由于受到外界不同温度刺激产生的感觉。这些刺激是物理刺激，不发生化学反应，所以，视觉、听觉和触觉是由物理变化而产生的，被称为物理感觉。

化学物质引起的感觉不是化学物质本身会引起感觉，而是化学物质与感觉器官产生一定的化学反应后出现的。例如，人体口腔内带有味感受体而鼻腔内有嗅感受体，当它们分别与呈味物质或呈嗅物质发生化学反应时，就会产生相应的味觉和嗅觉。人类有 3 种主要的化学受体感受，它们是味觉、嗅觉和三叉神经感觉。味觉通常用来辨别进入口中的不挥发的化学物质；嗅觉是用来辨别易挥发的物质；三叉神经的感受体分布在黏膜和皮肤上，它们对挥发与不挥发的化学物质都有反应，更重要的是能区别刺激及化学反应的种类。在香味感觉过程中，3 个化学感受系统都参与其中，但嗅觉起的作用远远超过了其他两种感觉。

2.1.2　感官的特征

在人类产生感觉的过程中，感官是感觉事物的必要条件。感觉的形成是通过感受器获得的，感受器是指分布在体表或组织内部的一些专门感受机体内外环境变化信息的结构或装置。它有多种多样的组成形式：有些感受器本身就是外周感觉神经末梢，如痛觉感受器；有些感受器是在裸露的神经末梢外再包裹一些特殊的组织结构，如感受触压刺激的环形小体；还有些是由结构和功能高度分化的感受细胞以突触的形式与感觉神经末梢相联系，形成了感觉器官，如眼、耳等。感觉器官或者感受器直接与客观事物特性相联系，感官存在于人体外部，不同的感官对于不同的外部刺激有较强的选择性。感官中存在感觉细胞，感觉细胞获得刺激后，能将刺激信号通过神经冲动传导到大脑。这些感受器或感觉器官具有一些共同的生理特性。

感官具有的共同特征如下:

①对周围环境和机体内部的化学和物理变化非常敏感。感觉是感官受到刺激并产生神经冲动形成的,而刺激是由周围环境而来的,冲动则与机体内部的物理、化学变化直接相关。

②一种感官只能接受和识别一种刺激。人体产生的嗅觉是通过鼻子这个感觉器官感受到的,而味觉是通过舌头来感受的,视觉则是由眼睛来感受的。

③只有刺激量达到一定程度才能对感官产生作用。这是刺激感觉阈值的问题,刺激必须要有适当的范围。

④某种刺激连续施加到感官上一段时间后,感官会产生疲劳(适应)现象,感官灵敏度随之明显下降。基本上所有的感官均有这样的现象。

⑤心理作用对感官识别刺激有很大的影响。感觉是人通过感觉器官对客观事物的认知,但是在接受感觉器官刺激时受心理作用的影响也是非常巨大的。人的饮食习惯和生活环境对食品是否被接受起着决定性作用,很难想象一个不习惯某种食品的感官评价员会对这种食品作出喜爱的评价,如南方人喜欢吃清淡食品,若让其评价川菜,一般不会给予很高评价。同时,感官评价时评价人员的心情也会极大地影响感官评价的结果,心情好时会给予食品较高的评价,而心情差时则会降低食品的评分。

⑥不同感官在接受信息时,会相互影响。人对事物的认知是通过感觉器官进行的,多个感觉器官形成的各种感觉综合为一种事物的属性,而各种感觉器官所接受到的刺激又会相互影响。例如,在具有强烈不愉快气味的环境中进行食品的感官评价时,就很难对食品产生强烈的食欲和作出正确的评价。

2.1.3 感觉阈值

2.1.3.1 感觉产生的前提条件

各种感受器最突出的机能特点是它们各有自己最敏感的能量刺激形式。这就是说,用某种能量形式的刺激作用于某种感受器时,只需要极小的强度(即感觉阈值)就能引起相应的感觉。这一能量刺激形式或种类就称为该感受器的适宜刺激,如光波(波长380~780nm)是视网膜光感受细胞的适宜刺激,一定频率的机械振动波是耳蜗毛细胞的适宜刺激。每一种感受器只有一种适宜刺激,对其他形式的能量刺激或者不发生反应,或者反应性很低。正因为如此,机体内外环境中所发生的各种形式的变化,总是先作用于与它们相对应的那种感受器。这一现象的存在,是由于动物在长期的进化过程中逐步形成了具有各种特殊功能结构的感受器以及相应的附属结构的结果,其意义在于对内外环境中某种有意义的变化进行精确分析。

2.1.3.2 感觉阈值的定义

感官的一个基本特征就是只有刺激量达到一定程度才能对感官产生作用,而感觉刺激强度的衡量就采用感觉阈值来表述。

美国检验和材料学会(ASTM)对阈值的定义:存在一个浓度范围,低于该值某物质的气味和味道在任何实际情况下都不会被察觉,而高于该值任何具有真正嗅觉和味觉的个体都会很容易地察觉到该物质的存在,也就是辨别出物质存在的最低浓度。

感觉阈值是指感官或感受体所能接受刺激变化的上下限，以及在这个范围内对最微小变化产生感觉的灵敏程度，是通过许多次试验得出的。

感觉器官对刺激的感受、识别和分辨能力称为感受性，又称为敏感性。

每种感觉既有绝对敏感性和绝对感觉阈值，又有差别敏感性和差别感觉阈值。

（1）绝对感觉阈值

刚刚能引起感觉的最小刺激量和刚刚导致感觉消失的最大刺激量，称为绝对感觉的两个阈值。通常我们听不到一根头发落地的声音，也觉察不到落在皮肤上的尘埃，因为它们的刺激量太低，不足以引起我们的感觉。但若刺激强度过大，超出正常范围，该种感觉就会消失并且会导致其他不舒服的感觉。

把刚刚能引起感觉的最小刺激量称为绝对感觉阈值的下限，又称刺激阈或觉察阈。低于绝对感觉阈值下限的刺激称为阈下刺激。把刚刚导致感觉消失的最大刺激量，称为绝对感觉阈值的上限。高于上限的刺激称为阈上刺激。而识别阈是评价员感知到可以对感觉加以识别的最小刺激量。

阈下刺激和阈上刺激都不能引起相应的感觉。例如，人眼只对波长 380~780nm 的光波刺激发生反应，而在此波长范围以外的光刺激均不发生反应，因此就不能引起视觉，也就是我们说的红外线和紫外线均是人的眼睛看不到的光波。

（2）差别感觉阈值

当刺激物引起感觉之后，如果刺激强度发生了微小的变化，人的主观感觉能否觉察到这种变化，就是差别敏感性的问题。

把刚刚能引起差别感觉刺激的最小变化量称为差别感觉阈值或差别阈。以质量感觉为例，把 100g 砝码放在手上，若加上 1g 或减去 1g，一般是感觉不出质量变化的。根据试验，只有使其增减量达到 3g 时，才刚刚能够觉察出质量的变化，3g 就是质量感觉在原质量 100g 情况下的差别感觉阈值。

2.1.3.3　韦伯定律和费希纳定律

19 世纪 40 年代，德国生理学家韦伯（E. H. Weber）在研究质量感觉的变化时发现了一个重要的规律，100g 的质量至少需要增减 3g，200g 的质量至少需要增减 6g，300g 的质量至少需要增减 9g 才能察觉出质量的变化。也就是说，差别阈值随原来刺激量的变化而变化，并表现出一定的规律性，即差别阈与刺激量的比例是个常数，如以 K 代表常数，则 $K = \Delta I / I$。其中，ΔI 代表差别阈值，I 代表刺激量（刺激强度）。常数 K 被称为韦伯分数。此公式就是韦伯定律。

德国的心理物理学家费希纳（G. H. Fechner）在韦伯研究的基础上，进行了大量的试验研究。在 1860 年出版的《心理物理学纲要》一书中，他提出了一个经验公式：$S = K \lg R$。其中，S 为感觉强度，R 为刺激强度，K 为常数。他发现感觉的大小和刺激强度的对数成正比，刺激强度增加 10 倍，感觉强度增加 1 倍。此规律称为费希纳定律。

后来的许多试验证明，韦伯定律和费希纳定律只适用于中等强度的刺激，当刺激强度接近绝对阈值时，韦伯比例则大于中等强度刺激的比值。

2.1.4 感觉的基本规律

不同类的感觉之间会产生一定的相互影响，有时发生相乘作用，有时发生相抵效果。但在同一类感觉中，不同刺激对同一感受器的作用，又可引起感觉的适应、对比、协同和拮抗、掩蔽、变调等现象。在感官评价中，这种感官与刺激之间的相互作用、相互影响应引起充分的重视。

2.1.4.1 适应现象

适应现象是指感受器在同一刺激物的持续作用下，敏感性发生变化的现象，就是我们常说的感觉疲劳。

感觉疲劳是最常发生的一种感官基本规律。各种感官在同一种刺激施加一段时间后，均会发生不同程度的疲劳。疲劳现象发生在感官的末端神经、感受中心的神经和大脑的中枢神经上，疲劳的结果是感官对刺激感受的灵敏度急剧下降。嗅觉器官若长时间嗅闻某种气味，就会使嗅感受体对这种气味产生疲劳，敏感性逐步下降，随刺激时间的延长甚至达到忽略这种气味存在的程度。"入芝兰之室，久而不闻其香"，这是典型的嗅觉适应。再比如，刚刚进入出售新鲜鱼品的鱼店时，会嗅到强烈的鱼腥味，随着在鱼店逗留时间的延长，所感受到的鱼腥味渐渐变淡，对长期工作在鱼店的人来说甚至可以忽略这种鱼腥味的存在。对味道也有类似现象发生，刚开始食用某种食物时，会感到味道特别浓重，随后味感逐步降低，如吃第二块糖总觉得不如第一块糖甜。人从光亮处走进暗室，最初什么也看不见，经过一段时间后，就逐渐适应黑暗环境，这是视觉的暗适应现象。除痛觉外，几乎所有感觉都存在这种适应现象。

感觉适应的程度或者说感觉的疲劳程度依所施加刺激强度的不同而有所变化，在去除产生感觉疲劳的强烈刺激之后，感官的灵敏度还会逐步恢复。一般情况下，感觉疲劳产生越快，感官灵敏度恢复就越快。

适应现象的突出特点是在整个刺激和感受过程中，刺激物质强度没有改变，但由于连续或重复刺激，而使感受器的敏感性发生了暂时的变化。一般情况下，强刺激的持续作用使敏感性降低，微弱刺激的持续作用使敏感性提高。评价员的培训正是利用了这一特点。

2.1.4.2 对比现象

心理作用对感觉的影响是非常微妙的，虽然这种影响很难解释，但它们确实存在。

各种感觉都存在对比现象。当两个刺激物同时或连续存在于同一感受器时，一般把一个刺激比另一个刺激强的现象称为对比现象，所产生的反应称为对比效应。同时给予两个刺激时称为同时对比，先后连续给予两个刺激时，称为相继性对比(或称先后对比)。

在感觉这两个刺激的过程中，两个刺激量都未发生变化，而感觉上的变化只能归于这两种刺激同时或先后存在时对人心理上产生的影响。例如，在舌头的一边舔上低浓度的食盐溶液，在舌头的另一边舔上极淡的砂糖溶液，即使砂糖的甜味浓度在阈值下，也会感到甜味；同种颜色深浅不同放在一起比较时，会感觉深颜色者更深，浅颜色者更浅。这些都是常见的同时对比增强现象。在吃过糖后，再吃山楂则感觉山楂特别酸；两只手拿过不同质量的砝码后，再换相同质量的砝码时，原先拿着轻砝码的手会感到比另一只手拿的砝码要重；吃过糖后再吃中药，会觉得药更苦。这些都是常见的相继性对比增强现象。

总之，对比效应提高了对两个同时或连续刺激的差别反应。因此，在进行感官评价时，应尽可能避免对比效应的发生。例如，在品尝评比几种食品时，品尝每一种食品前都要彻底漱口，以避免对比增强效应带来的影响。

2.1.4.3　协同效应和拮抗效应

协同效应是两种或多种刺激的综合效应，它导致感觉水平超过预期的每种刺激各自的效应的叠加。协同效应又称相乘效应。

以前想获得鲜味时，一般同时用海带和木松鱼相煮食用。因为海带中含有谷氨酸钠，木松鱼中含有肌苷酸，尽管两者都具有鲜味，但如果并用，鲜味则明显加强。例如，在一份 1% 食盐溶液中添加 0.02% 的谷氨酸钠，在另一份 1% 食盐溶液中添加 0.02% 肌苷酸二钠，当两者分开品尝时，都只有咸味而无鲜味，但两者混合会有强烈的鲜味。20g/L 的味精和 20g/L 的核苷酸共存时，会使鲜味明显增强，增强的程度远远超过 20g/L 味精存在的鲜味与 20g/L 核苷酸存在的鲜味的加和；又如，麦芽酚添加到饮料或糖果中能大大增强这些产品的甜味。这就是所谓的协同效应。

与协同效应相反的是拮抗效应。拮抗效应是指因一种刺激的存在，而使另一种刺激强度减弱的现象，拮抗效应又称相抵效应，有时候也称为对比减弱现象。

2.1.4.4　掩蔽现象

同时进行两种或两种以上的刺激时，降低了其中某种刺激的强度或使该刺激的感觉发生改变的现象，称为掩蔽现象。

如卫生间采用熏香会使得房间原来不愉快的气味变得不明显或者感受不到。当两个强度相差较大的声音同时传到双耳，我们只能感觉到其中的一个声音，这就是典型的掩蔽现象。原产于西非的神秘果会阻碍味觉感受体对酸味的感觉，在食用过神秘果后，再食用带酸味的物质就感觉不到酸味。匙羹藤酸能阻碍味觉感受体对苦味和甜味的感觉，而对咸味和酸味无影响，如咀嚼过含有匙羹藤酸的匙羹藤叶后，再食用带有甜味和苦味的物质基本感觉不到味道，吃砂糖就像嚼沙子一样无味。

2.1.4.5　变调现象

当两个刺激先后施加时，一个刺激造成另一个刺激的感觉发生本质变化的现象，称为变调现象。例如，尝过氯化钠或奎宁等咸味和苦味物质后，即使再饮用无味的清水也会感觉有微微的甜味。

2.2　食品感官评价中的主要感觉

2.2.1　味觉

味觉（taste）一直是人类对食物进行辨别、挑选和决定是否予以接受的最关键因素，在人类的进化和发展中起着重要作用，是人的基本感觉之一。同时由于食品本身所具有的风味对味觉产生不同的刺激和效果，使人类在进食的时候，不仅可以满足维持正常生命活动提供营养成分的需求，还会在饮食过程中产生相应的愉悦的精神享受。味觉在食品感官评价中占有极其重要的地位。

2.2.1.1 味觉器官和味觉的生理特点

（1）味觉器官

味觉是可溶性呈味物质溶解在口腔中，进而对味感受体进行刺激后产生的反应。从试验角度讲，纯粹的味感应是堵塞鼻腔后，将接近体温的试样送入口腔内而获得的感觉。味觉的表述词语是味道，但是味道总是和某些修饰的词连用，如发霉的味道、桃子的味道等。但就味道而言，往往是味觉、嗅觉、温度觉和痛觉等几种感觉在口腔内的综合反应，不是味觉的单一表现。

口腔内舌头上隆起的部位——乳头（papilla），是最重要的味感受器。在乳头上分布着味蕾（taste buds），人的口腔中约有9 000个味蕾，大部分分布在舌表面和舌缘的味乳头中，小部分分布在软腭、咽后和会厌表面。味蕾是味的受体，味蕾的高度为60~80μm，直径约为40μm，含有5~18个成熟的味觉细胞及一些尚未成熟的味觉细胞，同时还含有一些支持细胞及神经纤维（图2-1）。儿童味蕾较成人多，老年时因味蕾萎缩而逐渐减少。人的舌面上约有50万个香蕉形的味觉细胞，味觉细胞存在着许多长约2μm的微丝被称为味毛（也就是味神经），味毛经味孔伸入口腔，是味觉感受的关键部位。在味蕾有孔的顶端，当呈味物质——可溶性物质刺激味毛时，味毛便把这种刺激通过神经纤维传到大脑皮层的味觉中枢，使人产生味觉。味蕾中的味觉细胞寿命不长，从味蕾边缘表皮细胞上有丝分裂出来后只能活6~8d。因此，味觉细胞一直处于变化状态。味蕾分布在不同的乳头——蕈状乳头、轮廓乳头、叶状乳头上。蕈状乳头主要分布在舌尖和舌侧部。轮廓乳头是"V"字形，主要分布在舌根部位，在每个乳头的沟内有几千个味蕾。叶状乳头主要位于靠近舌两侧的后区。成年人的味蕾主要分布于舌头的味觉乳头上，但这种分布并不呈均匀状态。

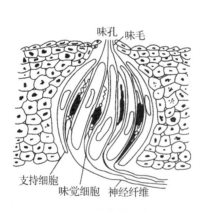

图2-1 味蕾的结构

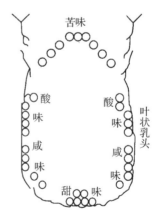

图2-2 各种味道在舌上的最敏感部位

舌表面不同区域对不同味刺激的敏感程度不一样，如图2-2所示。位于不同种类乳头的味蕾对不同味的敏感性不同。蕈状乳头对甜、咸味比较敏感，所以舌尖处对甜味敏感，舌前部两侧是咸味敏感区。轮廓乳头对苦味最敏感，因此软腭和舌根部位对苦味较敏感，叶状乳头内的味蕾对酸味最敏感，所以酸味最敏感的部位在舌后两侧。舌上除了有以上可感受味觉的 3 种乳头类型外，还有能感受物理刺激、产生触觉但无味觉功能的丝状乳头，呈白色丝绒状，遍布于舌体表面。同时，唾液对味觉有很重要的影响，因为食品呈现出味道必须是呈味物质具有水溶性。

（2）味觉的产生

产生味觉的物质进入口腔，刺激味觉细胞并形成生物电信号，通过膜离子通道或膜受体传导给 G 蛋白，产生效应酶，由第二信使传递产生动作电位，引发神经冲动，经过神经传导，传给大脑，大脑识别后产生意识。

在口腔内，钠盐通过 Na^+ 通道进入味觉细胞内，由于细胞内外离子的不平衡产生电位差而产生动作电位，继而导致味觉细胞近底部的 Ca^{2+} 通道开放，引起细胞外大量的 Ca^{2+} 进入胞内，使胞内游离的 Ca^{2+} 急速上升，激发胞内突触小泡递质释放，引发神经冲动，并通过味觉神经传入相应脑区形成感觉。众多的味道是由 4 种基本味组合而成，即甜、咸、酸和苦。

味觉的敏感度往往受食物或刺激物本身温度的影响，在 20~30℃，味觉的敏感度最高。另外，味觉的辨别能力也受血液化学成分的影响，如肾上腺皮质功能低下的人，血液中低钠，喜食咸味食物。

国外有的学者将基本味定为甜、咸、酸、苦和鲜 5 种，近年来又引入了涩和辣味。通常酸味是由 H^+ 引起的，如盐酸、氨基酸、柠檬酸等；咸味主要是由 NaCl 引起的；甜味主要是由蔗糖、葡萄糖等引起的；苦味是由奎宁、咖啡因等引起的；鲜味是由海藻中的谷氨酸单钠（MSG）、鱼和肉中的肌苷酸二钠（IMP）、蘑菇中的鸟苷酸二钠（GMP）等引起的。不同物质的味道与它们的分子结构形式有关，如无机酸中的 H^+ 是引起酸感的关键因素，但有机酸的味道也与它们带负电的酸根有关；甜味的引起与葡萄糖的主体结构有关；而奎宁及一些有毒植物的生物碱结构能引起典型的苦味。味刺激物质必须具有一定的水溶性，能吸附于味觉细胞膜表面上，与味觉细胞的生物膜反应才能产生味感。该生物膜的主要成分是脂质、蛋白质和无机离子，还有少量的糖和核酸。对不同的味感，该生物膜中参与反应的成分不同。试验表明，当产生酸、咸、苦的味感时，味觉细胞的生物膜中参与反应的成分都是脂质，而味觉细胞的生物膜中的蛋白质有可能参与了产生苦味的反应；当产生甜和鲜的味感时，味觉细胞的生物膜中参与反应的成分只是蛋白质。

（3）味觉的生理特点

①味觉和嗅觉的关系非常密切　如果人患伤风感冒鼻子不通气，就不能很好地辨别滋味，这就是人们常说的鼻子不灵、舌头也不管用的道理。

试验证明，把鼻子堵上后人能辨别的只有酸、甜、咸、苦，除此之外不能辨别其他的任何味道。堵上鼻子，尝试磨碎了的蒜头、苹果、萝卜的味道都是略带甜味的食品。

②味觉适应　一种有味物质在口腔内维持一段时间后，引起感觉强度逐渐降低的现象是味觉适应。适应时间是指从刺激开始到刺激完全消失的时间间隔，它是刺激强度的函数，刺激强度低，适应时间短，反之亦然。对一种有味物质适应后提高了同类有味物质的阈值，这种现象称为交叉适应。例如，对一种酸味适应后会提高另外一种酸味的阈值。但是，单是咸味不存在交叉适应。

③味觉的相互作用

味觉的对比现象　把两种或两种以上不同味道的呈味物质以适当浓度调和在一起，其中一种呈味物质的味道更为突出的现象，叫作味觉的对比现象。如在15%的糖水溶液中加入0.017%的食盐，会感觉甜味比不加食盐的要甜；不纯的白砂糖要比纯的白砂糖要甜；味精与食盐放在一起，其鲜味会增加；在舌的左边沾点酸味物质，舌的右边沾点甜味物质，只会感到舌右边的甜味增加。

味的消杀 把两种或两种以上的呈味物质以适当浓度混合后，使每种味觉都减弱的现象，叫作味的消杀。如把下列任意两种物质，即食盐、砂糖、奎宁盐酸以适当浓度混合后，会使其中任何一种物质的味道比混合时都有减弱。

味的转换 由于味器官接连受到两种不同味道的刺激而产生另一种味觉的现象，叫作味的转换。当尝过食盐或奎宁后，立即饮无味的清水会感到水略有甜味。

味的相乘作用 把两种或两种以上的呈味物质以适当浓度混合后，使其中一种味觉大大增强的现象，叫作味的相乘作用。如味精与核苷酸共存时，会使鲜味大大增强；把麦芽酚加入饮料或糖果中，能大大加强其甜味。

(4)影响味觉的因素

①不同的味道本身的感受时间不同 从刺激味感受器到出现味觉，一般需要$1.5 \times 10^{-3} \sim 4.0 \times 10^{-3}$s，其中咸味的感觉最快，苦味的感觉最慢。所以，一般苦味总是在最后才被感觉到。

②温度 味觉与温度的关系很大。即使是相同的呈味物质，相同的浓度，也因温度的不同而感觉不同。最能刺激味觉的温度在10~40℃，其中以30℃时味觉最为敏感。也就是说，接近舌温对味的敏感性最大。低于或高于此温度，各种味觉都稍有减弱，如甜味在50℃以上时，感觉明显地迟钝。感觉不同味道所需要的最适温度有明显的差别。在4种基本味中，甜味和酸味的最佳感觉温度是35~50℃，咸味的最适感觉温度为18~35℃，苦味则是10℃。各种味道的感觉阈值会随温度的变化而变化，这种变化在一定温度范围内是有规律的。例如，甜味的阈值在17~37℃范围内逐渐下降，而越过37℃时则又回升；咸味和苦味阈值在17~42℃范围内都是随温度的升高而提高，酸味在此温度范围内阈值变化不大。但是，现在还是没有搞清楚温度影响味觉变化的真正原因。

③呈味物质的水溶性 味觉的强度和出现味觉的时间与刺激物质(呈味物质)的水溶性有关。完全不溶于水的物质实际上是没有味道的，只有溶解在水中的物质才能刺激味觉神经，产生味觉。因此，呈味物质与舌表面接触后，先在舌表面溶解，而后才产生味觉。这样，味觉产生的时间和味觉维持的时间因呈味物质的水溶性不同而有差异。水溶性好的物质，味觉产生快，消失也快；水溶性较差的物质味觉产生较慢，但维持时间较长。蔗糖和糖精就属于这不同的两类。

④介质的影响 由于呈味物质只有在溶解状态下才能扩散至味感受体进而产生味觉，因此味觉也会受呈味物质所处介质的影响。这个影响主要是介质黏度、介质性质，同时呈味物质的浓度也有一定影响。

辨别味道的难易程度随呈味物质所处介质的黏度而变化。通常，黏度增加，味道辨别能力降低，主要是因为介质的黏度会影响可溶性呈味物质向味感受体的扩散。例如，4种基本味的呈味物质处于水溶液时，最容易辨别；处于胶体状介质时，最难辨别；而处于泡沫状介质时，辨别能力居中。

除了介质黏度，介质的性质会降低呈味物质的可溶性或抑制呈味物质有效成分的释放，如酸味感在果胶胶体溶液中会明显降低，这说明一方面果胶溶液黏度较高，降低了产生酸味感的自由氢离子（H^+）的扩散作用；另一方面由于果胶自身的特性，它也可以抑制自由氢离子的产生，双重作用的结果使得酸味感在果胶溶液中明显下降。油脂也会对某些呈味物质产生双重影响，既降低呈味物质的扩散速度又抑制呈味物质的溶解性。例如，咖啡因和奎宁的苦味及糖精的甜味在水溶液中比较容易感觉，在矿物油中则比较难感觉到，而在制备与矿物油黏度一样的羧甲基纤维素溶液中，感觉到苦味和甜味较在矿物油里明显，而比在水溶液里淡。

呈味物质浓度与介质影响也有一定关系，在阈值浓度附近时，咸味在水溶液中比较容易感觉，当咸味物质浓度提高到一定程度时，就变成在琼脂溶液中比在水溶液中更易感觉。

⑤身体状况

疾病的影响　身体患某些疾病或发生异常时，味觉会发生变化，会导致失味、味觉迟钝或变味。例如，人在患黄疸病的情况下，对苦味的感觉明显下降甚至丧失；患糖尿病时，舌头对甜味刺激的敏感性显著下降；身体内缺乏或富余某些营养成分时，也会造成味觉的变化；若长期缺乏抗坏血酸，则对柠檬酸的敏感性明显增加；人体血液中糖分升高后，会降低对甜味感觉的敏感性。这些事实也证明，从某种意义讲，味觉的敏感性取决于身体的需求状况。

有些疾病或异常状况引起的味觉变化是暂时性的，待身体恢复后味觉可以恢复正常，有些则是永久性的变化。例如，体内某些营养物质的缺乏会造成对某些味道的喜好发生变化，在体内缺乏维生素 A 时，会显现对苦味的厌恶甚至拒绝食用带有苦味的食物，若这种维生素 A 缺乏症持续下去，则对咸味也拒绝接受，通过注射补充维生素 A 以后，对咸味的喜好性可恢复，但对苦味的喜好性却不再恢复。再如，用钴源或 X 射线对舌头两侧进行照射，7d 后舌头对酸味以外的其他基本味的敏感性均降低，大约 2 个月后味觉才能恢复正常。恢复期的长短与照射强度和时间有一定关系。

饥饿和睡眠的影响　人处在饥饿状态下会提高味觉敏感性，进食后敏感性明显下降，降低的程度与所饮用食物的热量值有关。人在进食前味觉敏感性很高，证明味觉敏感性与体内生理需求密切相关。而进食后味敏感性下降，一方面是所饮用食物满足了生理需求；另一方面则是饮食过程造成味感受体产生疲劳导致味敏感性降低。饥饿对味觉敏感性有一定影响，但是对于喜好性都几乎没有影响。

缺乏睡眠对咸味和甜味阈值不会产生影响，但是能明显提高酸味的阈值。

年龄和性别　不同年龄的人对呈味物质的敏感性不同。随着年龄的增长，味觉逐渐衰退。Coopto 等在 1959 年的研究结果表明，50 岁左右的人味觉敏感性明显衰退，甜味约减少 1/2，苦味约减少 1/3，咸味约减少 1/4，但酸味减少不明显。

老年人会经常抱怨没有食欲感以及很多食物吃起来无味。感官试验证实，60 岁以下的人味觉敏感性没有明显变化，而年龄超过 60 岁的人则对咸、酸、苦、甜 4 种基本味的敏感性显著降低。造成这种情况的原因，一方面是年龄增长到一定程度后，舌乳头上的味蕾数目会减少，20~30 岁时舌乳头上平均味蕾数为 245 个，可是到 70 岁以上时，舌乳头上平均味蕾数只剩 88 个；另一方面是老年人自身所患的疾病也会降低对味道感觉的敏感性。

性别对味觉的影响目前有两种不同看法。一些研究者认为在感觉基本味的敏感性上无性别差别；另一些研究者则指出性别对苦味敏感性没有影响，而对咸味和甜味，女性要比男性敏感，对酸味则是男性比女性敏感。

2.2.1.2　食品的基本味道及其相互作用

（1）味的基本分类

关于味的分类方法，各国有一些差异，我国是"酸、甜、苦、辣、咸"，欧洲是"甜、酸、咸、苦、金属性、碱性"等。但一般认为，味觉与颜色的三原色相似，具有四原味，即甜、酸、咸、苦。这是德国人海宁提出的一种假设，所有的味觉都是由四原味组合而成，以四原味各为一个顶点构成味的四面体（图 2-3），所有的味觉可以在味四面体中找到位置。四原味以不同的浓度和比例组合时就可形成自然界千差万别的各种味道。例如，无机盐溶液带有多种味道，这些味道都可以用蔗糖、氯化钠、酒石酸和奎宁以适当的浓度混合而复现出来。

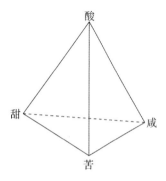

图 2-3　味的基本分类

除 4 种基本味外，鲜味、辣味、碱味和金属味等也列入味觉之列。但是有些学者认为这些不是真正的味觉，而可能是触觉、痛觉或者是味觉与触觉、嗅觉融合在一起产生的综合反应。

4 种基本味的感觉阈和差别阈有较大差别，表 2-1 为 4 种基本味的感觉阈和差别阈。

表 2-1　4 种基本味的感觉阈和差别阈

呈味物质	感觉阈		差别阈	
	%	mol/L	%	mol/L
蔗糖	0.531	0.015 5	0.271	0.008
氯化钠	0.081	0.014	0.034	0.005 5
盐酸	0.002	0.000 5	0.001 05	0.000 25
硫酸奎宁	0.000 3	0.000 003 9	0.000 135	0.000 001 9

电生理反应实验已经证实 4 种基本味对味感受体会产生不同的刺激，这些刺激分别由味感受体的不同部位或不同成分所接收，然后又由不同的神经纤维所传递，所以 4 种基本味被感受的程度和反应时间差别很大。4 种基本味用电生理法测得的反应时间为 0.02～0.06s。咸味反应时间最短，甜味和酸味次之，苦味反应时间最长。

（2）各种味之间的相互作用

自然界大多数呈味物质的味道不是单纯的基本味，而是由两种或两种以上的味道组合而成。食品就经常含有 2~3 种甚至全部 4 种基本味。因此，不同味之间的相互作用对味觉有很大的影响。不同味之间主要有补偿作用和竞争作用。

补偿作用是指在某种呈味物质中加入另一种物质后，阻碍它与另一种相同浓度呈味物质进行味感比较的现象。竞争作用是指在呈味物质中加入另一种物质而没有对原呈味物味道产生味觉影响的现象。

不同的呈味物质以一定的浓度差混合时也有一定规律。例如，一种呈味物质的浓度远远高于另一种呈味物质时，若将这两种呈味物质混合时，则高浓度呈味物质的味一定会占主导地位，甚至可完全掩盖另一种味。若两种相混合的呈味物质浓度差别在一定范围内，则仍然可能是高浓度呈味物质的味占主要地位，但此时味调会发生变化或两种味同时能感觉到。在某些情况下，会先感觉到一种味，然后又感觉到另外一种。

2.2.1.3　食品味觉的检查

（1）食品的味道

食品的味道除了酸、甜、咸、苦外，在我们的日常饮食生活中，还包括辣味、涩味和鲜味等其他的味觉感觉。

食品的味道与香气有密切的联系。在进食时，除了能感觉到各种味道外，同时还可能感觉到食品中存在的呈香物质产生的香气，或咀嚼时产生出来的口味，各种味相互混合而形成了食品的综合味道。

①酸味　是由舌黏膜受到氢离子刺激引起的。因此，凡是在溶液中能离解出氢离子的化合物都具有酸味。但由于舌黏膜能中和氢离子，使酸味感逐渐消失。

酸味强度主要受酸味物质的阴离子影响，有试验表明，在同一 pH 值下，酸味强度的顺序为：乙酸>甲酸>乳酸>草酸>盐酸。

乙醇和糖可以减弱酸味强度。甜味与酸味的适宜组合是构成水果、饮料风味的重要因素。

不同的酸呈现出的酸的风味不同。在酸味物质中，多数有机酸具有爽快的酸味，而多数无机酸却具有苦、涩味，并使食品呈现出不好的风味。

常用酸味剂包括食醋、乙酸、乳酸、柠檬酸、苹果酸、酒石酸。

②甜味　是许多人嗜好的一种味道。作为向人体提供热能的糖类，是甜味物质的代表。

糖的甜度受多种因素影响，其中最重要的因素为浓度。甜度与糖溶液浓度成正比。浓度高的糖溶液甜度比固体的糖高，因为只有溶解状态的糖才能刺激味蕾产生甜味。例如，40%的蔗糖溶液的甜度比砂糖高，这是因为砂糖溶于唾液中达不到这样高浓度的缘故。

甜味剂有山梨醇、麦芽糖醇、木糖醇，以及糖类中的葡萄糖、果糖、蔗糖、麦芽糖、乳糖等。

③苦味　单纯的苦味让人难以接受，但是应用苦味可以起到丰富和改进食品风味的作用，如茶叶、咖啡、可可、巧克力、啤酒等食品都具有苦味，却深受人们的喜欢。

④咸味　在食品调味中非常重要。除去部分糕点外，绝大部分食品都添加咸味剂——食盐。咸味是中性盐所显示的味，只有氯化钠才产生纯粹的咸味。食盐中除了氯化钠以外还常混杂有氯化钾、氯化镁、硫酸镁等其他盐，这些盐类除咸味外，还带来苦味。所以食盐需经精制以除去那些有苦味的盐类，使咸味更纯正。

⑤辣味　能刺激舌部和口腔的触觉神经，同时也会刺激鼻腔，这属于机械刺激现象。适当的辣味刺激能增进食欲，促进消化液的分泌，并具有杀菌作用。

辣味按其刺激性不同分为火辣味和辛辣味两类。火辣味在口腔中能引起一种烧灼感，如红辣椒和胡椒的辣味。辛辣味具有冲鼻刺激感，除了作用于口腔黏膜外，还有一定的挥发性，能刺激嗅觉器官，如姜、葱、蒜、芥子等的辛辣味。

⑥涩味　当口腔黏膜蛋白质被凝固，就会引起收敛，此时感到的味道便是涩味。因此，涩味不是由于作用味蕾所产生的，而是由于刺激触觉神经末梢所产生的。未成熟柿子的味道含有典型的涩味。

⑦鲜味　食品中的肉类、贝类、鱼类、蘑菇等都具有特殊的鲜美滋味，能引起强烈的食欲。

味精是最常用的鲜味剂，其主要成分是谷氨酸钠，具有强烈的肉类鲜味，添加到某些食品中，可以大大提高食品的可口性。当味精与食盐共存时，其鲜味尤为显著。

（2）食品的味觉检查

①检查方法　一般从食品滋味的正异、浓淡、持续长短来评价食品滋味的好坏。滋味的正异是最为重要的，因为食品有异味或杂味就意味着该食品已腐败或有异物混入。滋味的浓淡要根据具体情况加以评价。滋味悠长的食品优于滋味维持时间短的食品。

②应用　味觉检查主要用来评价、分析食品的质量特性，是食品感官评价的主要依据。当人尝到甜的感觉时，可以获得能量维持机体的正常新陈代谢；很多食品中的酸和甜是密不可分的，要有适宜的酸甜比食品才能被广大消费者接受，但是很多时候酸的食品也会容易让人联想到食品的腐败变质；咸意味着食品中含有一定量的矿物质元素；而苦往往让人感觉到食品中有有毒物质存在，但也有食品本身就有苦味，也赋予食品特殊的感觉，如咖啡、啤酒、巧克力、苦瓜等。

评价人员的身体状况、精神状态、味觉嗜好、样品的温度等都对味觉器官的敏感性有一定的影响，因此，在进行味觉检查时应给予特别的注意。

另外，味觉检查常用来鉴定中草药材。

2.2.2　嗅觉

嗅觉(olfaction)是气体刺激鼻腔内嗅细胞而产生的感觉。它是一种基本感觉，比视觉原始，比味觉复杂。在人类没有进化到直立状态之前，原始人主要依靠嗅觉、味觉和触觉来判断周围环境；随着人类转变成直立姿态，视觉和听觉成为最重要的感觉，而嗅觉等退至次要地位。尽管现在嗅觉已不是最重要的感觉，但嗅觉的敏感性还是比味觉敏感性高很多，最敏感的气味物质——甲基硫醇只要在 $1m^3$ 空气中有 $4×10^{-5}mg$(约为 $1.41×10^{-10}mol/L$) 就能感觉到；而最敏感的呈味物质——马钱子碱的苦味要达到 $1.6×10^{-6}mol/L$ 浓度才能感觉到。嗅觉感官能够感受到的乙醇溶液浓度要比味觉感官所能感受到的浓度低 24 000 倍。

食品除含有各种味道外，还含有各种不同气味。食品的味道和气味共同组成食品的风味特征，直接影响人类对食品的接受性和喜好性，同时对内分泌也有影响。因此，嗅觉与食品有密切的关系，是进行感官评价时所使用的重要感觉之一。

2.2.2.1　嗅觉器官和嗅觉的生理特点

（1）嗅觉器官

人体的嗅觉器官是鼻子(图 2-4)。鼻子分为左右两个鼻腔，由鼻中隔分隔开来，左右两个鼻腔的侧壁都有鼻甲向鼻中隔延伸，鼻甲共有 3 块，即上鼻甲、中鼻甲和下鼻甲，人体的嗅觉感受器(嗅黏膜)位于上鼻甲与鼻中隔之间，称为嗅裂或者嗅感区的地方。嗅黏膜大小为 $2.7\sim5cm^2$，呈淡黄色，且为水样分泌物所湿润，嗅觉细胞密集于此又称为嗅细胞(olfactory cell)，即嗅觉受纳器中具有嗅觉反应的细胞。与其他感觉细胞不同，嗅细胞兼行受纳和传导两种机能。在嗅黏膜中约有总数 1 000 万个嗅细胞。每一嗅细胞末端(近鼻腔孔处)有许多手指样的突起，即纤毛，均处于黏液中。每个嗅细胞有纤毛 1 000 条之多，纤毛增加了受纳器的感受面，因而使 $5cm^2$ 的表面面积实际上增加到了 $600cm^2$。这一特点无疑有助于嗅觉的敏感性。嗅细胞的另一端(近颅腔处)是纤细的轴突纤维，并由此与嗅神经相连。嗅觉系统中每个二级的神经元上有数千嗅细胞的聚合和累积(嗅细胞的轴突与神经元的树突相连)，这是有助于嗅觉敏感性的。嗅觉细胞上有两种神经纤维，一种是嗅觉神经纤维末梢(又称嗅毛)，另一种是三叉状神经末梢，前者是气味分子的受体，后者只对特定类型的气味分子敏感。

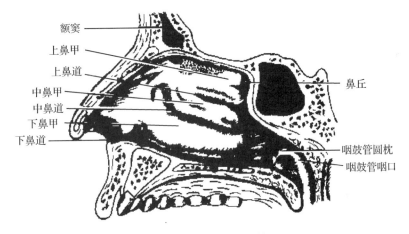

额窦
上鼻甲
上鼻道
中鼻甲
中鼻道
下鼻甲
下鼻道
鼻丘
咽鼓管圆枕
咽鼓管咽口

图 2-4　鼻子的基本结构

(2)嗅觉的产生

①嗅觉产生的前提条件　嗅觉的适宜刺激是必须具有挥发性和可溶性的物质，否则不易刺激鼻黏膜，无法引起嗅觉，具有气味物质是嗅觉产生的前提条件。嗅觉受纳器是一种化学受纳器，只有溶解的分子才能使它激活。凡可探查到的有气味的物质必然是可挥发的(在空气中呈粒子形式)，这样才能被吸进鼻孔。它们至少也必须能部分地溶解于水，因而能通过鼻黏膜到达嗅细胞。最后，它们也必须能溶解于类脂质中(脂肪物质)，因而能穿透形成嗅觉受纳器外膜的类脂质层。不同的气味物质有相应的气味，所以可通过气味来分辨一些物质。

②嗅觉产生过程　由于嗅裂位于鼻腔最上端，气味物质只有到达嗅感区才能产生嗅感。具有气味的物质可有两条通路到达嗅感区，一条是鼻腔通路：即直接通过鼻腔的吸气到达嗅黏膜，嗅觉的强弱决定于食品表面空气中芳香物质的浓度和吸气的强弱；另一条是鼻咽通路：即进入口腔后再通过鼻咽进入鼻腔到达嗅黏膜。空气中气味物质的分子进入嗅感区吸附和溶解在嗅黏膜表面，进而扩散至嗅毛，被嗅细胞所感受，然后嗅细胞将所感受到的气味刺激通过传导神经以脉冲信号的形式传递到大脑，从而产生嗅觉。

嗅感是挥发性物质散发出的气体分子与鼻腔内嗅觉神经反应所引起的刺激感，是一种生理反应，这种生理反应的传导过程如图 2-5 所示。这个过程大致可分为 3 个阶段：首先是信号产生阶段。玫瑰花的芳香物分子经空气扩散到达鼻腔后，被嗅细胞吸附到其表面上，呈负电性的嗅细胞表面的部分电荷发生改变，产生电流，使神经末梢接受刺激而兴奋。其次是信号传递与预处理阶段。兴奋信号在嗅球中经一系列加工、放大后输入大脑。最后是大脑识别阶段。大脑把输入的信号与经验进行比较后作出识别判断：是咖啡、玫瑰的香味，还是其他的气味。大脑的判断识别功能是由孩提时代起，在不断与外界接触的过程中学习、记忆、积累、总结而形成的。费里曼通过对神经解剖学、神经生理学和神经行为各个水平的试验研究，确证嗅觉神经网络中的每个神经元都参与嗅觉感知，认为人和动物在吸气期间，气味会在鼻腔的嗅细胞阵列上形成特定的空间分布，随后嗅觉系统以抽象的方式直接完成分类。当吸入熟悉的气味时，脑电波比以前变得更为有序，形成一种特殊的空间模式。当不熟悉的气味输入时，嗅觉系统的脑电波就表现出低幅混沌状态，低幅混沌状态等价于一种"我不知道"的状态。

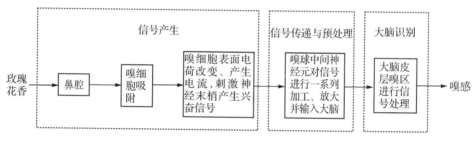

图 2-5 人的嗅感产生过程示意图

生理研究表明，人的一个鼻腔中约有 5 000 万个嗅细胞，单个嗅细胞的生存期一般只有 22d 左右，其灵敏度并不很高，选择性差，至今还没有发现只对一种化学成分有反应的嗅细胞。正是靠后继的神经信号处理系统将整个嗅觉系统的选择性、灵敏度、重复性等性能大大提高，并能除去信号漂移。这说明，人的嗅觉系统对气味的识别能力是由大量性能彼此重叠的嗅细胞、嗅球中间神经元和大脑共同作用的结果，大脑和嗅球中间神经元在其中起到关键的作用。一般来讲，从气味分子被嗅细胞表面吸附到产生嗅觉反应仅需 0.2~0.3s。

气味可以是单一的也可以是复合的，单一的气味由一种有气味的物质分子形成，而复合气味则是由许多种(有可能是上百种)不同的气味分子混合而成。实际上，自然产生的气味都是复合的，单一气味是人造的。分子的大小、形状和极性决定了气味的性质。很长一段时间以来，学术界一直认为人类鼻子只能嗅辨大约 10 000 种气味，据 2014 年 3 月 20 日美国《科学》杂志刊登的一项新研究显示，人类的鼻子理论上可以分辨出至少 1 万亿种不同的气味。但是，对嗅觉感受气味的具体过程尚未彻底弄清，还需更深入的研究。

（3）嗅觉的生理特点

①嗅觉对气味的适应性　人的嗅觉反应既不是固定的，也不是持久的。如果我们慢慢地吸气，使嗅周期持续 4~5s，就会发现，开始气味慢慢加强，然后下降，最后缓慢消失。

在有气味的物质作用于嗅觉器官一定时间后，嗅感受性降低的现象称为嗅觉适应。

嗅细胞容易产生疲劳，而且当嗅球等中枢系统由于气味的刺激陷入负反馈状态时，感觉受到抑制，气味感消失，此时对气味产生了适应性。嗅觉适应会产生以下 3 种反应：

- 从施加刺激到嗅觉疲劳、嗅感减弱到消失有一定的时间间隔。
- 在产生嗅觉疲劳的过程中，嗅味阈逐渐增加。
- 嗅觉对某种刺激产生疲劳后，嗅感灵敏度再恢复需要一定的时间。

嗅觉对一种气味物质的适应会影响其他刺激的感受性，称为嗅觉交叉适应。例如，局部适应松树、香脂或蜂蜡气味会使橡皮气味的阈值升高；适应于碘的人，对于乙醇、向日葵、芫荽油感觉迟钝一些；用惯香料的人、有烟癖的人、医生、护士，对若干种气味特别敏感，而对其他气味则可能较难感受到。

② 嗅味的相互影响　气味和色彩、味道不同，混合后会产生多重结果。当两种或两种以上的气味混合到一起时，可能会产生下列结果：

- 气味混合后，某些主要气味特征受到压制或消失，从而无法辨认混合前的气味。
- 几种气味混合后气味特征变为不可辨认特征，即混合后无味，这个现象就称为中和作用。
- 混合中某种气味被压制而其他的气味特征保持不变，即失掉了某种气味。
- 混合后原来的气味特征彻底改变，形成一种新的气味。
- 混合后保留部分原来的气味特征，同时又产生一种或者几种新的气味。

气味混合中，比较引人注意的是用一种气味去改变或遮盖另一种不愉快的气味，即"掩盖"。在日常生活中，气味掩盖应用较广泛。香水就是一种掩盖剂，它能赋予其他物质新的气味或改变物质原有的气味。房间、卫生间常用的空气清新剂就是采用掩蔽作用达到清新空气的目的。除臭剂也是一种通过掩盖臭味或与臭味物质反应来抵消或消除臭味的物质。气味掩盖在食品上也经常应用，如添加肌苷二钠盐能减弱或消除食品中的硫味；在鱼或肉的烹调过程中，加入葱、姜等调料可以掩盖鱼、肉的腥味。

③ 嗅觉的敏感性　嗅觉的个体差异很大，有嗅觉敏锐者和嗅觉迟钝者。在食品品尝过程中，可通过选择品尝食品的容器形状和提高品尝技术，来改善这一感觉的敏锐度。也可以通过鼻咽通路(嗅觉的强弱决定于"舌搅动""咽部运动")加强对气味的感知。由于口腔的加热，以及由于舌头及面部运动而搅动液态食品，从而加强了芳香物质的挥发。当咽下食品时，由咽部的运动而造成的内部高压，使充满口腔中的香气进入鼻腔。从而加强了嗅觉强度。嗅觉敏锐者并非对所有气味都敏锐，因不同气味而异。如长期从事评酒工作的人，其嗅觉对酒香的变化非常敏感，但对其他气味就不一定敏感。

(4) 影响嗅觉的因素

人的身体状况可影响嗅觉器官。例如，人在感冒时，品尝咖啡的香味显然不如平常那样芳香扑鼻；当身体疲倦或营养不良时，都会引起嗅觉功能降低；女性在月经期、妊娠期及更年期都会发生嗅觉缺失或过敏的现象。

2.2.2.2　气味

(1) 气味概念

嗅觉感官感受到的感官特性就是气味(odour)。尽管气味遍布我们周围，我们也时刻都在有意识或无意识地感受到它们，但对气味至今没有明确的定义。按通常的概念，气味就是"可以嗅闻到的物质"。这种定义非常模糊。有些物质人类嗅不出气味，但某些动物却能够嗅出其气味，这类物质按上述定义就很难确定是否为气味物质。有些学者根据气味被感觉的过程给气味提出一个现象学上的定义，即"气味是物质或可感受物质的特性"。

在人类和高等脊椎动物中，通过吸入鼻腔和口腔，在这些感官的嗅感区域上形成一个感应，产生一个不同于所见、所闻、所尝和感情的感觉，具有产生这种感觉潜力的物质就是气味。

气味的种类非常多，有人认为在 200 万种有机化合物中，40 万种都有气味，而且各不相同。但人仅能分辨出 10 000 余种气味，所以只能借助分析仪器准确区分各种气体。

（2）气味分类

气味分类是气味分析的基础。由于气味没有确切定义，而且很难定量测定，所以气味分类比较混乱。

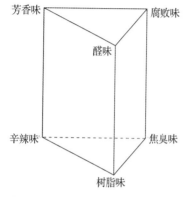

图 2-6 气味的基本分类

对气味的分类曾有许多学者做过尝试。海宁（Henning）曾提出过气味的三棱体概念，他所划分的 6 种基本气味分别占据三棱体的 6 个角（图 2-6）。海宁相信所有气味都是由这 6 种基本气味以不同比例混合而成的，因此每种气味在三棱体中有各自的位置。

Amoore 的分类方法也很有名。他根据有关书籍的记载任意选出 616 种物质，将表现气味的词汇集中在一起制成直方图。结果发现，樟脑味、麝香味、花香味、薄荷香味、乙醚味、刺激味和腐臭味这 7 个词汇的应用频度最高，因此，这 7 种气味被认为是基本的气味。任何一种气味的产生，都是由 7 种基本气味中几种气味混合的结果。

也有专家认为，索额底梅克氏分类法（Zwardemaker）和舒茨氏分类法（Schutz）是典型的气味分类方法。索额底梅克氏分类法将气味分为芳香味、香脂味、刺激辣味、羊脂味、恶臭味、腐臭味、醚味和焦烟味。舒茨氏分类法将气味分为芳香味、羊脂味、醚味、甜味、哈败味、油腻味、焦烟味、金属味和辛辣味。除此之外，还有一些按气味分子外形和电荷大小或按气味在一定温度下蒸气压大小进行分类的方法。所有这些方法都存在一些缺陷，不能准确而全面地对所有气味进行划分。

现在比较公认的气味分类方法是根据 Spurrier（1984）的建议，将气味概括地分为八大类（每一类气味对应着许多复杂的呈气味物质）：

①动物气味　野味（包括所有野兽、野禽的气味）、脂肪味、腐败（肉类）味、肉味、麝香味、猫尿味等。在葡萄酒中，这类气味主要是麝香味（源于一些芳香型品种）和一些陈年老酒的肉味以及脂肪味等。

②香脂气味　是指芳香植物的香气，包括所有的树脂、刺柏、薅笃草树、香子兰、松油、安息香等气味。在葡萄酒中，主要是各种树脂的气味。

③烧焦气味　包括烟熏、烤、干面包、巴旦杏仁、干草、咖啡、木头等气味；此外，还有动物皮、松油等气味。在葡萄酒中，除各种焦、烟熏等气味外，烧焦气味主要是在葡萄酒成熟过程中丹宁变化或溶解橡木成分形成的气味。

④化学气味　包括乙醇、丙酮、醋、酚、苯、硫醇、硫、乳酸、碘、氧化、酵母、微生物等气味。葡萄酒中的化学气味，最常见的为硫、醋、氧化等不良气味。这些气味的出现，都会不同程度地损害葡萄酒的质量。

⑤(厨房用)香料气味　包括所有用作佐料的香料，主要有月桂、胡椒、桂皮、姜、甘草、薄荷等气味。这类香气主要存在于一些优质、陈酿时间长的红葡萄酒中。

⑥花香　包括所有的花香，但常见的有堇菜、山楂、玫瑰、柠檬、茉莉、鸢尾、天竺葵、杨槐、椴树、葡萄等的花香。

⑦果香　包括所有的果香，但常见的是覆盆子、樱桃、草莓、石榴、醋栗、杏、苹果、梨、香蕉、核桃、无花果等气味。

⑧植物与矿物气味　主要有青草、落叶、块根、蘑菇、湿禾秆、湿青苔、湿土、青叶等的气味。

(3)嗅味阈和相对气味强度

①嗅味阈　嗅觉和其他感觉相似，也存在可辨认气味物质浓度范围和感觉气味浓度变化的敏感性问题。人类的嗅觉在察觉气味的能力上强于味觉，但对分辨气味物质浓度变化后气味相应变化的能力却不及味觉。由于嗅觉比味觉、视觉和听觉等感觉更易疲劳，而且持续时间比较长，影响嗅味阈测定的因素又比较多，因而准确测定嗅味阈比较困难。不同研究者所测得的嗅味阈值差别也比较大。影响嗅味阈测定的因素包括：测定时所用气味物质的纯度；所采用的试验方法及试验时各项条件的控制；参加试验人员的身体状况和嗅觉分辨能力上的差别等。

②相对气味强度　是反映气味物质的气味感随气味浓度变化而变化的一个特性。由于气味物质察觉阈非常低，因此很多自然状态存在的气味物质在稀释后，气味感觉不但没有减弱反而增强，这种气味感觉随气味物质浓度降低而增强的特性称为相对气味强度。各种气味物质的相对气味强度不同。相对气味强度不仅仅受气味浓度的影响，也受到气味物质结构的影响。

2.2.2.3　食品嗅觉的检查

(1)食品的香气

食品香气会增加人们的心理愉悦感，激发人们的食欲。所以，食品具有的香气是评价食品质量的一个重要指标。

①食品的香气是由多种物质所组成　任何一种食品的香气都并非由某一种呈香物质所单独产生的，而是由多种呈香的挥发性物质所组成，是多种呈香物质的综合反映。因此，食品的某种香气阈值会受到其他呈香物质的影响，如当它们互相混合到适当的配比时，便能发出诱人的香气；反之，则可能感觉不到香气甚至出现奇怪的异味。也就是说，呈香物质之间的相互作用和相互影响使得原有香气的强度和性质发生改变。

②呈香值　呈香物质在食品中的含量是极为微量的。近几十年的科学技术的发展，使得人们能够借助于仪器、理化分析方法鉴别出呈香物质的复杂组成和相对浓度。如果已经知道某呈香物质的阈值，那么就有可能估计出它的重要程度。判断一种呈香物质在食品香气中所起作用的数值称为香气值，也称发香值，它是呈香物质的浓度和它的阈值之比，即：

$$香气值 = \frac{呈香物质的浓度}{阈值}$$

当香气值小于 1 时，人们的嗅觉器官对这种呈香物质就没有感觉。

但实际上，至今为止，人们还无法在评价食品香气时脱离感官分析方法，因为香气值只能反映出食品中各呈香物质产生香气的强弱，而不能完全、真实地反映出食品香气的优劣程度。

（2）嗅技术

嗅技术是食品感官评价时识别嗅感受的一个过程，由于嗅觉感受器位于鼻腔最上端的嗅上皮内，在正常的呼吸中，吸入的空气并不倾向通过鼻上部，多通过下鼻道和中鼻道，带有气味物质的空气只能极少量而且缓慢地通入鼻腔嗅区，所以只能感受到有轻微的气味。要使空气到达这个区域获得一个明显的嗅觉，就必须适当用力收缩鼻孔做吸气或者煽动鼻翼做急促的呼吸，并且把头部稍微低下对准被嗅物质使气味自下而上地通入鼻腔，使空气易形成急驶的涡流，气体分子较多地接触嗅上皮，从而引起嗅觉的增强效应。

嗅技术并不适应所有气味物质，如一些能引起痛感的含辛辣成分的气体物质。因此，使用嗅技术要非常小心。通常对同一气味物质使用嗅技术不超过3次，否则会引起"适应"，使嗅敏度下降。

（3）气味识别

①范氏试验　一种气体物质不送入口中而在舌上被感觉出的技术，就是范氏试验。首先，用手捏住鼻孔通过张口呼吸，然后把一个盛有气味物质的小瓶放在张开的口旁（注意：瓶颈靠近口但不能咀嚼），迅速地吸入一口气并立即拿走小瓶，闭口，放开鼻孔使气流通过鼻孔流出（口仍闭着），从而在舌上感觉到该物质。这个试验已广泛地应用于训练和扩展评价员的嗅觉能力。

②气味的识别　人们时时刻刻都可以感觉到气味的存在，但由于无意识或习惯性也就并不觉察它们。其实各种气味就像学习语言那样是可以被记忆的，因此要记忆气味就必须设计专门的试验，有意地加强训练这种记忆（注意感冒者例外），不但能够识别各种气味，而且能详细描述其特征。

训练试验通常是先用一些纯气味物（如十八醛、对丙烯基茴香醚、肉桂油、丁香等）单独或者混合用纯乙醇(99.8%)作溶剂稀释成10%或1%的溶液（当样品具有强烈辣味时，可制成水溶液），装入试管中或用纯净无味的白滤纸制备成尝味条（长150mm，宽10mm），借用范氏试验训练气味记忆。

（4）香识别

①啜食技术　因为吞咽大量样品不卫生，品茗专家和鉴评专家发明了一个专门的技术——啜技术，来代替吞咽的感觉动作，使香气和空气一起流过后鼻部被压入嗅味区域。这种技术是一种专门技术，对一些人来说要用很长时间来学习。

品茗专家和咖啡品尝专家是用匙把样品送入口内并用劲地吸气，使液体杂乱地吸向咽壁（就像吞咽时一样），气体成分通过鼻后部到达嗅味区。这样，使吞咽成为多余，样品被吐出。品酒专家随着酒被送入张开的口中，轻轻地吸气并进行咀嚼。酒香比茶香和咖啡香具有更多挥发成分，因此，对品酒专家，啜食技术更应谨慎。

②香的识别　香识别训练首先应注意色彩的影响，通常多采用红光以消除色彩的干扰。训练用的样品要有典型，可选各类食品中最具典型香的食品进行。果蔬汁最好用原汁，糖果蜜饯类要用纸包原糖果蜜饯，面包用整块，肉类应该采用原汤。乳类应注意异味区别的训练。训练方法用啜食技术，并注意必须先嗅后尝，以确保准确性。

（5）食品嗅觉检查

①方法 一般从食品香气的正异、强弱、持续长短等几个方面来评价食品香气的好坏。若不是某食品特有的香气，将被消费者所嫌弃。香气不正，通常会认为食品不新鲜或者已腐败变质。有时食品香气的强度与食品的成熟度有关，香气强弱不能作为判断食品香气好坏的依据，要具体分析，有时香气太强，反而使人生厌。一般说来放香时间长的食品优于放香时间短的食品。

②应用 在生产、检验和鉴定方面，嗅觉起着十分重要的作用。有许多方面的分析是无法用仪器和理化分析方法代替的，如在食品的风味化学研究中，通常由色谱和质谱将风味各组分定性和定量，但整个过程中提取、捕集、浓缩等都必须伴随感觉的嗅觉检查才可保证试验过程中风味组分无损失。另外，化妆品调香、酒的调配等也需要用嗅觉来评判，才可最后投入生产。

由于嗅细胞有易疲劳的特点，所以，对产品气味的检查或对比，数量和时间应尽可能缩短。

2.2.3 视觉

人类在认识世界、获取知识的过程中，90%的信息是靠视觉提供的。在感官评价中，视觉检查占有重要位置，几乎所有产品的检查都离不开视觉检查。在市场上销售的产品能否得到消费者的欢迎，往往取决于"第一印象"，即视觉印象。由于视觉在各种感觉中占据非常重要的地位，所以在食品感官评价中，视觉起着非常重要的作用。

2.2.3.1 视觉器官和视觉的生理特点

（1）视觉器官

视觉（visual sensation）是眼球接受外界光线刺激后产生的感觉。人眼眼球（图 2-7）的直径约 25mm，重约 10g，眼球壁由 3 层重叠的膜组成，由内向外依次分布着视网膜、脉络膜和巩膜。

第一层巩膜，俗称眼白，为多纤维物质，其作用是保护眼球不受外来环境的损伤，并维持其形状不变。

第二层脉络膜，其上的血管最多，富集具有黑色色素的细胞，呈淡棕色，其作用是阻止光线从角膜外进入眼球内，避免外来多余光线的干扰。

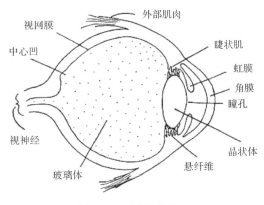

图 2-7 眼球的结构

第三层视网膜，是对视觉感觉最重要的，它由大量光敏细胞组成，厚度为 0.1～0.5mm。光敏细胞按其形态和功能又分为杆状细胞和锥状细胞。杆状细胞中含有一种感光物质——视紫红质，呈紫红色，对弱光非常敏感，微弱的光就能使它分解，从而引起它的兴奋。但它对强光和颜色的敏感性较差，所以在黑暗中只能看到物体的形状，很难分辨它的颜色。视紫红质可由维生素 A 或胡萝卜素合成，如果人们体内缺乏维生素 A 或胡萝卜素，视紫红质减少，对弱光的敏感性就会降低，严重时会造成夜盲。锥状细胞既可感觉明暗，又可辨别颜色，锥状细胞中含有 3 种不同的视色素，分别对红、绿及蓝紫颜色敏感。这 3 种色素互相搭配，就能感觉到五颜六色的色彩世界。锥状细胞中如果缺少某一种色素，或者全部缺乏，那么对颜色的感觉就不那么完善甚至完全失去，这就成了色盲。杆状细胞和锥状细胞都与视神经末梢相连。视神经汇集到视网膜上的一点，然后通向大脑，该汇集点无光敏细胞，因而称为盲点。白天的视觉过程主要由锥状细胞来完成，夜晚视觉则由杆状细胞起作用，所以在较暗处只能看见黑白，无法辨别颜色。据推测，人的视网膜中有杆状细胞视觉的产生依赖于视觉的适宜刺激和视觉的生理机制。人既有杆状细胞，又有锥状细胞，所以既能在夜间看到物体的形态，又能在白天看到物体的颜色。

（2）视觉的形成

由于光线的特性，人眼对光线的刺激可以产生相当复杂的反应，表现有多种功能。当人们用眼睛看东西时，外界物体发出或反射的光线，使得物体的影像经过角膜、房水，由瞳孔进入眼球内部，再经过晶状体和玻璃体的折射作用在视网膜形成清晰的物像，视网膜上的视神经细胞在受到光刺激后，将光信号转变成生物电信号，通过神经系统传至大脑皮层的视觉中枢，再根据人的经验、记忆、分析、判断、识别等极为复杂的过程而构成视觉，在大脑中形成物体的形状、大小、明暗、运动、颜色等概念。由于晶状体的凸度可以由睫状肌调节，因此在一定范围内，不同远近的物体，都可以形成清晰的图像落在视网膜上。儿童和少年的眼睛调节能力强，所以视觉特别敏锐。

人的眼睛不仅可以区分物体的形状、明暗及颜色，而且在视觉分析器与运动分析器（眼肌活动等）的协调作用下，产生更多的视觉功能，同时各功能在时间上与空间上相互影响，互为补充，使视觉更精美、完善。广义的视功能应由视觉感觉、量子吸收、特定的空间时间构图及心理神经一致性 4 个连续阶段组成。

视觉是由眼接收外界光刺激，通过视神经、大脑中的视觉中枢的共同活动来完成的。从眼睛的角膜、瞳孔进入眼球，穿过如放大镜的晶状体，使光线聚焦在眼底的视网膜上，形成物体的像。图像刺激视网膜上的感光细胞，产生神经冲动，沿着视神经传到大脑的视觉中枢，在那里进行分析和整理，产生具有形态、大小、明暗、色彩和运动的视觉。

（3）视觉的生理特点

①视觉产生的适宜刺激　视觉的适宜刺激为波长 380~780nm 的电磁波。这部分电磁波又叫光波，属可见光部分，它仅占全部电磁波的 1/70。

可见光分为两类：一类是由发光体直接发射出来，如太阳光、灯光等；另一类是光源照射到物体表面，由反光体把光反射出来。我们平常所见的光多数是反射光。在完全缺乏光源的环境中，就不会产生视觉。

②明暗视觉　当光线暗到一定程度时，就只有杆状细胞起作用，人眼不能分辨光谱中各种颜色，整个光谱带只反映为明暗不同的灰色条纹。

③彩色视觉　是人眼的一种明视觉功能，它产生于视网膜上锥状细胞——红敏细胞、

绿敏细胞和蓝敏细胞。人的大脑是根据 3 种光敏细胞的光通量比例来决定彩色感觉的。

④眼睛的适应性　当外界光线亮度发生变化时，人眼的感受性也发生变化，这种感受性是对刺激的适应过程，所以称为适应性。人眼对明暗环境的适应需要经历一段时间。

当从明亮的地方走进黑暗的地方，会感到两眼突然看不到物体，随后才慢慢地能看到黑暗中的物体轮廓。视觉逐步适应黑暗环境的过程为暗适应。暗适应一般要经历 4~6min，完全适应要经过 30~50min。

当从暗环境进入明环境时，人眼会出现暂时性视物不清，这个过程为明适应。明适应是人眼感受性慢慢降低的过程，开始几秒钟内感受性迅速降低，大约 20s 以后降低速度变得缓慢，经 60s 达到完全适应。

在有些情况下，视网膜上某点受到强光照射，这一点的视敏度与其他部位不同，当再看均匀亮度背景时，就会感到背景中相应点呈黑色，这种现象称为局部适应。

所以，感官分析中的视觉检查应在相同的光照条件下进行，特别是同一次试验过程中的样品检查。

⑤对比效应　当同时观看黑色背景上的灰点和白色背景上的灰点时，会感到后者比前者亮一些；观察彩色时也有类似情况，即暗背景中的彩色看起来比亮背景中的彩色明亮一些。这种对比效应称为亮度对比效应。

用同样大小的红色小纸片分别贴在亮度相等的灰色和红色纸板上，相比之下感到红色纸板上的红色小纸片饱和度较低，这称为彩色饱和度对比效应。

当把一张橘红色的纸放在红色纸旁边观看时，感到比单独观看时更黄一些；而如果与黄色纸靠近，则橘红显得更红一些。两张同样大小绿色纸片分别在黄色和蓝色纸板上，相比之下，黄色纸板上的绿色带有蓝色，而蓝色纸板上的绿色带有黄色，这称为色调对比效应。

面积不同的彩色样品，其色感不同。面积大的与面积小的相比，前者给人的明亮度和饱和度都有增强的感觉，这称为面积对比效应。

如果一种彩色包围另一种彩色，而且被包围彩色的面积非常小，则被包围彩色的主观效果有向周围彩色偏移的同化效应。

2.2.3.2　食品的外观

食品的外观主要包括食品的颜色、大小和形状、表面质地、透明度和充气情况等。

(1)食品的颜色

①食品的呈色原理　在可见光区域内，不同波长的光显示不同的颜色。不同的物质吸收不同波长的光，如果物质吸收的光波长在可见光区域以外，那么这种物质就是无色；如果物质吸收的光波长在可见光区域内，那么这种物质就呈现不同的颜色，其颜色与可见光中未被吸收的光波所反映出的颜色相同，即为吸收光的互补色。不同光波的颜色及其互补色见表 2-2。

②颜色的分类和基本特性　颜色可分为彩色系列和无彩色系列两大类。无彩色系列指黑色、白色和由两者按不同比例混合而产生的灰色。彩色系列指除无彩色系列以外的各种颜色。

表 2-2　不同光波的颜色及其互补色

物质吸收的光		互补色	物质吸收的光		互补色
波长/nm	相应颜色		波长/nm	相应颜色	
400	紫	黄绿	530	黄绿	紫
425	蓝青	黄	550	黄	蓝青
450	青	橙黄	590	橙黄	青
490	青绿	红	640	红	青绿
510	绿	紫	730	紫	绿

　　颜色的基本特性主要包括色调、明度和饱和度。色调是指不同波长的可见光在视觉上的表现，如红、橙、黄、绿、青、蓝、紫等。明度是颜色的明暗程度。物体颜色的明度与物体的反射率有关，当明度一致时，反射率的大小和明度的高低成正比。对彩色系列来说，掺入的白色光越多，就越明亮；掺入的黑色光越多，就越暗。饱和度指颜色的深浅、浓淡程度，即某种颜色色调的显著程度。物体反射光中，白色光越少，饱和度越高。

　　③食品色泽的来源　食品颜色是评价食品质量的一个极为重要的因素，也是首要因素。消费者在选择食品时，首先注意的是食品的颜色。对已知的食品，消费者希望所看到的颜色能与已在头脑中形成概念的色彩相吻合，并据此判断食品的新鲜度或质量等。因此，食品的颜色直接影响消费者的心理状态和购买欲望。

　　食品呈现的颜色主要来源于食品中固有的天然色素和各种人工色素。

　　食品中的天然色素是指在新鲜原料中，眼睛能够感受到的有色物质，或者无色而能引起化学反应导致变色的物质。天然色素按来源的不同可分为三大类：植物色素，如蔬菜的绿色(叶绿素)，胡萝卜的橙红色(胡萝卜素)，草莓、苹果的红色(花青素)等；动物色素，如肌肉的红色色素(血红素)，虾、蟹的表皮颜色(类胡萝卜素)等；微生物色素，如红曲霉的红曲素等。在这3类色素中以植物色素最为缤纷多彩，是构成食物色泽的主体。按化学结构不同可分为四吡咯衍生物，如叶绿素、血红素和胆素；异戊二烯衍生物，如胡萝卜素；多酚类衍生物，如花青素、花黄素(黄酮素)、儿茶素、单宁等；酮类衍生物，如红曲色素、姜黄素等；醌类衍生物，如虫胶色素、胭脂虫红素等。按溶解性质的不同，还可分为水溶性色素，如花青素；脂溶性色素，如叶绿素和类胡萝卜素。

　　天然色素的化学稳定性较差，在食品的贮存或加工过程中，往往会发生一系列的变化，使食品呈现出不同的颜色变化。例如，蔬菜在收获后的贮存过程中，随着时间的延长，绿色蔬菜中的叶绿素受叶绿素水解酶、酸和氧的作用，逐渐降解为无色，使蔬菜绿色部分消失。同时，由于类胡萝卜素与叶绿素共存于叶绿体的叶绿板层中，当叶绿素降解为无色后，呈黄色的类胡萝卜素则显露出来，使蔬菜的绿色部分变为黄色，这种变色过程就是人们常见的绿色蔬菜发黄的现象。又如，肌肉在不同的加热温度下颜色也随之变化，肉温在60℃以下时，肉的颜色几乎没有什么变化，在65～70℃时，肉色呈粉红色，再升高温度成为淡粉红色，75℃以上则完全变为褐色。这种颜色的变化，是由于肉中的色素蛋白在受热后的变化所致。

　　在食品加工过程中，生产者为了使产品的色彩满足消费者的欣赏要求，吸引消费者购买或为了保持食品原料中原有的诱人色彩，常常需要添加一些与食品色彩有关的物质，用以调整食品的颜色，特别是外表颜色，这些物质统称为食品调色剂，包括脱色剂（漂白剂）、发色剂和着色剂 3 类，详见《食品安全国家标准 食品添加剂使用标准》（GB 2760—2014）。

（2）食品的大小和形状

食品的大小和形状是指食品的长度、宽度、厚度、颗粒大小、几何形状等。虽然没有一定的标准，但评价员或者消费者都会通过各自的生活积累和经验，与已经形成的固有概念中的优质食品相比较，从而形成产品质量的初步判断。

（3）食品的表面质地

表面质地是指食品表面的特性，如光泽或暗淡、粗糙或平滑、干燥或湿润、软或硬、酥脆或回韧等。

（4）食品的透明度

透明度是指透明液体或固体的透明度或混浊度，以及肉眼可见颗粒存在情况。传播光线多的液体透明度高，而液体中悬浮颗粒多，光线散射多，混浊度就高。

（5）食品的充气情况

充气情况是指充气食品、酒类倾倒时的产气情况。有时也是产品质量感官评价的一个方面，通过视觉进行评价。

2.2.3.3 食品视觉的检查

（1）视觉检查的重要性

视觉虽然不像味觉和嗅觉那样对食品感官评价起决定性作用，但仍然有非常重要的影响，食品的颜色、形状、大小和表面质地等变化会影响人对于食品的感觉。试验证实，只有当食品处于正常的颜色范围时，才会使味觉和嗅觉在对该种食品的评价上正常发挥，否则这些感觉的灵敏度会下降，甚至不能产生正确的感觉。另外，感官检查顺序中首先由视觉判断物体的外观，确定物体的外形、色泽、形状大小。如大的苹果一般消费者更喜欢选择，但是如果苹果大到了西瓜那么大，消费者也无法接受。在生产中不管是生活用品、工业品或者食品，其造型美观，必然受到消费者喜爱。

（2）食品色泽的评价

要评价食品色泽的好坏，必须全面衡量和比较食品色泽的色调、明度和饱和度，这样才能得出公正、准确的结论。对食品色泽的色调、明度、饱和度的微小变化都能用语言或其他方式恰如其分地表达出来，是食品感官分析人员必须掌握的知识。

色调对食品的色泽影响最大，因为肉眼对色调的变化最为敏感。如果某食品的色泽色调不是该食品特有的颜色色调，说明该食品的品质低劣或不符合质量标准。

明度和食品的新鲜程度关系密切。新鲜食品常有较高的明度，明度降低往往意味着食品不新鲜。

饱和度和食品的成熟度有关。成熟度较高的食品，其色泽往往较深。

（3）视觉检查的作用

对食品来讲，以红色为主的食品，使人感到味道浓厚，吃起来有畅快感，能刺激神经系统兴奋，增加肾上腺素分泌和增强血液循环；黄色食品往往给人清香、酥脆的感觉，可刺激神经和消化系统；绿色能给人明媚、鲜活、清凉、自然的感觉；淡绿和葱绿能突出食品(蔬菜)的新鲜感，使人倍觉清新味美，具有一定的镇静作用；白色食品则给人以质洁、嫩、清香之感，能调节人的视觉平衡及安定人的情绪等。

颜色对分析评价食品具有下列作用：

①便于挑选食品和判断食品的质量。食品的颜色作为评价食品好坏的第一依据，往往比另外一些因素(如形状、质构等)对食品的接受性和食品质量的影响更大、更直接，很难想象颜色不怡人的食品人们会注重它具有的其他的物理性质。人们往往会按照自己形成的饮食习惯和喜好来选择。

②食品的颜色和接触食品时环境的颜色显著增加或降低对食品的食欲。在宽敞和明亮的环境里品尝美食是一种享受，但如果光线昏暗，会影响人观察食品的颜色，进而影响人对食品的食欲。

③食品的颜色也决定其是否受人们欢迎。倍受喜爱的食品常常是因为这种食品带有使人愉快的颜色；没有吸引力的食品，不受欢迎的颜色是其中一个重要的因素。

④通过各种经验的积累，可以掌握不同食品应该具有的颜色，并据此判断食品所应具有的特性和新鲜程度。通过鲜肉的肌间脂肪的颜色就可以判断肉品的新鲜程度，往往发黄的脂肪说明肉已经不太新鲜了。

视觉检查是食品检验中经常用到的方法，通过视觉检查可知产品的质量，如腌腊肉的脂肪变黄，则说明脂肪已氧化酸败。面包和糕点的烘烤也可通过视觉控制烘烤时间和温度。随着科学技术的发展，有些外观指标可以由仪器测定或控制，如香肠的颜色就可以用仪器测定，但何种颜色的香肠可增加人的食欲、能受到人们的喜爱，这是仪器不能代替的。视觉检查在生产过程及销售中占有很重要的地位。现在很多食品企业或行业已经制定了一定的食品视觉检查标准，大多采用比色板作为标准进行对照得到产品应该具有的等级。

视觉在食品感官评价尤其是喜好性分析中占有重要的地位。

2.2.4 听觉

听觉也是人类认识客观世界的主要感觉，是人通过听觉器官对外界声音刺激的反映，是仅次于视觉的重要感觉。听觉在食品感官分析中虽然没有味觉和嗅觉那样重要，但也是一种非常重要的感觉，主要应用于某些特定食品(如膨化食品)和食品的某些特性(如质构)的分析上，在食品的感官分析中也常用听觉的感觉来判断食品质量的优劣。

2.2.4.1 听觉器官和听觉的生理特点

(1)听觉器官

听觉(auditory sensation)是耳朵感觉器官接受声波刺激后产生的一种感觉。人的耳朵从外到内分为外耳、中耳和内耳(图2-8)。外耳搜集声音刺激，中耳将声音的振动传送到内耳，内耳的感受器将振动的机械能转化为神经能。

外耳包括耳郭和外耳道，它们主要起收集声波的作用。

中耳包括鼓膜、听小骨、鼓室和前庭窗。声波从外耳道传至鼓膜引起鼓膜振动。鼓膜与锤骨、砧骨和镫骨组成的听小骨、鼓室相连，它们再将声波传到前庭窗。由于耳膜的面积比前庭窗大 20 倍，振动传到前庭窗时，声压提高了 20~30 倍。这条声波传导途径为生理传导。另外，还有空气传导和骨传导。空气传导是鼓膜振动引起中耳内空气振动，再经前庭窗传至内耳。骨传导是振动由颅骨传入内耳。

内耳由前庭器官和耳蜗构成。耳蜗又分鼓阶、中阶和前庭阶。基底膜在鼓阶和中阶之间，它在前庭窗的一端最窄，在蜗顶一端最宽。基底膜上分布着大量听觉感受器，它由支持细胞和末端有细毛的毛细

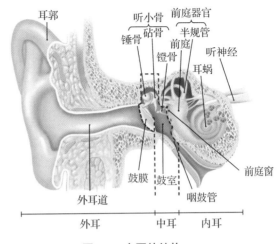

图 2-8　人耳的结构

胞组成，听神经便由此发出。听神经的兴奋是由基底膜的位移刺激了毛细胞而产生动作电位，引起神经冲动，由传入神经传导至大脑皮层颞叶的听觉中枢而产生听觉。

（2）听觉的形成

在听觉系统中，耳既是一个接收器，又是一个分析器，它在把外界复杂的声音信号转变成内在的神经信息的编码过程中起着重要的作用。

外界的声波以振动的方式送至外耳，经外耳道传入鼓膜，引起鼓膜振动，再经过听骨链的传递而作用于前庭窗，引起前庭界外淋巴的振动，继而振动内淋巴，因而振动了基底膜和螺旋器，基底膜的振动以行波方式由基底膜底部向其顶部传播，使该处螺旋器的毛细胞与盖膜之间的相对位置发生变化，从而使毛细胞受刺激而产生微音器电位，后者激发耳蜗神经产生动作电位，刺激了耳蜗内听觉感受器，使听觉感受器产生神经冲动，最后传入大脑皮层颞叶的听觉中枢形成听觉。

听觉形成的过程：即为声源→耳郭（收集声波）→外耳道（使声波通过）→鼓膜（将声波转换成振动）→耳蜗（将振动转换成神经冲动）→听神经（传递冲动）→大脑听觉中枢（形成听觉）。

（3）听觉的生理特点

①听觉产生的适宜刺激　听觉的刺激是声音，它产生于物体的振动。物体振动时能量通过媒介传递到人耳，从而产生听觉。当声波的振动频率为 16~20 000Hz（赫兹）时，便引起听觉，通常把这段频率范围称为可听声谱。低于每秒 16 次的声波和高于每秒 20 000 次的声波也就是次声波和超声波，人都是听不到的。声波是物体振动所产生的一种纵波。声波必须借助于气体、液体或固体的媒介物才能传播。

②声波的物理属性　声波有 3 种物理属性：频率（波长）、强度和纯度，它们分别引起听觉的 3 种心理感觉，即音高、音响和音色。

频率　是指在单位时间里周期性振动的次数，它决定音高听觉属性。频率不同，给人的音感也不一样，是决定音高的主要因素之一。

强度　是指振动的幅度，也称声波的振幅，它决定音响听觉属性，振幅越大，声音越强，反之，声音则弱。声音的强弱是一个客观物理量，可用声压、声压级等度量，一般以

分贝(dB)表示。声音强度对音高也有一定影响。

纯度 是指波形是否由单一频率的周期振动构成,它决定音色听觉属性。一般把声音分为纯音和复合音。纯音是单一的正弦振动波,是最简单的声波。复合音是由若干正弦声波合成的复合声波。复合音中各纯音的频率成简单整数比,而该复合音的振动波仍呈周期性,称为乐音。若该复合音的振动无周期性规律,称为噪音。在听觉上,乐音感觉和谐,噪声则感觉不和谐。

③听觉的属性 听觉有音高、音响和音色3种属性,它是声波引起的心理感觉。

音高 是由声波频率引起的心理量。频率高,声音听起来尖;频率低,声音听起来低沉。除频率之外,声音强度即振动的振幅大小也影响音高。人所能感觉到的声波频率范围是16~20 000Hz(赫兹),对1 000Hz左右频率的声音感受性最高。所以,音高不等于声音的物理频率,它是一种主观的心理量。

年龄对音高的感受性有较大影响。一般来说,随着年龄的增大而感受性降低。对不同频率的声音,人的差别感受性也不同,一般来说频率越低,差别感受性越高。例如,40dB 2 000Hz的声音,差别感觉阈值为3Hz;40dB 10 000Hz的声音,差别感觉阈值则为30Hz。

音响 是由声波振动的幅度(强度)引起的心理量。声波振动的幅度大,声音听起来就响;振动的幅度小,声音听起来就弱。人耳能接受相当大范围的音强差,既能听到手表秒针的滴答声,也能承受飞机掠过头顶的轰鸣声,两者之间的强度相差悬殊。除声波的振幅影响音响外,频率对音响也有作用。音响的感受范围是0~120dB,120dB以上的声音引起的不再是听觉而是压痛觉。

音色 是反映声波混合特性的心理量。人们根据它把具有相同的音高和音响的声音区分开来。例如,不同乐器演奏同一音符,仍然能把它们区分开来,其原因在于它们的音色不同。音色主要取决于声能在不同频率上的分配模式。当不同声音混合在一起时,人仍然可以听出组成该混合声的各种声音的音色,而不会产生一种新的合成的音色,除非它们的基频是相同的。因此,在有其他声音存在时,对声音音色的鉴别,与在复合声中一组谐波的共同的周期性有关。

④声音的混合与掩蔽

共鸣 由声波的作用而引起的共振现象称为共鸣。产生共鸣的物体的振动叫作受迫振动。产生共鸣的条件是振动物体的振动频率与邻近物体的固有频率相同,这样才会产生共鸣。例如,将两个频率相同的音叉邻近而置,敲击其中一个,另一个也会振动发音。

强化与干涉 当两个声波振动频率相同、相位相反时,它们的相互作用使得合成声波振幅减小,音响减弱。当两个声波振动频率相同、相位相同时,它们的相互作用使人感觉音响增强了。如果两个频率相近的声波相互作用,其结果是交替地发生强化与干涉,合成波的振幅产生周期性的变化,人将听到一种音响有起伏的拍音。

差音与和音 当振幅大致相同、频率相差30Hz以上的两个声波进行相互作用时,可以听到差音与和音,也可以听到拍音。差音是两个声波频率之差的音调,和音是两个声波频率之和的音调。辨别差音与和音需经一定的训练。

声音的掩蔽 两个声音同时到达耳朵相混合时,人只能感觉到其中一个声音的现象称为声音的掩蔽。起干扰作用的叫作掩蔽音,想要听到的叫作被掩蔽音。声音的掩蔽分

3 类：一是纯音对纯音的掩蔽。研究发现，掩蔽音强度高，掩蔽效果好；掩蔽音的频率与被掩蔽音频率接近时，掩蔽效果好。二是噪声对纯音的掩蔽。噪声强度低时，掩蔽效果好，噪声强度高时，掩蔽效果下降。三是噪声和纯音对语言音的掩蔽。噪声的掩蔽效果比纯音的好，并且噪声强度越大掩蔽效果越好。

⑤听觉的疲劳与听力丧失　在声音刺激长时间连续作用之后，听觉感受性会显著降低，这一现象称为听觉的疲劳。感受性的降低在刺激停止作用后仍将持续一段时间。听觉疲劳表现为听觉阈值的暂时性的提高。一般把声音刺激停止后 2min 可测得的听阈作为听觉疲劳的指标。听觉疲劳的大小与声刺激的强度、持续的时间、刺激的频率以及声音刺激停止后测量听阈的时间等多种因素有关。长期的听觉疲劳，由于累加作用而得不到听觉恢复，最终会导致听力降低或永久性听力丧失。

2.2.4.2　食品听觉的检查

利用听觉进行感官检查的应用范围十分广泛。对于同一种物品，在外来的敲击下或内部自身的原因，应该发出相同的声音。但当其中的一些成分、结构发生变化后，会导致原有的声音发生一些变化。据此，可以检查许多产品的质量，如敲打罐头，用听觉检查其质量，生产中称为打检。从机器发出的声音来判断是否出现异常。另外，容器有无裂缝等，也可用听觉判断。判断蛋的新鲜程度也可以用敲打的方式。

听觉与食品感官分析和鉴定有一定的联系。食品的质感特别是咀嚼食品时发出的声音，在决定食品质量和食品接受性上起重要作用。例如，焙烤制品中的酥脆薄饼、爆米花和某些膨化制品，在咀嚼时应该发出特有的声响，否则可认为质量已变化。

2.2.5　肤觉

除了味觉、嗅觉、视觉、听觉之外的感觉就是人体皮肤的感觉——肤觉（skin sensation）。

皮肤的感觉称为肤觉。它是辨别物体的机械特性和温度的感觉。皮肤受到机械刺激尚未引起变形时的感觉为触觉。若刺激强度增加，使皮肤变形，此时的感觉为压觉。二者是相互联系，故又称为触压觉；而触摸觉是相对于触压觉而言，即手部肌肉参与的主动触觉。这些触觉在感官分析中，在认知外界事物表面属性上起着重要作用。主要有触压觉、温度觉和痛觉。

（1）触压觉

触觉的感受器在有毛的皮肤中就是毛发感受器，在无毛发的皮肤中主要是迈斯纳小体。压觉感受器是巴西尼环层小体，这些感受器接受了机械刺激后，产生神经冲动，并由传入神经将信息传到大脑皮层中央返回，声生触压觉。

触压觉的感受器在皮肤内的分布不均匀，所以不同部位有不同敏感性。四肢皮肤比躯干部敏感性强。此外，不同皮肤区感受两点之间最小距离的能力也有所不同。舌尖具有最大敏感性，能分辨两个相隔 1.1mm 的刺激；手掌面能分辨两个相隔 2.2mm 的刺激；背部正中只能分辨两个相隔 6~7mm 的刺激。

（2）温度觉

人体很多部位都能感受温度差别。在这些能感受温度的区域内有许多冷点和温点，当不同的温度即冷或温的刺激作用于冷点或温点时,便产生温度觉。

10~60℃的温度刺激为适宜刺激,均能产生温度觉。划分温、冷的分界线是皮肤的生理零度(θ),即皮肤表面的温度。它不是温度计上的零度。生理零度实际是温度觉上的中性温度。高于生理零度的温度刺激引起温觉,低于生理零度刺激产生冷觉。人体各部位的生理零度是各不相同的,生理零度也不是固定不变的,它随皮肤对外界温度的适应而改变。温度刺激作用于皮肤时所产生的感觉强度直接取决于被刺激部位皮肤面积,因为同样的刺激作用于较大的皮肤表面,就引起强烈的感觉。皮肤区感受点的密度越大,对温度变化越敏感,说明温度觉有显著的空间总和。所以,温度觉受 3 个因素影响:①皮肤的绝对温度也就是生理零度;②生理零度的变化速率($d\theta/dt$);③受刺激区域的面积(S)。

冷点和温点的末端感受体不相同,冷点感觉体是克劳泽小体(Krause bulbs),而温点感受体则是鲁菲尼小体(Ruffini organ)。通常冷点分布的数量多于温点,冷点和温点的比例为 4:1~10:1,而且温点的感受体在皮肤中的位置比冷点感受体要深,因此,冷觉的反应时间比温觉短,皮肤对冷敏感而对热相对不敏感。但是不同部位对温度觉的敏感性不同。通常面部皮肤对热和冷有最大敏感性,每平方厘米平均有冷点 8~9 个,温点 1.7 个。腿部皮肤每平方厘米平均有冷点 4.8~5.2 个,温点 0.4 个。一般躯干部皮肤对冷的敏感性比四肢皮肤大。

温度对食品有较大影响,因此温度觉对食品感官评价有相应的作用。在分辨食品表面的冷、热程度时,气温和检查场所的环境温度、检查者的体温等,都能给食品的温度觉产生感觉误差。

各种食品都有独自的适宜食用温度,如冰激凌适宜的食用温度为 0℃。而咖啡和茶则为 50~60℃。温度变化时,会对其他感觉产生一定影响,气味物质的挥发也与温度有关系。这些问题在控制食品感官评价条件时应充分考虑。

(3)痛觉

在许多情况下,过度的热接触、过强的光线和味道的刺激都会引发痛觉。在某些情况下,酥痒也伴随有痛觉。但是痛觉又是一种难以定义的感觉。痛觉是由特殊的痛觉神经感受刺激而产生。在体内绝大多数痛觉感受点上的痛觉末端器官就是触觉末端器官,因此痛觉也可以看作是触觉的一种特殊感觉形式。

每个人对痛觉的敏感程度差别很大,因而对一些人是不愉快的痛觉刺激,对另一些人却是愉快的感觉。例如,某些人就特别喜欢辣椒的"热辣"痛感和烈性白酒的"灼烧"痛感。对这些食品的喜好除了在生理上的差别外,也有对这些食品适应程度上的差别。某些化学物质在口中会产生收敛性痛觉,这是由于这些化学物质含有收敛性物质或其他物质改变了口腔中的表皮细胞而产生的感觉。

(4)肤觉的感官检查

肤觉检查是用人的手、皮肤表面接触物体时所产生的感觉来分辨、判断产品质量特性的一种感官检查。

肤觉检查主要用于检查产品表面的粗糙度、光滑度、软、硬、柔性、弹性、塑性、热、冷、潮湿等感觉。

人体自身的皮肤(手指、手掌)是否光滑,对分辨物品表面的粗糙、光滑、细致程度也有影响。如果皮肤表面有伤口、炎症、裂痕时,触摸觉的误差大。这些是感官检查中应注意的。

2.3　感官分析实验心理学

2.3.1　实验心理学的概念

实验心理学是应用科学的实验方法研究心理现象和行为规律的科学，是心理学中关于实验方法的一个分支。普通心理学注重结果，认知心理学注重理论，而实验心理学注重方法。

实验心理学的优点有：①实验方法是心理学研究的重要方法；②实验方法可以"产生"新的现象；③实验方法可以发现事物之间的因果关系；④实验是随时随地可以进行。

2.3.2　食品感官分析实验心理学的内容

(1) 测量食品感官品质

通过食品感官评价试验可以确定某种食品对人的消费需求，知道这种食品是否能够让广大的消费者所接受，也可以通过感官分析确定食品的品质，如食品所含有的甜度是人的感官感觉，食品含有的糖的多少是食品的品质特性，通过品尝甜度的试验可以估测食品的含糖量。同时通过感官质量分析又可以对食品的配方、工艺进行改进和促进产品品质管理。

(2) 测量感官评价员的评价能力

食品感官分析可以用于感官评价员的训练和选拔。通过不同阈值的测量对感官评价员感觉的敏感性、辨别能力、对产品的记忆力、描述样品的能力及其心理素质进行判断、培训和选择。

(3) 测量评价结果的校度

感官评价试验可以对已经产生的感觉评价的方法进行校度，尤其是对于试验设计、结果的统计具有积极的影响。

(4) 测量选择食品的心理行为

可以采用感官评价试验进行消费者嗜好与接受性研究，确定某种食品是否被消费者接受及其接受的程度。

2.3.3　食品感官分析中心理学实验的特点

(1) 间接测量

心理测量的误差一方面来自测量工具、测量过程，另一方面是由于其间接性及测量对象大部分不能直接测量，所以只能采用心理学实验的方法。

(2) 心理测量在测量体系中的位置

心理测量和自然科学测量不同在于以下 3 个方面：

①自然科学测量可以重复多次相同的测量，而且为了让实验结果更接近于真实值，需要多次的重复；心理测量有时可以重复，但过多会导致疲劳现象的出现，所以大多数时候可能得不到重复的结果。

②自然科学测量时通常只测定一个对象，而且很明确测量的目的；心理测量常常测量一组，以推断总体或者推断个人与该组的关系。

③自然科学测量和心理测量的测量工具不同，所以可信度和效果也是截然不同的。

2.3.4　食品感官评价中特殊的心理效应

食品的感官评价是以人的感官为实验工具进行的活动，而人的心理作用非常微妙，必然会影响到感官评价的结果。样品在提供过程中由于人为的心理因素会对样品产生一系列的较为突出的影响，所以在考虑样品制备、实验环境的设立时，决不能忽视上述作用或现象的存在，必须给予充分的考虑。主要影响有以下几个方面。

（1）经验作用

尽管现在感官评价越来越趋向于合理与科学，但是感官评价是要用感官来进行试验的，所以最终的结果还是以评价人员的经验来进行判断，试验不可避免地受到评价人员经验的影响，所以在感官评价打分过程中就会产生由于评价经验不足导致的评价失误，打出不完全能评价出食品品质特性的异常分。

（2）位置效应

当样品放在与试验质量无关的特定位置时，往往会出现多次选择放在特定位置上试样的现象，这种倾向称为位置效应。如品尝时人们一般倾向于中庸之道，选择一组中间的一个样品。样品多时，则易选择两端的样品。

（3）顺序效应

当比较两个客观顺序无关的刺激时，经常会出现过大地评价最初的刺激或第二个刺激的现象，这种倾向称为顺序效应。人的判断能力随着时间而变弱，往往对第一个品尝样品较感兴趣。即使评判能力较强，尝到最后一个试样时也会感到厌烦乏味。所以，样品的数量不宜过多，否则会使评价员产生味觉和嗅觉疲劳。当连续进行数种试验时，可首先安排不易引起疲劳的项目进行。另外，为防止疲劳效果影响试验结果，可将样品的品尝顺序无规则化。如果品尝两样品的间隔时间过长，将会过分评价第二个刺激。

（4）疲劳效应

某种刺激连续施加到感官上一段时间后，感官会产生疲劳效应，感官灵敏度随之明显下降。人体在生理和心理上均会产生疲劳效应，人体的所有感觉均有疲劳效应。

（5）预期效应

如果品尝一组样品，其浓度次序从低至高，评价员无须尝试后面的样品便会察觉出样品浓度的排列顺序。这种情况会引起判断力的偏差。因此，从样品上即可领会出一些暗示的现象称为预期效应或者期待效应。

（6）记号效应

人们对于自己所熟悉的记号具有一定的倾向性，如自己名字和亲属的名字字母、自己喜欢的数字均会产生一定的喜好，也有些人对于某些数字和字母有延误或者排斥的感情，如中国人不喜欢250，欧洲人不喜欢B，日本人不喜欢4、9等，这些也会影响评价员判断的准确性。同时多次进行感官评价时，对前面有深刻印象的样品的编号也会影响后面试验相同编号的样品，所以多次评价样品时，样品的编号不应该相同。

（7）基准效应

每个评价员在评价样品时对样品的评价基准不同或者基准不稳定均会影响感官评价的客观性和准确性。

（8）判断连续性和对称性倾向

当品尝样品较多时，要避免所给样品的判断连续性和对称性倾向。例如，选择样品质量好坏时，如果提供的样品连续都是质次者，评价员有时会怀疑自己的能力，而认为其中一个有质量好的样品。同样，如果给定的样品是好坏好坏的对称排列，评价员也会对自己的评价结果产生疑问。

（9）分组效应

如果在一组质量较差的同种样品内，其中有一个样品质量较好，则该样品的评分结果会比其单独品尝时的评分低，这称为分组效应。

（10）感官分析样品判断的相对性

试验过程中，对每一个样品进行绝对性分析时，尽管常选用评估和评分等方法，但实际上也不可能完全独立地判断某一样品。如对 A 样品进行评估时，ABCD 的样品组与 AEFG 的样品组，对 A 样品的评估结果不可能完全一致。这种现象称为感官分析样品判断的相对性。

2.4 标度

感官评价是一门定量的科学，在实际应用中主要利用人的感觉来测定事物感官质量特性值，因此需要采用一定的方法将人的感觉体验用数值的形式表现出来。标度就是将人的感觉、态度或喜好等用特定的数字表示出来的一种方法。标度的基础是感觉强度的心理物理学，由于物理刺激量或食品理化成分的变化会导致其在味觉、视觉、嗅觉等方面的感觉发生变化。在感官评价检验中要求评价员能够用标度的方法来跟踪这些感觉上的变化，由于食品感官质量的复杂性，改变产品的配方或工艺对产品感官质量的影响可能是多方面的，由此而产生的感觉变化也是十分复杂的，要对这种复杂的感觉变化进行标度很困难或很容易失真。有时人的感官体验是由多种或不同的感觉变化引起，要准确将这些感官体验用数字表示出来就需要选择合适的方法。

在标度过程中有两个基本的过程。第一个过程是心理物理学的过程，即人的感官接受刺激产生感觉的过程，这一过程实际是感受体产生的生理变化；第二个过程是评价员对感官产生的感觉进行数字化，这一过程会受到标度的方法、评价时的指令及评价员自身的条件影响。选择何种标度的方法能够更准确地将评价员的感觉转化为特定的数字还是一个有争议的问题，由于问题的复杂性，目前还没有令人信服的结论。

2.4.1 标度的有效性和可靠性

食品感官定量分析需要将人体感觉用数值的标度形式表达出来，所以标度的可靠性和有效性就很重要。其主要取决于以下 3 个方面：

①足够大的尺度选用范围。这个范围要包括食品感官质量特性的所有强度方位，同时

这个范围的精确度要高，可以表达两个样品之间的细小差别。

②对感官评价员要进行全面的培训，使其熟练掌握标度的使用方法。

③不同的感官评价员在相同的感官评价中参照的标度要一致，这样才能保证评价结果的一致性。

2.4.2　标度的分类

对不同的事物进行感官评价时可以采用不同的标度，目前比较实用的标度有 4 种，可分为名义标度、序级标度、等距标度和比率标度。

（1）名义标度

名义标度（nominal scales）是用数字对某些事件进行标记的一种方法。它只是一个虚拟的变量，并不能反映其顺序特征，仅仅作为便于记忆或处理的标记。例如，在统计中我们可以将产品的类别用数值进行编码处理：1 代表肉制品，2 代表乳制品，3 代表粮油制品等。在这里，数值仅仅是用于分析的一个标记、一个类型，利用这一标度各单项间的比较可以说明它们是属于同一类别还是不同的类别，而无法得到关于顺序、强度、比率或差异大小的结果。

（2）序级标度

序级标度（ordinal scales）是对产品的一些特性、品质或观点标示顺序的一种方法。在这种方法中数值表示的是感官感觉的数量或强度，如可以用数字对饮料的甜度进行排序，或对某种食品的喜好程度进行排序。使用序级标度得到的数据并不能说明产品间的相对差别，如对 4 种饮料的甜度进行排序后，甜度排第四的产品的甜度并不一定是排第一的 1/4 或 4 倍，各序列之间的差别也不一定相同，因此不能确定感觉到差别的程度，也不能确定差别的大小等，只能确定各样品在某一特性上的名次。序级标度常用于感官评价的偏爱检验中，很多数值标度中产生的数据是序级数据，在这些标度方法中，选项间的间距在主观上并不是相等的。如在评价产品的风味时可采用"很好—好——般—差—很差"等形容词来进行描述，但这些形容词间的主观间距是不均匀的。评价为"好"与"很好"的两个产品的差别比评价为"一般"和"差"的产品间的差异要小很多。但是，我们在进行统计分析时通常会将上述的形容词用数值表示出来，而这些数据是等距的，如我们可以用 1~5 来表示产品风味的"很好、好、一般、差、很差"，然后统计每种产品风味的平均值，再对平均值进行分析。序级数据分析的结果可以判断产品的某种趋势，或者得出不同情况的百分比。

（3）等距标度

等距标度（interval scales）反映的是主观间距相等的标度，得到的标度数值表示的是实际的差别程度，其差别程度是可以比较的。等距标度可以采用线性变换来对数值进行变换。在所有的感官检验中很少有完全满足等距标度的标度方法，通常的快感标度可以认为是等距标度。等距标度的优点是可以采用参数分析法（如方差分析、t 检验等）对评价的结果进行分析解释，通过检验我们不仅知道样品的好坏，还能比较样品间差异的大小。

（4）比率标度

比率标度（ratio scales）是采用相对的比例对感官感觉到的强度进行标度的方法。这种方法假设主观的刺激强度(感觉)和数值间是一种线性关系,如一种产品的甜度数据是 10,则 2 倍甜度产品的甜度值就是 20。在实际应用中由于标度过程中容易产生前后效应和数值使用上的偏见,这种线性关系就会受到很大的影响。

2.4.3　常用的标度方法

在食品感官评价领域,常用的标度方法有 3 种类型。第一种是最古老也是最常用的标度方法——类项标度法,评价员根据特定而有限的反应,将觉察到的感官刺激用数值表示出来;第二种是线性标度法,评价员在一条线上做标记来评价感觉强度或喜好程度;第三种是量值估计法,评价员可对感觉用任何数值来反映其比率。不同类型的标度方法在两个方面有区别:一是标度所允许的自由度及对反应的限制,开放式标度法不设上限,允许评价员选择任何合适的数值进行标度,但这种方法很难在不同的评价员间求得统一,结果的统计过程也很复杂;而简单的分类法则容易确定固定值或使参照标准化,便于评价员理解,数据的统计也很直观。二是评价员对样品的区别程度,有些方法允许评价员根据需要使用任意多个中间值,而有的则被限制只能使用有限的离散的选择。为了减少标度方法的误差,可以采用合适的标度点数,通常 9 点类项标度法与分级更为精细的量值估计和线性标度法的结果很接近。

(1)类项标度

类项标度也称为评估标度,其基本原理是提供一组不连续的反应选项表示感官强度的升高或偏爱程度的增加,评价员根据感觉到的强度或对样品的偏爱程度选择相应的选项。这种标度方法与线性标度的差别在于评价员的选择受到很大的限制。在实际应用中,典型的类项标度一般提供 7~15 个选项,选项的数量取决于感官评价试验的需要和评价员的训练程度及经验,随着评价经验的增加或训练程度的提高,对强度水平可感知差别的分辨能力会得到提高;选项的数量也可适当增加,这样有利于提高试验的准确性。

常见的类项标度的形式有整数标度、语言类标度、端点标示的 15 点方格标度、相对于参照的类项标度、整体差异类项标度和适合儿童的快感标度等。

①整数标度　用 1 到 9 的整数来表示感觉强度。如:

强度　　1　　2　　3　　4　　5　　6　　7　　8　　9
　　　　弱　　　　　　　　　　　　　　　　　　　强

②语言类标度　用特定的语言来表示产品中异味、氧化味、腐败味等感官质量的强度。如产品中的异味可用下面的语言类标度表示:

异味:无感觉、微量、少量、中等、一定量、强、很强。

③端点标示的 15 点方格标度　用 15 个方格来标度产品感官强度,评价员评价样品后根据感觉到的强度在相应的位置进行标度。如饮料中的酸度可用下面的标度进行标示:

甜味:□ □ □ □ □ □ □ □ □ □ □ □ □ □ □
　　　弱　　　　　　　　　　　　　　　　　　　　　强

④相对于参照的类项标度　在方格标度的基础上,中间用参照样品的感官强度进行标记,如:

甜度:□ □ □ □ □ □ □ □ □
　　　弱　　　　　　参照　　　　强

⑤整体差异类项标度 先评价对照样品，然后再评价其他样品，并比较其感官强度与对照样品的差异大小。如用下列文字标度表示：

无差别、差别极小、差别很小、差别中等、差别较大、差别极大。

⑥快感标度 在情感检验中通常要评价消费者对产品的喜好程度或者要比较不同样品风味的好坏，在这种情况下通常会采用9点快感标度(表2-3)，有些情况下也会采用7点或5点快感标度。

表2-3 9点快感标度示例

用于评估风味的9点快感标度	用于评估好恶的9点快感标度	
极令人愉快的	非常喜爱	非常不喜欢
很令人愉快的	很喜爱	很不喜欢
令人愉快的	一般喜爱	不喜欢
有点令人愉快的	轻微喜爱	不太喜欢
不令人愉快也不令人讨厌的	无好恶	一般
有点令人讨厌的	轻微厌恶	稍喜欢
令人讨厌的	一般厌恶	喜欢
很令人讨厌的	很厌恶	很喜欢
极令人讨厌的	非常厌恶	非常喜欢

在上述9点标度中，去掉"非常不喜欢"和"非常喜欢"就变为7点快感标度；在7点标度的基础上再去掉"不太喜欢"和"稍喜欢"就变成了5点快感标度。

⑦适合儿童的快感标度 由于儿童很难用语言来表达感觉强度的大小，对其他的标度方法理解也很困难，因此研究人员发明了利用儿童各种面部表情作为标度的方法，如图2-9所示。

图2-9 儿童快感图示标度

(2)线性标度

线性标度是让评价员在一条线段上做标记以表示感官特性的强度或数量。这种标度方法也有多种形式(图2-10)，多数情况下只是在线的两端进行标示[图2-10(a)]。但由于很多的评价员不愿意使用标度的端点，为了避免末端效应，通常在线的两端进行缩进[图2-10(b)]，在线的中间也可以有标示出来，一般情况下可以标示为标准样品的感官值或标度值[图2-10(c)]，所需评价的产品根据此参考点进行标度。线性标度法也可以用于情感检验中的快感标度，两端分别标示喜欢或不喜欢，中间标示为一般[图2-10(d)]。

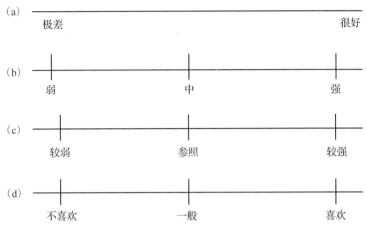

图 2-10　线性标度的类型

　　线性标度法在描述性分析和情感检验中应用很广泛，应用时对评价员要进行必要的培训，使其了解标度的含义，从而使不同的评价员对标度判断使用的标准一致。

　　（3）量值估计

　　量值估计法是流行的标度技术，它不受限制地应用数字来表示感觉的比率。在此过程中，评价员允许使用任意正数并按指令给感觉定值，因此，数值间的比率反映了感觉强度大小的比率。如某种产品的甜度值是 20，而另一种产品的甜度是它的 2 倍，那么后一种产品的甜度值应该 40。量值估计有两种基本形式：一种形式是给评价员一个标准样品作为参照或基准，先给参照样品一个固定值，所有其他的样品与参照样品相比而得到标示；另一种形式不给标准样品，评价员可选择任意数值来标度第一个样品，然后所有样品与第一个样品的强度进行比较而得到标示。这两种形式在应用时对评价员的指令各不相同（图 2-11）。

　　　　请评价第一个样品的甜度，这是一个参照样，其甜度值为"10"。请根据该参照样品来评价所有的样品，并与参照样品的甜度进行比较，给出每个样品的甜度与参照样品甜度的比率。如某个样品的甜度是参照样品的 1.5 倍，则该样品的甜度为"15"；如果样品的甜度是参照样品的 2 倍，则该样品的甜度值为"20"；如果样品的甜度是参照样品的 1/2，则该样品的甜度值为"5"。您可以使用任意正数，包括分数和小数。

　　　　请评价第一个样品的甜度，根据该样品来评价其他的样品，并与第一个样品的甜度进行比较，给出每个样品的甜度与第一个样品甜度的比率。如某个样品的甜度是第一个样品的 1.5 倍，则该样品的甜度值为第一个样品的 1.5 倍；如果样品的甜度是第一个样品的 2 倍，则该样品的甜度值为第一个样品的 2 倍；如果样品的甜度是第一个样品的 1/2，则该样品的甜度为第一个样品的 1/2。您可以使用任意正数，包括分数和小数。

　　　　　　（a）　　　　　　　　　　　　　　　　　　（b）

图 2-11　采用量值估计给评价员的指令

（a）有参照样品时的指令　（b）无参照样品时的指令

　　在使用量值估计时应选择合适的数字范围，一般第一个样品的值在 30~100 为宜，要避免使用太小的数字。对于使用过类项标度的评价员来说，他们会倾向于采用 0~10 的数字范围。

　　量值估计可应用于有经验、经过培训的评价小组，也可应用于普通的消费者和儿童。

与其他的标度方法相比，量值估计的数据变化更大，尤其是评价员没有经过适当的培训时更是这样。如果在试验过程中允许评价员选择数字范围，则在对数据进行统计分析前有必要进行再标度，使每个评价员的数据落在一个正常的范围内。再标度的方法是：①计算每位评价员全部数据的几何平均值；②计算所有评价员的总几何平均值；③计算总平均值与每位评价员平均值比率，由此得到每位评价员的再标度因子；④将每位评价员的数据乘以各自的再标度因子，得到再标度后的数据，然后进行统计分析。量值估计的数据通常要转化为对数后分析。

由于标度的方法很多，而人的感觉又是一个十分复杂的心理、生理过程，要将人的感觉准确地用数据表示出来需要选择合适的标度方法。在选择标度方法时应充分考虑以下问题：①标度方法是否有足够的空间来区分样品；②考虑端点效应；③考虑给评价员的参照标准、描述语言和物理强度标准；④感官特征的定义要适当、明确；⑤在分析之前应考虑数据的转换是否符合统计的原理。

思考题

1. 什么是感觉？其属性与分类是什么？
2. 感官的特征是什么？
3. 感觉阈值、绝对感觉阈值、差别感觉阈值、韦伯定律、费希纳定律是什么？
4. 感觉的基本规律有哪些？
5. 味觉产生的生理机制是什么？不同味道的敏感区各在哪里？
6. 味觉的生理特点有哪些？
7. 味觉的基本分类是什么？
8. 嗅觉是怎样产生的？其生理特点有哪些？
9. 现在比较公认的气味分为哪几类？
10. 简述嗅味阈、相对气味强度、香气值的概念。
11. 食品味觉和嗅觉感官检查的方法各是什么？
12. 视觉是怎样形成的？其生理特点有哪些？
13. 听觉的生理特点有哪些？
14. 食品感官评价中特殊的心理效应有哪些？
15. 食品感官评价标度的分类有哪些？简述常见的感官评价标度方法。

第 3 章
食品感官评价条件

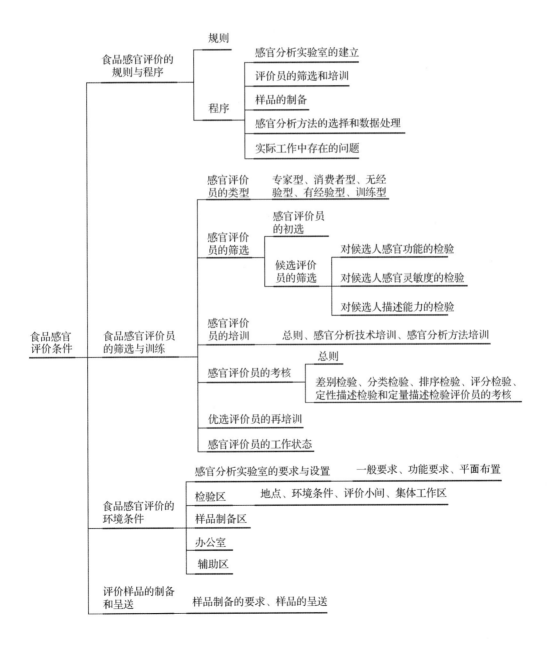

食品感官评价活动是由评价员在一定条件下进行的,包括主观条件和客观条件。评价员本身和评价条件及其相互之间的影响,会对评价结果产生一定程度的影响。如何选择合适的评价员,创造适合评价的环境条件,是食品感官评价过程中的重要环节。

3.1 食品感官评价的规则与程序

食品感官评价是人们利用感觉器官通过看、听、闻、品尝和触摸等方式对所评价的食品进行感觉、分析和理解,对食品的质量状况作出客观的评价,并借助一些软件对结果进行统计分析处理,最终形成一个对某食品比较系统完整的评价结果。

3.1.1 食品感官评价的规则

我国自 1988 年开始,相继制定和颁布了一系列食品感官分析方法的国家标准,包括《感官分析　方法学　总论》(GB/T 10220—2012,原国标 GB/T 10220—1988),《感官分析　术语》(GB/T 10221—2021,原国标 GB/T 10221—2012、原国标 GB/T 10221—1998),以及感官分析的各种方法(GB/T 12310~12316—2012,GB/T 17321—2012,GB/T 39558—2020,原国标 GB/T 12310~12316—1990 和 GB/T 17321—1998)。

对于环境条件与人员管理方面,我国于 2009 年等同采用了国际标准 ISO 8589:2007,制定了国家标准 GB/T 13868—2009《感官分析　建立感官分析实验室的一般导则》(替代 1992 年等同采用了 ISO 8589:1988 制定的国家标准 GB/T 13868—1992),规定了建立感官分析实验室的一般条件,适用于食品、轻工、纺织等行业建立感官分析实验室,从软件方面对标准化感官分析实验室的建设与运行提出了要求。同时,我国也对有关感官分析评价员(简称评价员)的培训与考核人员的 5 项 ISO 标准进行了全部等同转化。已颁布的国家标准 GB/T 16291.1—2012(替代 GB/T 14195—1993)、GB/T 16291.2—2010(替代 GB/T 16291—1996)和 GB/T 15549—1995 分别对感官分析优选评价员、专家评价员及检测和识别气味方面的评价员的选择、培训与考核认证作出了详细的规定。

截至 2021 年,我国已经和正在制修订的感官分析标准共 40 项,其中国家标准 20 项,行业标准 20 项。在国家标准中,其中感官分析基础标准 1 项,方法标准 13 项,分析环境与人员管理标准 6 项。这些标准一般都是参照采用或等效采用相关的国际标准(ISO),具有较高的权威性和可比性,对推进和规范我国的感官分析方法起了重要作用,也是执行感官分析的法律依据。

3.1.2 食品感官评价的程序

进行一项食品的感官评价需要具备一些必备的硬件和软件设施。首先要建立标准的感官分析实验室;其次是对评价员进行筛选和培训;再次选择感官分析方法、制备样品,对样品进行评价;最后对评价结果进行统计分析。下面对食品感官评价的必要条件及评价方法进行简单介绍。

3.1.2.1　感官分析实验室的建立

人的感觉器官非常灵敏，极易受到外界环境条件的影响，因此进行食品感官评价时应在专门的感官分析实验室内进行。感官分析实验室是进行样品制备、感官检验、结果分析与讨论等重要活动的场所，直接影响到感官分析结果的真实性和可靠性。这种影响主要体现在两个方面：对评价员心理和生理上的影响和对被检样品的影响。同时，由于食品感官性状的变异性复杂，感官评价特别容易受评价的客观条件和评价主体的影响。

感官分析实验室的建设应严格按照 GB/T 13868—2009 的要求，设置于通风良好、无气味、无噪声区域，给评价员提供一个安静、舒适的环境。

感官分析实验室通常分为 3 个部分：样品准备室、品评室和讨论室。

样品准备室是进行感官分析的准备场所，选择相应实验器具，制备样品，为样品与器具编码。

品评室是感官分析实验室的核心部分，品评室内的温度、湿度应保持恒定，以人体舒适为宜。应为每个评价员提供一个相对独立的空间，以避免相互间的干扰。评鉴工作间设置的照明光源通常垂直在样品之上，评鉴工作间前面要设样品和评鉴工具传递窗口。

讨论室是评价员讨论、评价员培训及评价前向评价员讲解的场所。

此外，还推荐感官分析实验室应配备办公室、休息室等，并配有桌子、工作台、立柜、书架、椅子、电话及用于数据统计处理的计算机等设备。

3.1.2.2　评价员的筛选和培训

为了提高信息的科学性和准确性，培养一批具有经验的评价员尤为重要。评价员的选拔、筛选和培训依据《感官分析　选拔、培训与管理评价员一般导则　第 1 部分：优选评价员》(GB/T 16291.1—2012)、《感官分析　选拔、培训和管理评价员一般导则　第 2 部分：专家评价员》(GB/T 16291.2—2010)进行。为确保所选人员的全面性，针对不同工作岗位(如技术、质检、生产、供销部门)，通过多次阈值、感知和语言表达能力测试，筛选一批感官灵敏、具有较好语言表达能力、同时对该工作感兴趣的人员组成感官评价员人才库。该批评价员即为优选评价员。这些评价员的工作应得到公司相关部门领导的同意和认可。而且，对筛选出的评价员进行定期和不定期的培训，不仅需要进行感官相关理论知识的介绍，还要进行感官灵敏度的强化和语言描述的规范化培训，引导评价员的感觉器官走向一个正确合理的轨道。所有培训过程都应在适宜的环境中进行。通过培训可使每个成员熟悉评价程序，提高他们觉察、识别和描述感官刺激的能力，提高他们的敏感度和记忆力，使他们能够提供准确、一致、可重现的感官测定值。通常采用差别检验、成对比较检验以及三点检验和二-三点检验等方法。

3.1.2.3　样品的制备

样品在感官分析中处于相当重要的位置，样品制备情况直接影响着评价结果的准确性和可靠性。应保证感官评价样品制备各项条件完全一致。评价中所使用的设备、盛装样品器具的选择等都会对评价员的生理、心理产生影响，所以要仔细挑选使用无毒、无味的一次性塑料杯或纸杯，尽量避免类似外部因素给评价员的主观造成影响(对于特殊食品评容器的特殊要求除外，如酒、茶等)。评价时提供给评价员的样品必须充足、均匀，并能充分反映产品性能。不同的食品有不同的要求，有些食品可以直接用于感官分析，有些则需要用载体才可达到直接感官分析的要求和体现出产品本身的性质。

3.1.2.4 感官分析方法的选择和数据处理

感官分析方法的选择取决于检验目的和所要达到的结果。简单的差别检验非常实用并被广泛采用。描述分析法已被证明是最全面、信息量最大的感官评价工具，适用于表述各种产品的变化和食品开发中的研究问题。

感官分析方法选择的原则是：检验方法应该与检验目的相适应。感官检验几乎总是在盲标的基础上进行的，即产品的身份通常是模糊的，没有提供允许在一个特定的范畴内评价产品的最少信息，应根据检验目的选择合适的方法并设计出相应的感官调查表。

感官检验的设计不仅包括适当感官检验方法的选择，也包括感官试验设计、统计处理方法的选择。完整的统计分析过程包括试验设计、数据的收集、数据的整理、数据的分析等。

3.1.2.5 实际工作中存在的问题

(1)没有正规的感官分析实验室

现在，我国虽然有一些大学和科研机构建立了正规的感官分析实验室，有检测部门为一些特殊的商品(如白酒、葡萄酒、茶叶等)建立了专业的感官分析实验室，有个别企业为产品研发建立了专门的感官分析实验室，但数量极少；而大部分基层的食品卫生及质量检测机构没有正规的感官分析实验室，无法保证感官评价结果的科学、准确。

(2)检测环境及条件不符合检测要求

感官分析对检验环境的色彩、光线、气味、噪声以及评价员的身体条件等都有一定的要求，但在实际工作中，感官分析大多是检验人员在检验现场进行，如仓库、码头等，那里一般光线昏暗、气味混杂、噪声大，根本不能保证感官分析结果的准确性。

(3)评价员不具备检验资格

评价员未经选择、培训和资格认证，不知其是否有影响正确评价的身体缺陷或个人嗜好，未经正规培训，不能准确描述食品的感官性状。

(4)检验方法不规范

在实际工作中，检验人员一般都没有按照国家标准或ISO推荐的标准方法和程序进行检验，而是按照习惯做法随意地看一看、嗅一嗅、尝一尝就出具了检验报告，检验结果不具有可比性。

(5)主观因素影响分析结果

实际工作中，感官分析大多由现场采样的1~2个人进行，检验结果由具体负责的检验员确定，带入太多的主观因素及个人偏好，没有降低个人主观因素的措施，不能保证检验结果的公正性。

(6)样品未按要求制备

样品在检验之前应根据其本身特性以及所关心的问题确定制备的方法，使样品便于检验并尽量避免可能存在的交互作用，使检验结果更准确。但实际工作中，样品在检验之前大多未经合适制备，影响了检验的结果。

（7）检验结果未进行数理统计

足够的原始检验结果经合适的数理统计分析，可尽量降低个人主观因素及偏好的影响，使检验结果更准确。但实际工作中，很少有检验机构对结果进行数理统计分析，而且参与检验的人员太少，得到的数据太少也无法进行统计。

（8）报告不规范，用语不准确

现在很多检验机构出具的感官分析检验报告只有最终的检验结果，对执行的标准以及具体检验条件、过程未描述，而且用语不够准确。国家标准对感官分析中使用的术语、描述语以及评价食品的标度等都进行了规范，但实际工作中大部分并未按标准执行。

3.2　食品感官评价员的筛选与培训

食品感官评价员必须具有敏感的生理感觉能力和良好的评价心理。食品感官评价员的筛选与培训，有利于增强其自身的评价经验，是提高感官分析检验结果可靠性和稳定性的首要条件。

3.2.1　感官评价员的类型

食品感官分析检验方法很多。目前公认的感官分析检验方法有三大类，包括差别检验法、标度和类别检验、描述分析检验等。每一类方法中又包含许多具体方法，而各种检验方法对评价员的要求是不完全相同的。食品感官评价员根据经验及相应的培训层次的不同，通常分成以下 5 类。

（1）专家型

这是食品感官评价员中层次最高、经验最丰富的一类，他们专门从事产品质量控制、评估产品特定属性与记忆中该属性标准之间的差别、评选优质产品等工作。此类食品感官分析评价员数量最少而且不容易培养，如专业的高级品酒师、品茶师等。他们不仅需要积累多年专业工作经验和感官分析经历，而且在特性感觉上具有一定的天赋，在特征表述上具有突出的能力。

（2）消费者型

这是食品感官评价员中代表性最广泛的一类。通常这一类型的食品感官评价员由不同类型的食品消费者的代表组成。与专家型感官评价员相反，消费者型感官评价员仅仅从自身的体验和感受出发，评价是否喜好或接受所检验的产品及喜好和接受的程度。这一类人员不对产品的具体属性或属性间的差别作出评价。

（3）无经验型

这也是一类只对产品的喜好和接受程度进行评价的食品感官评价员，但这一类人员不及消费者型代表性强。一般是在实验室小范围内进行感官分析，由所检验产品的有关人员组成，无须经过特定的筛选和训练，根据情况轮流参加感官分析检验。

（4）有经验型

通过了感官分析评价员筛选试验，并具有一定分辨差别能力的感官评价人员，可以称为有经验型感官评价员。他们可以专业从事差别类检验，但要经常参加有关的差别检验，以保持分辨差别的能力。

（5）训练型

有经验型食品感官评价员经过进一步筛选和训练则成为训练型食品感官评价员。通常他们都具有描述产品感官品质特性及特性差别的能力，专门从事对产品品质特性的评价。

以上5种类型的食品感官评价员，由于各种因素的限制，通常建立在感官实验室基础上的感官评价员组织都不包括专家型和消费者型，只考虑其他3类人员。

3.2.2 感官评价员的筛选

食品感官评价是在科学、有效的组织下，以人作为测量仪器的试验活动，因此评价员自身对整个试验是至关重要的。除了消费者型评价员，并不是所有的候选人员满足感官评价的试验要求。因此，为了得到可靠的评价结果，应做好食品感官评价员的筛选和培训工作。感官评价员的筛选过程包括感官评价员的初选（挑选候选人员）和候选人员的筛选两个方面。

3.2.2.1 感官评价员的初选

初选包括报名、填写问卷表、面试等阶段，目的是淘汰那些明显不适宜做感官评价员的候选者。在实际工作中，感官评价员招募通常从机构组织内部，如大学研究团队内部、研究机构内部、公司研发部门筛选，也可以通过当地出版社、专业期刊、免费报刊等发布信息或其他方式进行外部招募。为了能够在参加试验的人员中挑选出合适的候选人选，组织者可以通过调查问卷方式或者面谈来了解和掌握每个人的情况。参加初选的人数一般应是实际需要的评价员人数的2~3倍。尽管不同类型的感官评价试验方法对评价员要求不完全相同，但下列几个因素在挑选各类型感官评价员时都是必须考虑的：

①兴趣和动机 兴趣是调动一个人主观能动性的基础。只有对感官评价有兴趣的人，才能认真学习感官评价相关知识，按照试验要求的基本操作进行品评，并在感官评价试验中集中注意力，圆满完成试验所规定的任务。因此，兴趣是挑选候选人员的前提条件。在候选人员的挑选过程中，组织者要通过一定的方式，让候选人知道进行感官评价的意义和感官评价人员在试验中的重要性。之后，通过反馈的信息判断各候选人员对感官评价的兴趣。

②评价员的可用性 候选评价员应能参加培训和持续的评价工作，且每次都必须按时出席。迟到不仅会浪费别人的时间，而且会造成试验样品的损失和破坏试验的完整性。此外，试验人员的缺席率会对评价结果产生影响。因此，经常出差、旅游和工作任务较多难以抽身的人员不适宜作为感官评价试验的候选人。

③对评价对象的态度 应了解候选评价员是否对某些评价对象（如食品或饮料）特别厌恶，特别是对将来可能评价对象（食品或饮料）的态度。同时应了解是否由于文化上、种族上、宗教上或其他方面的原因而禁忌某种食品。作为感官评价试验的候选人必须能客观地对待所有的试验样品，即在感官评价中根据要求去除对样品的好恶，否则就会因为对

样品偏爱或厌恶造成评价偏差。应注意的是，那些对某些食品有偏好的人常常会成为好的描述性分析评价员。

④知识和才能　候选评价员应能说明和表达第一感知，这需要具备一定的生理和才智能力，同时具备思想集中和保持不受外界影响的能力。如果只要求候选评价员评价一种类型的产品，则最好从具有这类产品各方面知识的人中挑选。

⑤健康状况　要求候选评价员健康状况良好，无感官功能缺失、过敏或疾病，并且未服用损害感官能力进而影响感官判定可靠性的药物。戴假牙者不宜担任某些质地特性的感官评价。感冒或某些暂时状态(如短期过度疲劳、怀孕等)不应成为淘汰候选评价员的理由，但暂时不能参加感官评价试验。

⑥表达能力　感官评价试验所需的语言表达及叙述能力与试验方法相关。差别检验重点要求参加试验者的分辨能力；在描述性检验时，候选评价员表达和描述感觉的能力特别重要。这种良好的语言表达能力可在面试和筛选检验中显示出来。在选拔描述性检验的候选评价员时要特别重视这方面的能力。

⑦个性特点　候选评价员在感官分析工作中表现出兴趣和积极性，能长时间集中精力工作，能准时参加评价会，并在工作中表现认真负责的态度。

⑧其他情况　除上述几个方面外，在挑选人员时也应充分考虑这些方面，如其目前的职业、教育背景、工作经历、感官分析的经验、年龄、性别等。是否吸烟也可记录，但一般不作为淘汰候选评价员的理由。

感官评价试验组织者可以通过填写问卷调查表及面谈获得候选评价员的基本情况。问卷调查要精心设计，不但要求包含候选评价员选择时所应该考虑的各种因素，而且要能够通过答卷人的回答获得准确信息。调查问卷设计一般要满足以下几方面的要求：①问卷应能提供尽量多的信息；②问卷应能满足组织者的需要；③问卷应能初步识别合格与不合格人选；④问卷应容易理解；⑤问卷应容易回答。

面谈能够得到更多的信息。通过感官评价试验组织者和候选评价员之间的双向交流，可以直接了解候选评价员的有关情况。在面谈中，候选评价员可以询问有关的问题，组织者也可以谈谈有关感官评价程序以及对候选评价员期望的条件等问题。面谈可收集问卷调查表中没有反映出的问题，从而可获得更多的信息。组织者应具有丰富的感官评价知识和经验，并精心准备面试问题，否则很难达到预期的效果。为了使面谈更富有成效，应注意以下几点：①组织者应具有感官分析的丰富知识和经验；②面谈之前，组织者应准备所有要询问的问题和要点；③面谈应在一个轻松的气氛下进行；④组织者应认真听取并做记录；⑤所问问题的顺序应有逻辑性。

【例】　感官评价员筛选常用表

1. 风味评价员筛选调查表

个人情况：

姓名：＿＿＿＿＿＿　　性别：＿＿＿＿＿＿　　年龄：＿＿＿＿＿＿

职业：＿＿＿＿＿＿　　地址：＿＿＿＿＿＿＿＿＿＿

联系电话：＿＿＿＿＿＿

你从何处听说我们这个项目？＿＿＿＿＿＿＿＿＿＿＿＿＿＿＿＿＿

时间：

(1)一般来说，一周中，你的时间怎样安排？空余时间是哪天？

＿＿＿＿＿＿＿＿＿＿＿＿＿＿＿＿＿＿＿＿＿＿＿＿＿＿＿＿＿＿＿＿

(2)从×月×日到×月×日，你是否要外出，如果外出，需要多长时间？

_____

健康状况：

(1)你是否有下列情况？

假牙 _____

糖尿病 _____

口腔或牙龈疾病 _____

食物过敏 _____

低血糖 _____

高血压 _____

(2)你是否在服用对感官有影响的药物，尤其对味觉和嗅觉？

_____

饮食习惯：

(1)你目前是否在限制饮食？如果有，限制的是哪种食物？

_____

(2)你每月有几次在外就餐？ _____

(3)你每月吃速冻食品有几次？ _____

(4)你每个月吃几次快餐？ _____

(5)你最喜爱的食物是什么？ _____

(6)你最不喜欢的食物是什么？ _____

(7)你不能吃什么食物或是否有宗教禁忌？ _____

(8)你不愿意吃什么食物？ _____

(9)你认为你的味觉和嗅觉辨别能力如何？

	嗅觉	味觉
高于平均水平	_____	_____
平均水平	_____	_____
低于平均水平	_____	_____

(10)你目前的家庭成员中有人在食品公司工作的吗？ _____

(11)你是否抽烟？ _____

风味小测验：

(1)如果一种配方需要香草香味物质，而手头又没有，你会用什么代替？ _____

(2)还有哪些食物吃起来像奶酪？ _____

(3)为什么往肉汁里加咖啡会使其风味更好？ _____

(4)你怎样描述风味和香味之间的区别？ _____

(5)你怎样描述风味和质地之间的区别？ _____

(6)用于描述啤酒的最适合的词语(一个或两个字)： _____

(7)请对食醋的风味进行描述。 _____

(8)请对可乐的风味进行描述。 _____

(9)请对某种火腿的风味进行描述。 _____

(10)请对苏打饼干的风味进行描述。 _____

2. 香味评价员筛选调查表

个人情况：

姓名： _____ 性别： _____ 年龄： _____

地址： _____

联系电话： _____

你从何处听说我们这个项目？ _____

时间：

(1)一般来说，一周中，你的时间怎样安排？你哪天有空余的时间？

_____

(2)从×月×日到×月×日，你是否要外出，如果外出，需要多长时间？

_____

健康状况：

(1)你是否有下列情况？

鼻腔疾病 _____

低血糖 _____

过敏史 _____

经常感冒 _____

(2)你是否在服用一些对感官，尤其是对嗅觉有影响的药物？

_____

日常生活习惯：

(1)你是否喜欢使用香水？ _____

如果用，是什么品牌？ _____

(2)你喜欢带香味还是不带香味的物品？如香皂等。 _____

请陈述理由。 _____

(3)请列出你喜爱的香味产品。 _____

它们是何种品牌？ _____

(4)请列出你不喜爱的香味产品。 _____

请陈述理由。 _____

(5)你最讨厌哪些气味？ _____

请陈述理由。 _____

(6)你最喜欢哪些气味或者香气？ _____

(7)你认为你辨别气味的能力在何种水平？

高于平均值 _____　平均值 _____　低于平均值 _____

(8)你目前的家庭成员中有人在香精、食品或者广告公司工作的吗？

_____

如果有，是在哪一家？ _____

(9)品评人员在品评期间不能用香水，在品评小组成员集合之前 1h 不能吸烟，如果你被选为评价员，你愿意遵守以上规定吗？ _____

香气检测：

(1)如果某种香水类型是"果香"，你还可以用什么词汇来描述它？ _____

(2)哪些产品具有植物气味？ _____

(3)哪些产品有甜味？ _____

(4)哪些气味与"干净""新鲜"有关？ _____

(5)你怎样描述水果味和柠檬味之间的不同? _____

(6)你用哪些词汇来描述男用香水和女用香水的不同? _____

(7)哪些词语可以用来描述一篮子刚洗过的衣服的气味? _____

(8)请描述一下面包坊里的气味。_____

(9)请你描述一下某种品牌的洗涤剂气味。_____

(10)请你描述一下某种品牌的香皂气味。_____

(11)请你描述一下地下室的气味。_____

(12)请你描述一下某食品店的气味。_____

(13)请你描述一下香精开发实验室的气味。_____

3. 口感、质地评价员筛选调查表

个人情况、健康状况、饮食习惯与风味评价员筛选调查表的对应部分设计相同。质地小检测设计如下:

(1)你如何描述风味和质地之间的不同? _____

(2)请在一般意义上描述一下食品的质地。_____

(3)请描述一下咀嚼食品时能够感受到的比较明显的几个特性。

_____

(4)请对食品中的颗粒做一下描述。_____

(5)请描述一下脆性和易碎性之间的区别。_____

(6)请描述一下马铃薯片的质地特性。_____

(7)请描述一下花生酱的质地特性。_____

(8)请对麦片粥的质地特性进行描述。_____

(9)请对面包的质地特性进行描述。_____

(10)质地对哪一类食品比较重要? _____

3.2.2.2　候选评价员的筛选

评价员的筛选工作要在初步确定候选评价员后再进行。目的就是要通过一系列的筛选检验方法观察候选人员是否具有感官评价能力,如普通的感官分辨能力、对感官评价试验的兴趣、分辨和再现试验结果的能力以及适当的感官评价员行为(合作性、主动性和准时性)。根据筛选试验的结果获知每个参加筛选试验人员的感官分析评价能力,从而决定候选人是否符合参加感官评价的条件,进一步淘汰那些不适于感官分析工作的候选者。通过筛选试验的候选评价员将参加培训并进一步考察适宜作为哪种类型的感官评价员。

在感官评价人员的筛选中,感官评价试验的组织者起决定性的作用。他们不但要收集有关信息,设计整体试验方案,组织具体实施,而且要对筛选试验取得进展的标准和选择人员所需要的有效数据作出正确判断。只有这样,才能达到筛选的目的。在感官评价人员筛选的过程中,应注意下列几个问题:

①最好使用与正式感官评价试验相类似的试验材料。这样既可以使参加筛选试验的人员熟悉今后试验中将要接触的样品的特性,也可以减少由于样品间的差距而造成人员选择不适当。

②在筛选过程中,要根据各次试验的结果随时调整试验的难度。难易程度取决于参加筛选试验的人员识别气味或者差别判断的能力。在筛选过程中,以大多数人员能够分辨出差别或识别出味道(或气味),而少数人员不能正确分辨或识别为宜。

③参加筛选试验的人数要多于预定参加实际感官评价试验的人数。若是多次筛选，则应采用一些简单易行的试验方法并在每一步筛选中随时淘汰明显不适合参加感官评价的人员。

④多次筛选以相对进展为基础，连续进行直至挑选出人数适宜的最佳人选。

筛选试验的主要检验内容包括：对候选人感官功能的检验；对候选人感官灵敏度的检验；对候选人描述能力的检验。下面介绍如下：

（1）对候选人感官功能的检验

作为感官评价员，应具有正常的感觉功能。每个候选者都要经过有关感官功能的检验，以确定其感官功能是否正常，如是否有视觉缺陷，是否有嗅觉缺失或味觉缺失等。

①色彩分辨　色彩分辨能力由有资质的验光师来做，在缺少相关人员和设备时，也可以借助其他有效的检验方法。

②味觉和嗅觉　需测定候选评价员对产品中低浓度物质的敏感性来检测其味觉缺失、嗅觉缺失或灵敏性。此过程可采用相应的敏感性检验完成。

基本味识别能力的测定　制备 4 种基本味道的储备液，然后按一定等比比率制备稀释溶液（参见第 10 章表 10-1、表 10-2），分别放置在 9 个已编号的容器内（容器编号取自随机数表，见附表 1），每种味道的溶液分别置于 1~3 个容器中，另有一容器盛水，评价员按随机提供的顺序分别取约 15mL 溶液，品尝后按表 3-1 填写。

表 3-1　4 种基本味识别能力测定记录表

姓名：_____　　　　　　　　　时间：____年___月___日

容器编号	未知样	酸味	苦味	咸味	甜味

注：容器编号取自随机数表。

阈值试验　参见表 10-2 稀释溶液，自清水开始依次从低浓度到高浓度呈送给评价员，评价员吸取 15mL 后品尝，填写表 3-2。

表 3-2　4 种基本味不同阈值的测定记录表

姓名：_____　　　　　　　　年　　月　　日

容器顺序	水	1	2	3	4	5	6	7	8	9	10	11
容器编号												
记录												

品尝时要求评价员细心品尝每种溶液。如果溶液不咽下，需含在口中停留一段时间。每次品尝后，用清水漱口，在品尝下一个基本味之前，漱口后等待 1min。表 3-3 为测定实例。

表 3-3 阈值测定实例

姓名：_____						2022 年 4 月 20 日						
容器顺序	水	1	2	3	4	5	6	7	8	9	10	11
容器编号		89	43	12	25	14	18	29	51	22	78	87
记录	○	○	○	×	××	××	×××	×××	×××	×××	×××	×××

注：①○无味；×察觉阈；××识别阈；×××识别不同浓度递增，增加×个数。
②若候选评价员对味觉的灵敏度不高则不能选为优选评价员。

（2）对候选人感官灵敏度的检验

确定候选者具有正常的感官功能后，应对其进行感官灵敏度的测试。感官评价员不仅应能够区别不同产品之间的性质差异，而且应能够区别相同产品某项性能的差别程度或强弱。一般的感官灵敏度测试有多种方法，常用的方法有以下几种。

①匹配检验　即配比试验。用来评判评价员区别或者描述几种不同物质（强度都在阈值以上）的能力。试验方法是给候选者第一组样品，约 4~6 个，并让他们熟悉这些样品。然后再给他们第二组样品，约 8~10 个，让候选者从第二组样品中挑选出和第一组相似或者相同的样品。试验结束后，计算匹配正确率。一般来说，如果候选评价员对这些物质和浓度的正确匹配率低于 80%，则不能作为优选评价员，同时最好能对样品产生的感觉作出正确描述。匹配检验用的滋味和气味样品分别见表 3-4 和表 3-5 所列。

表 3-4 味觉匹配检验所用材料举例

味　觉	材　料	室温下水溶液浓度/（g/L）
甜	蔗糖	16
酸	酒石酸或柠檬酸	1
苦	咖啡因	0.5
咸	氯化钠	5
涩	鞣酸[①]	1
	或豕草花粉苷（栎精）	0.5
	或硫酸铝钾（明矾）	0.5
金属味	水合硫酸亚铁（$FeSO_4 \cdot 7H_2O$）[②]	0.01

注：①该物质不易溶于水；②为避免出现黄色显色作用，需要用中性或弱酸性水配制成新溶液，如果出现黄色显色作用，将溶液在用密闭不透明的容器内或在暗光或在有色光下保存。

表 3-5 嗅觉匹配检验所用材料举例

气　味	材　料	室温下乙醇溶液/（g/L）
鲜柠檬	柠檬醛（$C_{10}H_{16}O$）	1×10^{-3}
香子兰	香草醛（$C_8H_8O_3$）	1×10^{-3}
百里香	百里酚（$C_{10}H_{14}O$）	5×10^{-4}
花卉、山谷百合、茉莉	乙酸苄酯（$C_9H_{10}O_2$）	1×10^{-3}

注：原液用乙醇配制，配制后用水稀释，且乙醇含量（体积分数）不超过 20%。

表3-6、表3-7为嗅觉匹配检测实例。

表 3-6　嗅觉灵敏度测试(气味，香气[①])常用样品举例

气味描述	刺激物	气味描述	刺激物
薄荷	薄荷油	香草	香草提取物
杏仁	杏仁提取物	月桂	月桂醛
橘子皮	橘子皮油	丁香	丁子香酚
青草	顺-3-己烯醇	冬青	甲基水杨酸盐

注：①将能够吸香气的纸浸入香气原料，在通风橱内风干30min，放入带盖的广口瓶拧紧。

表 3-7　嗅觉灵敏度测试常用的匹配试验问答卷

匹配试验问答卷

试验指令：用鼻子闻第一组风味物质，每闻过一个样品之后，要稍做休息。然后闻第二组物质，比较两组风味物质，将第二组物质编号写在与其相似的第一组物质编号的后面。

第一组	第二组	风味物质[①]
068	——	——
712	——	——
813	——	——
564	——	——
234	——	——
675	——	——

①请从下列物质中选择符合第一组、第二组风味的物质，依次决定候选人能否参加后面的区别检验。

冬青	姜	青草	茉莉
月桂	丁香	薄荷	橘子皮
花香	香草	杏仁	茴香

②刺激物识别测试　采用三点检验法进行(可参考 GB/T 12311—2012)，同时提供3个已编码的样品，其中有两个样品是相同的，要求评价员挑出其中单个的样品。

试验时，向每个候选评价员提供两份被检材料样品和一份水或其他中性介质的样品；或一份被检材料的样品和两份水或其他中性介质。被检材料的浓度应在阈值水平之上。要求候选评价员区别所提供的样品。所用材料及浓度的例子见表3-8。

表 3-8　刺激物识别测试常用材料举例

材料	室温下的水溶液浓度/(g/L)	材料	室温下的水溶液浓度/(g/L)
咖啡因	0.27	蔗糖	12.00
柠檬酸	0.60	3-顺-己烯醇	0.40
氯化钠	2.00		

最佳候选评价员应能够100%正确识别。如果经过几次重复检验，候选评价员还不能完全正确地觉察出差别，则表明其不适于这种检验。

③刺激物强度水平的辨别测试　采用排序检验进行(可参考 GB/T 12315—2008)，用以确定候选评价员区别某种感官特性的不同水平的能力，或者判定样品性质强度的能力。在每次检验中，将一系列具有不同特性强度的被检样品以随机的顺序提供给候选评价员，

要求他们以强度递增的顺序将样品排序，检验回答表格式样见表3-9。试验时应以相同的顺序向所有候选评价员提供样品以保证候选评价员排序结果的可比性，避免由于提供顺序的不同而造成的影响。如果使用参照样品，应混同在其他被检样品中，不应单独标示出来。排序检验试验中常用的材料及浓度的例子见表3-10。

候选评价员如果将顺序排错1个以上，则认为该候选评价员不适宜于这种检验。

表3-9 检验回答表格式样

姓名：_____		日期：_____		检验号：_____

请按从左至右顺序品尝每个样品：

请在下面表格中以甜味增加的顺序写出样品编码：

编码	最不甜			最　甜	

注释：

表3-10 排序检验常用的材料及浓度举例

检验项目	材　料	室温下水溶液浓度或特性强度
味道辨别	柠檬酸	0.4；0.2；0.10；0.05
气味辨别	丁子香酚	0.30；0.10；0.03
质地辨别	要求有代表性的产品，如豆腐干、豆腐等	如质地从硬到软
颜色辨别	颜色标度等	颜色强度可从强到弱(如从暗红到浅红)

(3)对候选评价员描述能力的检验

对于参加描述性分析试验的候选评价员来说，只有分辨产品之间差别的能力是不够的，他们还应具有对于关键感官性质进行描述的能力，并且能够从量上用语言正确地来描述强度的不同。他们应具有的能力包括：对感官性质及其强度进行区别的能力；对感官性质进行描述的能力，包括用语言来描述性质和用标尺来描述强度；抽象归纳的能力。

表达能力的测试一般可以分两步进行：

第一步：区别能力测试。可以用三点检验或二-三点检验，样品之间的差异可以是温度、成分、包装或加工过程，样品按照差异的被识别程度由易到难的顺序呈送。三点检验中，正确识别率在50%~70%为及格；二-三点检验中，识别率60%~80%为及格。

第二步：描述能力测试。呈送给候选评价员一系列差别明显的样品，要求他们对其进行描述。他们要能够用自己的语言对样品进行描述，这些词语包括化学名词、普通名词或者其他有关词汇等。参试人员必须能够用这些词汇描述出80%的刺激感应，对剩下的那些，能够用比较一般的、不具有特殊性的词汇进行描述，如甜、咸、酸、涩、一种辣的调料、一种浅黄色的调料等。此检验可通过气味描述检验和质地描述检验来完成。

①气味描述检验　用来检验候选评价员描述气味刺激的能力。试验组织者向候选评价员提供5~10种不同的嗅觉刺激样品。这些刺激物样品最好与最终评价的产品相联系。样

品系列应包括比较容易识别的某些样品和一些不常见的样品。刺激强度应在识别阈值之上，但不要太多地高出在实际产品中可能遇到的含量水平。

制备样品主要有两种方法，一种是鼻后法，另一种是直接法。鼻后法是从气体介质中评价气味，如通过放置在口腔中的嗅条或含在嘴中的水溶液评价气味。直接法是最常用的方法，是指使用包含气味的瓶子、嗅条或空心胶丸。具体做法如下：将吸有样品气味的石蜡或棉绒置于深色无气味的 50~100mL 的有盖细口玻璃瓶中，使之有足够的样品气味挥发聚集在瓶子的上部。组织者在将样品提供给评价员之前应检查一下气味的强度。

每次试验只提供给候选评价员一个样品，要求候选评价员描述或记录他们的感受。初次评价后，组织者可主持一次讨论，以便引出更多的评论以充分显露候选评价员描述刺激的能力。气味描述试验常用材料见表 3-11。

表 3-11　气味描述试验常用材料举例

材　料	由气味引起的通常联想物的名称	材　料	由气味引起的通常联想物的名称
苯甲醛	苦杏仁	茴香脑	茴香
辛烯-3-醇	蘑菇	香兰醛	香草素
乙酸-3-醇	花卉	β-紫罗酮	紫罗兰、悬钩子
2-烯丙基硫醚	大蒜	丁酸	发哈喇味的黄油
樟脑	樟脑丸	乙酸	醋
薄荷醇	薄荷	乙酸异戊酯	水果
丁子香酚	丁香	二甲基噻吩	烤洋葱

一般可以按以下的标度给候选评价员的结果打分：

能够正确识别或作出准确的描述	3 分
能大体上描述	2 分
仅能在讨论后能识别或作出合适的描述	1 分
描述不出	0 分

应根据所使用的不同材料规定出合格操作水平。气味描述检验的候选评价员其得分应达到满分的 65%，否则不宜做这类检验。

②质地描述检验　用来检验候选评价员描述不同质地特性的能力。以随机的顺序向候选评价员提供一系列样品，并要求描述这些样品的质地特征。固态样品应加工成大小相同的块状，液态样品置于不透明的容器内提供。质地描述试验常用材料见表 3-12。

表 3-12　质地描述试验常用材料举例

材　料	由产品引起的对质地的联想	材　料	由产品引起的对质地的联想
橙子	多汁的、汁胞粒	奶油冰激凌	软的，奶油状的，光滑的
油炸马铃薯片	脆的，有嘎吱响声的	藕粉糊	胶水般，软的，糊状，胶状
梨	多汁的，颗粒感的	结晶糖块	结晶的，硬而粗糙的
早餐谷物（玉米片）	酥脆	胡萝卜	硬的，有嘎吱响声的
砂糖	透明的、粗糙的	食用明胶	黏的
栗子泥	面糊状	太妃糖	胶黏的
玉米松饼	易粉碎	芹菜	纤维质
粗面粉	有细粒的	炖牛肉	明胶状的，有弹性的，纤维质的

根据表现按照标准给候选评价员的操作打分：

能够正确识别或作出准确的描述	3分
能大体上描述	2分
仅在讨论后才能识别或作出合适的描述	1分
描述不出	0分

应根据所使用的不同材料规定合格操作水平。质地描述性检验的候选评价员的分值达不到满分65%的，不适于作这类检验的优选评价员。

3.2.3 感官评价员的培训

3.2.3.1 总则

(1)培训的目的

筛选过关的评价员还要经过感官评价技术、评价方法及有关产品的背景知识等培训。通过培训，可以提高他们觉察、识别和描述感官刺激的能力，可以使每个人的反应保持稳定，最终使评价员作为特殊的"分析仪器"产生可靠的评价结果，这对于产品的分析结果能否作为依据非常重要。因此，对感官评价员的培训是必不可少的。

(2)参加培训的人数

为防止因疾病、度假或工作繁忙造成人员调配困难，参加培训的人数一般应是实际需要评价员人数的1.5~2倍。已经接受过培训的感官评价员，若一段时间内未参加感官评价工作，要重新接受简单训练之后才能再参加感官评价工作。

(3)培训场所

所有的培训都应在《感官分析 方法学 总论》(GB/T 10220—2012)中规定的适宜环境中进行。

(4)培训时间

根据不同产品、所使用的检验程序以及培训对象的知识与技能确定适宜的培训时间。

(5)对候选评价员的基本要求

①候选评价员应提高对将要从事的感官分析工作及培训重要性的认识，保持参加培训的积极性。训练期间，每个参加人员至少应主持一次感官评价工作，负责样品的制备、试验设计、数据收集整理和讨论会召集等，使每位感官评价员都熟悉感官试验的整个程序和进行试验所应遵循的原则。

②除偏爱检验以外，要求候选评价员在任何时候都要客观评价，不应掺杂个人喜好和厌恶情绪。所有参加训练的人员应明确集中注意力和独立完成试验的意义，试验中尽可能避免评价员之间的谈话和讨论，使评价员能独立进行试验从而理解整个试验，逐渐增强自信心。

③应避免可能影响评价结果的外来因素干扰。严格要求评价员在评价前及评价期间禁止使用或避免接触有气味的化妆品及洗涤剂，以防止味觉感受器官受到强烈刺激，且至少在评价前1h不要接触烟草或其他有强烈气味和味道的东西，如咖啡、口香糖等，在试验前30min不要接触食物或者香味物质。如果在试验中有过敏现象发生，应如实通知品评组

织者；如果有感冒等疾病，则不应该参加实验。

3.2.3.2　感官分析技术培训

感官分析技术培训包括认识感官特性的培训、接受感官刺激的培训和使用感官检验设备的培训。

认识感官特性的培训是要使候选评价员认识并熟悉各有关感官特性，如颜色、质地、气味、味道、声响等。

接受感官刺激的培训是培训候选评价员正确地接受感官刺激的方法，如在评价气味时，应浅吸而不应该深吸，并且吸的次数不要太多，以免嗅觉混乱和疲劳。对液态和固态样品，当用嘴评价时应事先告诉评价员可吃多少，样品在嘴中停留的大约时间，咀嚼的次数以及是否可以咽下。另外，要告知如何适当地漱口以及两次评价之间的时间间隔，以保证感觉的恢复，但要避免间隔时间过长以免失去区别能力。

使用感官检验设备的培训，目的是培训候选评价员正确并熟练使用有关感官检验设备。

3.2.3.3　感官分析方法培训

感官分析方法培训主要包括差别检验方法培训、使用标度培训、设计和使用描述词的培训。

（1）差别检验方法的培训

差别检验方法的培训是要使候选评价员学习并熟练掌握差别检验的各种方法，这些方法包括成对比较检验（见 GB/T 12310—2012）、三点检验（见 GB/T 12311—2012）、"A"－"非 A"检验（见 GB/T 39558—2020）等。

在培训过程中样品的制备应体现由易到难、循序渐进的原则。例如，有关味道和气味的感官刺激的培训，刺激物最初可由水溶液给出，在有一定经验后可用实际的食品或饮料替代，也可使用两种成分按不同比例混合的样品。在评价气味和味道差别时，变换与样品的味道和气味无关的样品的外观（如使用色灯）有助于增加评价的客观性。

用于培训和检验的样品应具有市场产品的代表性，同时应尽可能与最终评价的产品相联系。

表 3-13 为培训阶段常使用的样品例子。

表 3-13　差别检验方法培训常使用的样品举例

序号	材　料	浓度/（g/L）
1	蔗糖	16
2	酒石酸或柠檬酸	1
3	咖啡因	0，5
4	氯化钠	5
5	鞣酸	1
6	糖精	0.1
7	硫酸奎宁	0.2

（续）

序号	材　料	浓度/（g/L）
8	葡萄柚汁	
9	苹果汁	
10	黑刺李汁	
11	冷茶	
12	蔗糖溶液	10，5，1，0.1
13	4种浓度蔗糖溶液（见第12条）分别添加硫酸奎宁（见第7条）和黑刺李汁（见第10条）	
14	己醇	0.015
15	乙酸苯甲酯	0.01
16	酒石酸加己六醇	分别为0.3，0.03或分别为0.7，0.015
17	黄色的橙味饮料；橙色的橙味饮料；黄色的柠檬味饮料	
18	（连续品尝）咖啡因、酒石酸、蔗糖	分别为0.8，0.4，5
19	（连续品尝）咖啡因、蔗糖、咖啡因、蔗糖	分别为0.8，5，1.6，1.5

（2）使用标度的培训

通过按样品的单一特性强度将样品排序的过程向评价员介绍名义标度、顺序标度、等距标度和比率标度的概念（见 GB/T 10220—2012、GB/T 39501—2020）。在培训中要强调"描述"和"标度"在描述分析当中同样重要。让品评人员既要注重感官特征，又要注重这些特性的强度，让他们清楚地知道描述分析是使用词汇和数字对产品进行定义和度量的过程。在培训中，最初使用的基液是水，然后引入实际的食品和饮料以及混合物。表3-14为味道和气味培训阶段所使用的材料举例。

表3-14　标度培训常用材料示例

序号	材　料	浓度/（g/L）
1	咖啡因	0.15，0.22，0.34，0.51
2	酒石酸	0.05，0.15，0.4，0.7
3	乙酸乙酯	0.0005，0.005，0.020，0.050
4	不同硬度的豆腐干	
5	果胶冻	
6	柠檬汁及其稀释度	0.01，0.05

（3）设计和使用描述词的培训

向评价员提供一系列简单样品并要求制订出描述其感官特性的术语或词汇，特别是那些能将样品区别开来的术语或词汇。向评价员介绍这些描述性的词汇，包括外观、风味、口感和质地方面的词汇，并使之与事先准备好的一系列参照物相对应，要尽可能多地反映样品之间的差异。同时，向评价员介绍一些感官特性在人体内产生感应的化学和物理原理，使评价员有丰富的知识背景，让他们适应各种不同类型产品的感官特性。术语应逐个研究讨论并设计出至少包含 10 个术语的一致同意的术语表。将这些术语用于每个样品，然后用标度对其强度打分。组织者将用这些结果产生产品的剖面。可用于描述词培训的材料举例见表 3-15。

表 3-15 描述词培训的材料举例

材料	由产品引起的对质地的联想	材料	由产品引起的对质地的联想
1	市销的水果汁产品及混合果汁	3	豆腐干
2	面包	4	绞碎的水果或蔬菜

(4) 产品知识的培训

通过讲解生产过程或到工厂参观向评价员提供所需评价产品的基本知识。培训内容包括：商品学知识，特别是原料、配料和成品的一般的和特殊的质量特征的知识；有关技术，特别是会改变产品质量特性的加工和贮藏技术。

3.2.4 感官评价员的考核

3.2.4.1 总则

经过一个阶段的培训后，需要对评价员进行考核以确定优选评价员的资格。从事特定检验的评价员小组成员就从具有优选评价员资格的人员中产生。每种检验所需要的评价员小组的人数见各专项方法标准。

考核主要是检验候选评价员操作的正确性、稳定性和一致性。正确性，即考察每个候选评价员是否能正确地评价样品。如是否能正确区别、分类、排序、评分等。稳定性，即考察每个候选评价员对同一组样品先后评价的再现程度。一致性，即考察各候选评价员之间是否掌握同一标准作出一致的评价。

不同类型的感官评价试验要求评价员具有不同的能力，对于差别检验评价员要求其具有区别不同产品之间性质差异的能力；区别相同产品某项性质程度的大小、强弱的能力。对于描述性分析试验，要求评价员具有对感官性质及其强度进行区别的能力；对感官性质进行描述的能力(包括用言语来描述性质和用标尺描述强度)；抽象归纳的能力。被选择作为适合一种目的的评价员不必要求他能适合其他目的，不适合某种目的的评价员也不一定不适合从事其他目的的评价。

3.2.4.2 用于差别检验的评价员的考核

(1) 区别能力的考核

采用三点检验的方法考核评价员的区别能力。使用实际中将要评价的材料样品，提供3 个一组共 10 组样品，让候选评价员将每组样品区别开来。根据正确区别的组数判断候选评价员的区别能力。

(2) 稳定性考核

经过一定的时间间隔，再重复进行如 3.2.4.2(1) 的试验，比较两次正确区别的组数，根据两次正确区别的样品组数的变化情况判断该候选评价员的操作稳定性。

(3) 一致性考核

用同一系列样品组对不同的候选评价员分别进行如 3.2.4.2(1) 的试验。根据各候选评价员的正确区别的样品组数，判断该批候选评价员差别检验的一致性。

3.2.4.3 用于分类检验的评价员的考核

分类检验评价员的考核包括分类正确性考核、分类稳定性考核以及分类一致性考核。

（1）分类正确性考核

让候选评价员分别评价一组包括感官指标合格与不合格的 p 个样品。合格用数字 0 表示，不合格用数字 1 表示。根据对样品合格与否的分类，考核候选评价员分类的正确性。

（2）分类稳定性考核

经过一段时间，对同一样品组让某一候选评价员重复进行 3.2.4.3(1)的考核，然后采用 Mcnemar 检验以考核该候选评价员的分类稳定性。

（3）分类一致性考核

为了评价 q 个评价员对 p 种样品的分类评价是否一致，可使用 Cochran Q 检验。

3.2.4.4 用于排序检验的评价员的考核

（1）排序正确性考核

将一系列特性强度已知的样品提供给候选评价员排序。根据候选评价员排序错误的次数，考核其排序的正确性。

（2）排序稳定性考核

排序稳定性考核可采用 Spearman 秩相关检验来评估。

（3）排序一致性考核

排序一致性考核可采用 Friedman 秩和检验来评估。

3.2.4.5 用于评分检验的评价员的考核

（1）评分区别能力的考核

评分区别能力的考核可采用对每个评价员的评价结果做方差分析来评估。

（2）评分稳定性考核

根据试验误差均方的大小判断候选评价员评分稳定性，其值越大说明其评分稳定性越差。

（3）评分一致性考核

评分一致性考核可采用对全部评价结果做双因素有重复试验资料的方差分析来评估。

3.2.4.6 用于定性描述检验的评价员的考核

定性描述检验评价员的考核，主要在培训过程中考查和挑选。也可以提供对照样品以及一系列描述词，让候选评价员识别与描述。若不能正确地识别和描述 70% 以上的标准样品，则不能通过该项考核。

3.2.4.7 用于定量描述检验的评价员的考核

定量描述检验评价员的考核可以按照定性描述检验评价员的考核方法，而对于定量描述能力的考核则可以采用提供 3 个一组共 6 组不同样品。使用 3.2.4.5 中的评分检验评价员的考核方法考核候选评价员定量描述的区别能力、稳定性和一致性。

3.2.5　优选评价员的再培训

已经接受过培训的优选评价员若一段时间内未参加感官评价工作，其评价水平可能会下降，因此对其操作水平应定期检查和考核，达不到规定要求的应重新培训。

3.2.6　感官评价员的工作状态

在进行感官评价期间，感官评价员不应处在饥饿状态，并且评价员精神疲惫也会影响评价结果。评价员在评价时身上不应带有气味，如喷洒香水或涂香气很重的化妆品等。评价员要求在评价食品样品前 1h 内不抽烟，否则该评价员的衣服、头发上均会带有香烟的味道，进而影响食品样品的评价结果。最好的解决办法是每一个进入评价区的评价员均换上无味的感官评价试验服。评价员在食品样品评价前 1h 内不要进食或嚼口香糖，在评价前 30min 内不要喝有浓重气味的饮料等。评价员之间不能进行沟通，包括可见的或口头的交流，如果一个评价员指出喜欢或讨厌该评价样品，那么其他评价员可能会受到影响。例如，一个评价员刚开始品尝某一食品，马上说诸如"哦！好难吃呀！"或者"好甜啊！"之类的话，其他的评价员听到这些话时，会重新评价该食品样品，并且会受刚才评价员的影响。

3.3　食品感官评价的环境条件

食品感官分析实验室是进行样品制备、感官评价、结果分析与讨论的重要活动场所。其环境条件对食品感官评价有很大影响，主要体现在对评价人员心理、生理上的影响以及对样品品质的影响。食品感官分析实验室应保证感官评价在已知或最小干扰的可控条件下进行，减少生理因素和心理因素对评价员判断的影响，尽可能地使这些环境因素标准化，才能够保证感官评价小组得出的食品特性的结果比较准确。

3.3.1　食品感官分析实验室的要求与设置

3.3.1.1　一般要求

食品感官分析实验室应建立在环境清静、交通便利的地区。除非采取了减少噪声和干扰的措施，应避免建在交通繁忙地段（如餐厅附近）。此外，应考虑采取合理措施以使残疾人易于到达。在建立食品感官分析实验室时，应尽量创造有利于感官检验的顺利进行和评价员正常评价的良好环境，设计感官分析实验室应考虑温度、湿度、色彩、噪声、振动、气味、气压等因素可能导致评价员的精力分散以及产生的身体不适或心理变化，影响感官评价结果的准确性和可靠性。

3.3.1.2　功能要求

典型的食品感官分析实验室一般应包括：

- 供个人或小组进行感官评价工作的检验区；

- 用于制备评价样品的样品制备区；
- 办公室；
- 更衣室和盥洗室；
- 供给品贮藏室；
- 样品贮藏室；
- 评价员休息室。

若条件不允许，感官分析实验室至少应具备检验区和样品制备区。

评价员在进入评价间之前，实验室最好能有一个集合或等待的区域。此区域应易于清洁以保证良好的卫生状况。

3.3.1.3 平面布置

食品感官分析实验室的基本要求为：具备进行感官评价工作的检验区；具备用于制备评价样品的制备区。检验区应与样品的制备区尽量分开，并且检验区应保证无味，特别是制作样品时所飘出的烹调风味；检验区内应保持良好的通风和换气设备，略微的正气压能降低从样品制备区传来的气味。检验区与样品制备区最好有样品传递窗口，以防在传送样品时带入气味。在感官分析实验室，排水沟、排水管以及试验用水的气味影响应降到最小化，最好使用蒸馏水或经过过滤装置去掉杂味的去离子水，否则水的气味也会影响食品产品的评价。检验区的建筑材料应不包含气味、为中性的白色墙面，墙体材料应不吸味。

食品感官分析实验室的布局示意图如图 3-1~图 3-4 所示。

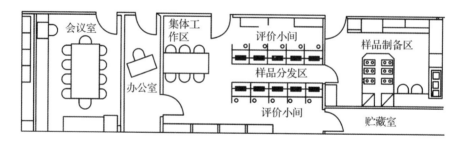

图 3-1 感官分析实验室平面图示例 1

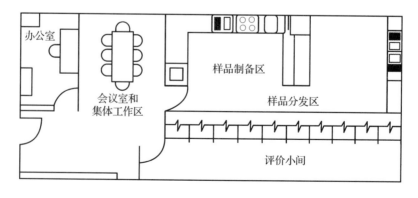

图 3-2 感官分析实验室平面图示例 2

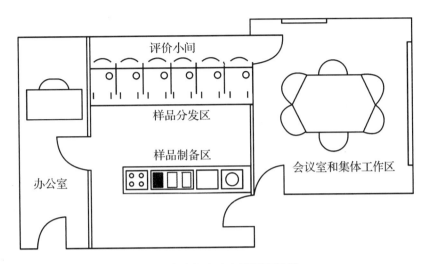

图 3-3　感官分析实验室平面图示例 3

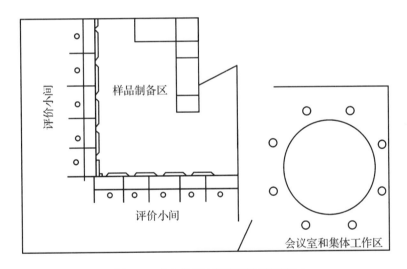

图 3-4　感官分析实验室平面图示例 4

3.3.2　检验区

3.3.2.1　检验区的地点

检验区应紧靠制备区，以易于样品提供；但两区应隔开，以减少气味和噪声等的干扰。为避免对检验结果带来偏见，不允许评价员进入或离开检验区时穿过制备区。防止评价员得到一些片面的、不正确的信息，影响其感官响应和判断。

3.3.2.2　检验区的环境条件

（1）温度和湿度

检验区的温度和湿度应是可控和适宜的，除非样品评价有特殊条件要求，检验区的温度和湿度都应尽量让评价员感觉舒适。室温一般应保持在 20~25℃，相对湿度应保持在 40%~60%。

（2）噪声

感官评价区域尽可能无噪声、无干扰，并且力求周围区域保持安静或者将噪声降至最低。为防止噪声，可采取音源隔离、吸音处理、遮音处理、防震处理等方法。感官分析实验室在检验期间应控制噪声低于 40dB。

（3）气味

检验区应尽量保持无气味。检验区的建筑材料、内部设施和清洁器具均应无味、不吸附和散发气味。检验区内应采用带过滤装置的换气装置来净化空气，如可更换的活性炭过滤器。过滤器每 2~3 个月更换一次，定时检查以免活性炭失效或产生臭味。使用的清洁剂在检验区内也不得留下气味。

（4）装饰

检验区内的色彩要适应人的视觉特点，不仅要有助于改善采光照明的效果，更要有助于消除疲劳，创造较安静、良好的工作环境，避免使人产生郁闷情绪。检验区的墙壁、地板和内部设施的颜色应为中性，采用稳重、柔和的颜色，一般以浅灰色或乳白色为好，其颜色不能影响被检样品的色泽。

（5）照明

照明对感官检验特别是颜色检验非常重要。感官评价中照明的来源、类型和强度非常重要。应注意所有房间的普通照明及评价间的特殊照明。在感官评价期间，评价桌上方应当有均匀、舒适的照明条件，一般 700~800lx 比较理想。检验区的照明设施应是可调控的、无影的、均匀的和可选择的，并且有足够的亮度以利于评价。例如，色温为 6 500K 的灯能提供良好的、中性的照明，类似于北方的日光，色温为 5 000~5 500K 的灯具有较高的显色指数，能模仿中午的日光。

在消费者检验时，灯光应与消费者家中照明相似。检验所需照明的类型应根据具体检验的类型而定。对于食品及加香产品来说，红色过滤光经常被使用。以肉制品举例，主要是为了降低由于烹调方法、加工方法而造成的评价影响。进行产品或材料的颜色评价时，专用照明尤其重要。可使用以下设施以掩蔽样品不必要的、非检验变量的颜色或视觉差别：调光器、彩色光源、滤光器、黑光灯、单一光源(如钠灯)。

（6）安全措施

建立与实验室类型相适应的专用安全设施，如检验有气味的样品时，配置通风橱；使用化学药品时，建立化学药品专用清洗点；使用蒸煮设备时，配备专门的防火设施。此外，无论何种类型的实验室，应适当设置安全出口标志。

3.3.2.3 评价小间

（1）安装独立评价小间的目的

感官评价一般要求评价员独立进行个人评价。在独立评价过程中，为防止评价员之间干扰和避免相互交流，评价员安排在每个评价小间中。评价小间如图 3-5 所示。

图 3-5 评价小间实例

评价小间应包括的设施：1个可滑动的键盘托底；1个位于显示器支架下的开口；1个带小脚轮的机箱
底座；1面镜子；2个带开关的日光灯；1根搭毛巾杆；1个白色水池；1个红外感应水龙头

（2）评价小间的数目

应根据检验区实际空间的大小和通常进行检验的类型决定评价小间的数量，并保证检验区内有足够的活动空间和提供样品的空间。一般为 5~10 个，但不得少于 3 个。

（3）评价小间设置

一般使用固定的评价小间，也可以使用临时的、移动的评价小间。若条件有限，也可使用简易隔板（图 3-6、图 3-7）。若使用固定的评价小间，一般应沿着检验区和制备区的隔墙设置。

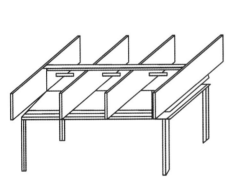

可拆卸隔板

图 3-6 带有可拆卸隔板的桌子　　**图 3-7 用于个人检验或集体工作的带有可拆卸隔板的桌子**

（4）评价小间内部设施

每一评价小间内应设有一工作台。工作台应足够大以能放下评价样品、器皿、漱口杯、问答表、笔或用于传递回答结果的计算机等设备。

评价小间内应设一个舒适的座位，座椅下应安装橡皮滑轮，或将座位固定，以防移动时发出响声。评价小间内应设信号系统，使评价员在做好准备和检验结束时可通知检验主持人。

评价小间应备有水池或痰盂，并应备有有盖的漱口杯和漱口剂。安装的水池，应控制水温、水的气味和水的响声。

若评价小间是沿着检验区和制备区的隔墙设立的，则应在评价小间的墙上开一窗口以传递样品(图3-8、图3-9)。窗口应带有滑动门或其他装置以能快速地紧密关闭(图3-10)。窗口应足够宽大以保证顺利传递样品。

应在合适的位置安装备用的电器接线口，以供有特定检验要求的电器设备使用。

若评价员使用计算机输入数据，要合理配置计算机组件，使评价员集中精力于感官评价工作。例如，屏幕高度应适合观看，屏幕设置应使眩光最小，一般不设置屏幕保护。键盘和其他输入设备放置在感觉舒适的水平高度上，且不影响样品的评价。

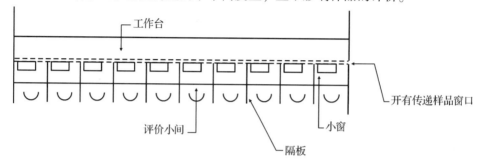

图3-8 用墙隔离开的评价小间示意图

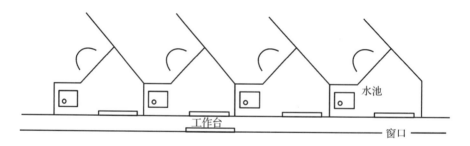

图3-9 人字形评价小间

除非在特定的时间间隔内进行评价，评价小间内应设信号系统，通过开关打开制备区一侧的指示灯或者通过窗口小门下插入卡片，以使评价员在做好准备时随时通知检验主持人。

每一评价小间均应标有数字或符号，使评价员能识别就座。

(5)评价小间的大小

评价小间尺寸应保证评价员舒适地进行评价，且互不干扰，又应节省空间。一般评价小间工作台长最少900mm，宽600mm，高720~760mm，座椅高427mm，配备可移动座椅。

评价小间的尺寸设计如图3-11所示。

(6)评价小间的照明

评价小间的照明应是可调控的、无影的和均匀的，并且有足够的亮度以利于评价，推荐灯的色温为6 500K。为了掩蔽样品的颜色或其他特性的差别，可使用调光器、彩色光源、滤色器、单一光源。一般用红色或绿色来掩蔽样品的颜色差别。在消费者检验时，灯光应与消费者家中照明相似。

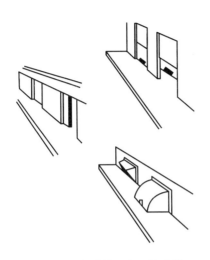 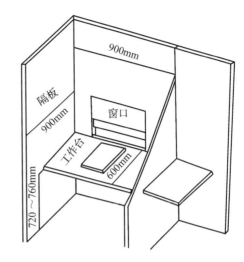

图 3-10　传递样品窗口的式样　　　　　图 3-11　评价小间的尺寸设计

(7)评价小间的颜色

评价小间内部应涂成无光泽的、亮度因数为 15% 左右的中性灰色(如中国颜色体系号为 N4 至 N4.5)。当被检样品为浅色和近似白色时,评价小间内部的亮度因数可为 30% 或者更高(如中国颜色体系号为 N6),以降低待测样品颜色与检验间之间的亮度对比。

3.3.2.4　集体工作区

集体工作区是评价员集体工作的场所,用于评价员之间的讨论、评价员的培训、授课等。集体工作区应设一张大型桌子及 5~10 把舒适的椅子(图 3-1~图 3-4、图 3-7)。桌子应较宽大以能放下每位评价员的检验用具及样品,同时,桌子中心应配有可拆卸的隔板,使评价员相互隔开,单独评价(图 3-6、图 3-7)。集体工作区还应配有黑板及图表用以记录讨论要点。集体工作区一般设在检验区内,也可设在一单独房间内(图 3-1、图 3-2)。房间的照明参考 3.3.2.3(6)。

有些检验可能需要检验主持人现场观察和监督,此时可在检验区设立座席供检验主持人就座(图 3-12)。

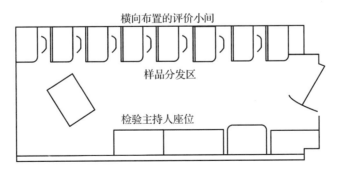

图 3-12　设立检验主持人座位的检验区

3.3.3 样品制备区

（1）制备区的一般要求

制备样品的区域（或厨房）要紧邻检验区。评价员进入检验区时不能通过样品制备区，以免对检验结果造成偏见。

各功能区内及各功能区之间合理布局，使样品制备的工作流程便捷高效。

制备区内保证空气流通，以利于排除样品制备时的气味及来自外部的异味。

地板、墙壁、天花板和其他设施所用材料易于维护、无味、无吸附性。

制备区建立时，水、电、气装置的放置空间要有一定余地，以备将来位置的调整。

（2）制备区的常用设施

制备区需装配的常用设施与被评价的产品有关，主要有：

- 工作台；
- 洗涤用水池和其他供应洗涤用水的设施；
- 必要设备，包括用于样品的贮存、样品的制备和控制制备过程的电器设备，以及用于提供样品的用具（如容器、器皿、器具等），设备应合理摆放，需校准的设备检验前校准；
- 清洗设施；
- 收集废物的容器；
- 贮藏设施；
- 其他必需的设施。

（3）制备区的工作人员

样品制备区工作人员应经过一定培训，具备常规化学实验室工作能力，熟悉食品感官分析的有关要求和规定。

3.3.4 办公室与辅助区

办公室是进行感官检验辅助工作的场所。它应靠近检验区并与之隔开。办公室应有适当的空间，便于管理人员进行检验方案设计、问答表的设计、问答表的处理、数据的统计分析、撰写检验报告等，并且在需要时可开会讨论检验方案和检验结论。一般办公室可配置以下设施：办公桌或工作台、档案柜、书架、椅子、电话以及用于数据统计处理分析的计算器和计算机等。也可配置复印件和文件柜，但不一定放置在办公室。

如果有条件，可在检验区附近建立休息室、更衣室和盥洗室等辅助区。

3.4 评价样品的制备和呈送

食品样品的制备也会影响最终产品的感官特性。样品制备的方式及制备好的样品呈送至检验人员的方式，对检验的结果会有重要的影响。

食品样品的稀释、加工品的加工方法（包括加工温度、加工的时间、加工制品所用基质）的差异都会影响到检验结果。准备样品必须平行，试验操作员必须按标准的操作程序进行。样品的呈送器皿和样品的保存等都有可能影响一些产品的感官特性。每一个参数最好都标准化，并且评价员在进行感官评价前就应该学习如何减少试验参数对感官评价的影响。在评价试验中，任何可能提供评价员暗示或影响评价员感受的非实验因子(如样品的温度、容积、大小等)应尽量排除。具体如下：送交每个评价员检验的样品量应相等，并足以完成所要求的检验次数；同一次检验中所有样品的温度都应一样；每次检验的编码不应相同(推荐使用 3 位数的随机数编码)；评价的样品应使用相同的容器。

3.4.1　样品制备的要求

(1)均一性

所谓均一性就是指所制备样品的各项特性均应完全一致，包括每份样品的量、颜色、外观、形态、温度等。在样品制备中要达到均一的目的，除精心选择适当的制备方式以减少出现特性差异的机会外，还可选择一定的方法以掩盖样品间的某些明显的差别。对不希望出现差别的特性，可选择适当的方法予以掩盖。例如，在品评某样品的风味时，就可使用无味的色素物质掩盖样品间的色差，使检验人员在品评样品风味时，不受样品颜色差异的干扰。

(2)样品量

由于物理、心理因素，提供给评价员的试验样品量对他们的判断会产生很大影响。因此，在试验中要根据样品品质、试验目的，提供合适的样品个数和样品数量。

感官评价员在感官检验期间，理论上可以检验许多不同类型的样品，但实际能够检验的样品数，还取决于下列情况。

①感官评价员的预期值　主要指参加感官评价的人员事先对试验了解的程度和对试验难易程度的估计。如果对试验方法了解不够或试验难度较大，则可能会造成拖延试验时间或降低检验样品数。

②评价员的主观因素　评价员对被检验样品特性的熟悉程度，以及对试验的兴趣和认识也会影响评价员所能正常检验的样品数。

③样品特性　具有强烈气味或味道的样品，会使评价员感觉疲劳。通常样品特性强度越高，能够正常检验的样品数应越少。

大多数食品感官分析试验在考虑到各种影响因素后，每组试验的样品数在 4~8 个，每评价一组样品后，应间歇一段时间再评。

每个样品的数量应随试验方法和样品种类的不同而有所差别。通常，对于差别检验，每个样品的分量控制在液体 15~30mL，固体 30~40g 左右为宜；嗜好检验的样品量可比差别检验多 1 倍；描述性检验的样品量可依实际情况而定，应提供给评价员足够试验的样品量。

(3)样品的温度

恒定和适当的样品温度才可能获得稳定的感官评价结果。样品温度的控制应以最容易感受所检验的特性为基础，通常是将样品温度保持在该产品日常食用的温度。表 3-16 列出了几种样品呈送时的最佳温度。

表 3-16　几种样品在感官评价时最佳呈送温度

品　种	最佳温度/℃	品　种	最佳温度/℃
啤酒	11~15	食用油	55
白葡萄酒	13~16	肉饼、热蔬菜	60~65
红葡萄酒	18~20	汤	68
乳制品	15	面包、糖果、鲜水果、咸肉	室温
冷冻橙汁	10~13		

样品温度对感官分析的影响，除过冷、过热的刺激造成感官不适、感觉迟钝外，还涉及温度升高，挥发性气味物质挥发速度加快，影响食品的质构和其他一些物理特性，如松脆性、黏稠性会随温度的变化而产生相应的变化，从而影响检验结果。在试验中，可采用事先制备好样品，保存在恒温箱内，然后统一呈送，保证样品温度恒定和一致。

（4）器皿

呈送样品的器皿应为无色、无气味、清洗方便的玻璃或陶瓷器皿。同一试验批次的器皿，外形、颜色和大小应一致。

试验器皿和用具的清洗应选择无味清洗剂洗涤。器皿和用具的贮藏柜应无味，不相互污染。

3.4.2　样品的呈送

所有呈送给评价员的样品都应编码，推荐的编码方法是用随机的 3 位数字进行编码（附表 1），并随机地分发给评价员，避免因样品分发次序的不同影响评价员的判断。

样品的摆放顺序应避免可能产生某种暗示，或者对感觉顺序上的误差，通常采用的摆放方法是圆形摆放法。

有些试验样品由于食品风味浓郁或物理状态（如黏度、颜色、粉状度等）原因而不能直接进行感官分析，如香精、调味料、糖浆等。为此，需根据检查目的进行适当稀释，或与化学组分确定的某一物质进行混合，或将样品添加到中性的食品载体中，再按照常规食品的样品制备方法进行制备与呈送。

思考题

1. 食品感官评价的程序包括哪些？
2. 感官评价员的类型分哪几类？
3. 对候选评价员的筛选检验包括哪些内容？
4. 感官评价员的培训内容有哪些？
5. 食品感官分析实验室一般应包括哪几部分？
6. 食品感官分析实验室对光线的要求是什么？
7. 感官评价对样品的制备有哪些要求？
8. 食品感官评价条件如何影响感官评价结果？请举例。

第**4**章

食品感官评价中的试验设计与统计分析

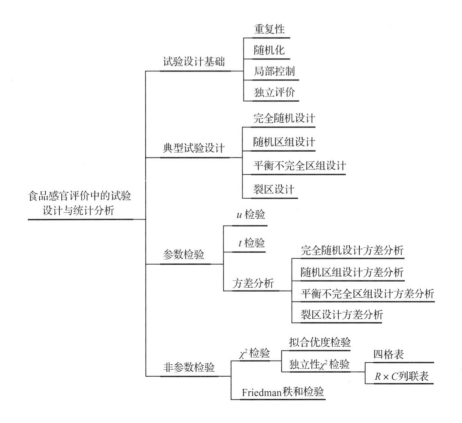

虽然感官评价员通常会意识到测试误差,但如何科学地设计试验,进行正确的统计分析仍然是一些感官评价员常面临的实际问题。试验设计与生产实践和科学研究紧密结合,广泛应用于各个领域。试验设计的好坏直接影响试验的结果和试验效率,所以试验前有必要对试验进行良好的设计。

4.1 试验设计基础

试验设计是结合专业知识和实践经验,经济地、科学地、合理地安排试验,有效地控制试验干扰,力求用较少的人力、物力、财力和时间,最大限度地获得丰富而可靠的资料。在食品感官评价中的试验设计主要涉及样品的安排。

4.1.1 重复性

所谓重复,是指在试验中每种处理至少进行 2 次以上的实施。重复试验是估计和减少随机误差的基本手段。

由于随机误差是客观存在和不可避免的,对一个试验单位的一次测量不能估计试验误差,而对同一试验单位的重复测量也不能估计试验误差。只有在同一条件下重复试验,获得 2 个或 2 个以上的观测值时,才能将试验误差的干扰进行有效估计。

感官评价的一般目的是根据产品的一些性质的感觉强度来区别产品。如果每种产品只取一个样品(同一批次的样品,同一天准备的样品,来自同一包装的样品)进行检验,是不能估计出整个产品的试验误差的。在感官数据的统计分析中,有些研究人员经常将测量误差(即评价员与评价员之间的差异)误认为是试验误差进行分析的,这是错误的,因为它忽视了真正的试验误差,可能错误地得出产品之间存在显著差异的结论。

4.1.2 随机化

所谓随机化,就是在试验中,每一个组合处理及其每一个重复都有同等机会被安排在某一特定空间和时间微环境中,以消除某些组合处理或重复可能占有的"优势"或"劣势",保证试验条件在空间和时间上的均匀性。在试验设计中,遵循随机化原则是消除系统误差的有效手段。

随机化可使系统误差转化为随机误差,从而可正确、无偏地估计试验误差,并可保证试验数据的独立性和随机性,以满足统计分析的基本要求。随机化通常采用抽签、摸牌、查随机数表等方法来实现。

一般情况下,随机化就是随机分配试验材料到各个处理,以使每个试验单位(试验材料)有平等的机会被分配到一个处理中。在感官评价及消费者测定中,随机化的最普遍形式就是将评价员随机分配到特定的组里或将品评样品随机分配给评价员,通过这样的处理,可将那些评价员间不能控制的变异随机地分布到处理组中,消除这些变异的影响。另外一个随机的方式就是样品呈送次序的随机。

4.1.3　局部控制

局部控制是指在试验时采取一定的技术措施减少非试验因素对试验结果的影响,通常采用区组化技术进行试验。从理论上来讲,区组与区组之间的试验材料可以不同,但一个区组内的各试验材料应该是相同的,可以对给定的处理产生相同的响应。但是任何两个处理在同一区组内效应的差异与它们在所有区组中产生的效应差异都是一样的。

在感官评价中,试验单位就是评价员进行的评价。此时将评价员作为区组,对于一个评价员来说,在一个区组内,一次评价就是一个试验单位。处理可以看成是将被评价的产品。在每个评价单元中,它们都应该是独立(不受其他因素干扰)的。这可以通过随机呈送样品、连续地一个一个地呈送、两个评价之间足够长的休息时间来帮助感官响应回到某个初始位置等措施来完成。

4.1.4　独立评价

所谓独立评价,即要求每个评价员对产品进行评价时,评价员的评价操作彼此独立,也就是评价员之间不能进行沟通,包括可见的或口头的交流,甚至一些感官表现都会影响到其他评价员的评价。对于感官评价,完全的独立性评价是不现实的。因为所有参加测试的人都是有经验的产品使用者,并在一定程度上,他们对产品的反应反映了这种依赖性以及以前的使用经验。从感官试验设计的角度出发,一个平衡的呈样顺序和其他设计应考虑使参试者降低这种依赖性的影响,或者至少能均匀地将其影响分布在所有产品中。因此,采用一系列的呈样顺序是最合适的,也就是说在每次评价中只提供一个产品和一个计分卡,当评价结束后收回此产品和计分卡,然后再提供下一个产品和计分卡。在这个意义上说,评价是独立进行的,然而评价响应仍然有一定的依赖性,这种依赖性对评价测试结果和结论的影响不完全清楚。尽管一些统计模型(如单因素方差分析和成组 t 检验)根据分析需要假定评价员独立进行评价,但这种错误判断风险不是很明确的。相比对应的非独立统计分析模型,如双向方差分析和成对 t 检验,这些统计分析模型是需要更多的参试人员以降低评价中的风险。

4.2　典型试验设计

4.2.1　完全随机设计

完全随机设计(completely randomized design,CRD)是常用的一种全面试验设计方法,有两方面的含义,一是试验处理、试验顺序的随机安排;二是试验材料的随机分组。在与感官研究有关的 CRD 中,为了尽可能地减少由于样品呈送顺序而引入的人为因素干扰,全部样品呈送顺序采用完全随机,随机地分配给所有评价员。通俗讲,就是让每位评价员以随机的方式评价所有样品。根据这个设计得到的评分,经过方差分析后,可以看出样品间评分的差异到底是来自评价员能力水平不同带来的差异,还是样品间本身品质不同所带来的差异。也就是说,这个设计能够克服评价员间差异的干扰,使得可以更高精度地来检验样品间是否存在差异。这就需要我们假定所有的试验材料都是一样的,并且所有评价员的评定方式是一致的,每位评价员在一组试验中品尝完所有样品后不会引起感官疲劳和烦躁情绪，这样才能保证试验结果的有效性和可信，但这些假定在感官评价中是难以达到的。因为不同的评价员可能使用强度标度的不同部分来表达其感觉，因此每个评价员仅评定一组样品中的一个样品是无效的。所以，完全随机设计很少用于涉及多样品比较的感官评价中。

对完全随机设计试验的结果进行统计分析时，应根据试验处理数选择不同的统计分析方法。①处理数为2，即两个处理的完全随机设计，也就是非配对设计(成组设计)，对其试验结果采用非配对设计的 t 检验法进行统计分析。②处理数大于2，若获得的资料各处理重复数相等，则采用各处理重复数相等的试验资料方差分析法分析；若在试验中因受到条件的限制或其他原因等使获得的资料各处理重复数不等，则采用各处理重复数不等的试验资料方差分析法分析。

4.2.2 随机区组设计

对于多个处理(样品)的比较，随机完全区组设计(complete random block design, CRBD)是应用最为广泛的设计。此时假定区组内的试验材料是一致的。这种设计将改善对处理效应和试验误差的估计，因为在每个区组内的所有处理(样品)是在相同的条件(评价员)下进行比较的。在感官评价中，评价员作为区组，样品作为处理。每个评价员评定所有的样品(即完全区组)。虽然评价员可能使用尺度的方式有差异，但将评价员作为区组，所有样品的比较都是在评价员内进行，这样可以将属于评价员间的变异分离出来，不影响样品间效应的比较，使得结果更为准确。

在随机完全区组设计过程中，每个评价员评价的样品次序是随机的。但是 Sidel 等(1976)指出，在感官评价中，由于存在着顺序效应(order effect)、持续效应(carry-over effect)等对感官评价结果的影响，样品呈送次序采用平衡区组设计(balanced blocked design)更好。所谓平衡区组设计是指评定组内的评价员评定样品的次序是平衡的，即每个样品在每个位置上出现的次数相同，而且样品对如 A-B 和 B-A 出现的次数也相同，但完全随机设计则不可能达到这样的要求。例如，有4个样品需要评价，其可能的样品排列方式有 4! =4×3×2×1=24 种，其平衡区组设计安排见表4-1。

表4-1 4个样品平衡区组设计试验样品呈送安排

评价员	样品呈送次序			
	第一	第二	第三	第四
1	4	3	1	2
2	2	1	3	4
3	1	2	4	3
4	3	4	2	1
5	3	4	1	2
6	3	2	1	4
7	4	2	3	1

（续）

评价员	样品呈送次序			
	第一	第二	第三	第四
8	1	3	2	4
9	2	3	4	1
10	1	4	3	2
11	2	4	1	3
12	3	1	4	2
13	3	2	4	1
14	1	4	2	3
15	2	3	1	4
16	4	1	3	2
17	1	3	4	2
18	2	4	3	1
19	2	1	4	3
20	3	4	1	2
21	3	1	2	4
22	4	2	1	3
23	1	2	3	4
24	4	3	2	1

　　如果所评价的样品多，由于感官适应等的影响，所有样品不宜在一个评价单元中完成，此时可以采用平衡不完全区组设计，每个评价员仅评价其中的一部分样品。但 Stone 和 Sidel（2004）指出，如果样品比较多，采用平衡不完全区组设计使整个试验需要的评价员多，花费的时间也很长。他们的建议是仍然采用完全区组设计。此时，每个评价员在一个评价单元中评定一部分样品，进行多个评价单元完成整个试验任务。例如，有 12 个样品需要测定，每个评价单元评定 4 个样品，3 个评价单元完成 12 个样品的评价，其平衡完全区组设计的样品安排可以按照表 4-2 的方式。

表 4-2　12 个样品 3 个评价单元的平衡区组设计

评价员	第一个评价单元				第二个评价单元				第三个评价单元			
1	7	8	9	10	11	12	1	2	3	4	5	6
2	8	10	12	2	4	6	7	9	11	1	3	5
3	9	12	3	6	8	11	2	5	7	10	1	4
4	10	2	6	9	1	5	8	12	4	7	11	3

（续）

评价员	第一个评价单元				第二个评价单元				第三个评价单元			
5	11	4	8	1	6	10	3	7	12	5	9	2
6	12	6	11	5	10	4	9	3	8	2	7	1
7	1	7	2	8	3	9	4	10	5	11	6	12
8	2	9	5	12	7	3	10	6	1	8	4	11
9	3	11	7	4	12	8	5	1	9	6	2	10
10	4	1	10	7	5	2	11	8	6	3	12	9
11	5	3	1	11	9	7	6	4	2	12	10	8
12	6	5	4	3	2	1	12	11	10	9	8	7

随机区组试验设计可应用于多个样品的排序检验和评分检验。对于排序检验结果的分析采用 Friedman 秩和检验，而对于评分检验结果采用方差分析法。分析时将区组也看作一个因素，连同试验因素一起按两因素试验资料方差分析法进行。

4.2.3 平衡不完全区组设计

如果要同时评定多个样品的感官性质差异，容易产生感官适应，影响评价结果，此时应考虑采用平衡不完全区组设计(balanced incomplete block design，BIBD)。在该设计中，评价员被看作区组，每个评价员不是评定所有的样品，仅评定其中的一部分样品，这样可以有效地降低感官适应等对结果的影响。

平衡不完全区组设计的特点：一是每个区组含有相等的处理数；二是每个处理在不同区组中出现的次数相等(重复数)；三是每对处理在同一区组内相遇的次数相等。平衡不完全区组设计有特定的设计表，基本参数如下：

t——处理数，在感官评价试验中通常是指样品总数；

k——表示区组大小或区组容量，即每个区组所包含的处理数，在感官评价试验中是指每个评价员在一次评价中所评定的样品数($k<t$)；

r——表示单次重复 BIBD 试验中，每个处理(样品)在整个试验中出现的重复次数，即每个样品被重复评价的次数；

b——表示单次重复 BIBD 试验中的区组数，即评价员人数；

λ——表示单次重复 BIBD 试验中，任意两个处理(样品)配成对在同一区组中出现的次数，即任意两个配成对的样品被同一评价员评定的次数，$\lambda = r(k-1)/(t-1)$。

在进行 BIBD 时，应根据试验需要评价的样品数量 t 和每个评价员评价的样品数量 k，选择恰当的平衡不完全区组设计表完成试验设计，然后根据设计表来安排试验。

例如，某研究有 4 个样品需要评价，但其风味浓郁，易造成感官适应，因此安排每个评价员仅品评 2 个样品，可以采用表 4-3 进行设计。

表 4-3 4 个样品的平衡不完全区组设计

处理数 $t=4$，区组容量 $k=2$，重复数 $r=3$，区组数 $b=6$，$\lambda=1$

区组(评价员)	处理(样品)			
	A	B	C	D
1	√	√		
2	√		√	
3	√			√
4		√	√	
5		√		√
6			√	√

由表 4-3 可以看出，每个评价员评价 4 个样品($t=4$)中的 2 个($k=2$)，至少需要 6 个评价员($b=6$)，每个样品被评价的次数仅 3 次($r=3$)。如果为了使每个样品有足够大的评价次数，BIBD 的基础设计表(b 个区组)可以重复多次。若 p 表示基础设计表的重复次数，那么区组总数(总评价员数)则为 pb，每个样品被评价的总次数为 pr，样品对被评价的总次数为 p 。根据这个可计算出至少需要多少评价员。对类别标度、线性标度等的测定，一般每个样品被评价的总次数(pr)至少达到 15~20，才能保证对样品平均数的估计有足够的精确度。如上述研究希望每个样品的总评价次数为 12 次，则可以将基础表重复 4 次，如表 4-4 设计表，共需要 24 位评价员。

表 4-4 4 个样品重复 4 次的平衡不完全区组设计

评价员	样品				评价员	样品			
	A	B	C	D		A	B	C	D
1	√	√			13	√	√		
2	√		√		14	√		√	
3	√			√	15	√			√
4		√	√		16		√	√	
5		√		√	17		√		√
6			√	√	18			√	√
7	√	√			19	√	√		
8	√		√		20	√		√	
9	√			√	21	√			√
10		√	√		22		√	√	
11		√		√	23		√		√
12			√	√	24			√	√

在 BIBD 试验时，评价员评定哪个区组以及每个评价员的样品呈送次序都是随机的。平衡不完全区组设计的处理数、区组大小、区组数、重复数不是任意的，详见《感官分析方法学　平衡不完全区组设计》(GB/T 39992—2021)或有关书籍。

平衡不完全区组设计也可应用于多个样品的排序检验和评分检验。对于排序检验结果的分析也采用 Friedman 秩和检验，对于评分检验结果的分析则采用方差分析法。

4.2.4 裂区设计

裂区设计是先将每一区组按第一因素设置各个处理(主处理)，称为主区，在主区内随机安排主处理；然后在主区内引进第二因素的各个处理(副处理)，也就是在主处理小区内分设与副处理数目相等的更小区，这样的小区称为副区(或裂区)。

在前边的随机区组和平衡不完全区组设计中，评价员是作为区组来考虑的，即在进行试验之前我们已知评价员是一个变异来源，在进行方差分析时假定评价员与样品间没有交互效应存在，也即是说评价员在进行评价时，虽然每个评价员使用尺度的方式可能不同，但各评价员在对样品差异方向及差异程度的评价应该是一致的。这一假定对于那些经过很好培训、经验丰富的评价员来说是可以的，但是对于那些在培训过程中的评价员，这样的假定可能是不能满足的，此时可以采用裂区设计(split plot design)。此时将评价员作为除样品以外的第二个试验因素，以考查评价员–样品间的相互作用。裂区设计的方差分析，将总变异分解为主区因素间、主区误差、裂区因素间、主区因素与裂区因素的交互作用以及误差等部分。

在感官评价中，如果有两个试验因素，并且希望考虑评价员的变异，则可以采用裂区设计，如在不同地点的不同评价员对同一组样品进行评价，了解样品间是否有差异，也希望了解不同的评价小组的表现是否一致，此时可采用裂区设计。例如，有两个不同的评价组和 4 个待评样品，第一个评价组有 5 个评价员，第二个评价组有 5 个评价员，采用裂区设计时将评价组作为区组，将样品作为主处理(A_1、A_2、A_3、A_4)，评价员作为副处理($B_1 \sim B_5$、$B_6 \sim B_{10}$)进行设计。每个评价员评价所有的 4 个样品，样品呈送次序随机，试验设计与评价结果(x_{ijk})见表 4-5 所列，其中 i 代表评价组(区组)，j 代表评价员，k 代表样品。

表 4-5　裂区设计

评价组	评价员(B)	样品			
		A_1	A_2	A_3	A_4
第一个评价组	1(B_1)	x_{111}	x_{112}	x_{113}	x_{114}
	2(B_2)	x_{121}	x_{122}	x_{123}	x_{124}
	3(B_3)	x_{131}	x_{132}	x_{133}	x_{134}
	4(B_4)	x_{141}	x_{142}	x_{143}	x_{144}
	5(B_5)	x_{151}	x_{152}	x_{153}	x_{154}
第二个评价组	1(B_6)	x_{211}	x_{212}	x_{213}	x_{214}
	2(B_7)	x_{221}	x_{222}	x_{223}	x_{224}
	3(B_8)	x_{231}	x_{232}	x_{233}	x_{234}
	4(B_9)	x_{241}	x_{242}	x_{243}	x_{244}
	5(B_{10})	x_{251}	x_{252}	x_{253}	x_{254}

4.3* 　参数检验

4.4* 　非参数检验

思考题

1. 感官评价试验设计时应注意哪几方面?
2. 什么是完全随机设计、随机区组设计、平衡不完全区组设计?
3. 两样本非配对资料、配对资料的 t 检验有什么不同?
4. 简述方差分析的基本思想、过程。
5. 简述常用的多重比较方法。
6. 简述 χ^2 检验及其应用。
7. 如何进行 Friedman 秩和检验?

第 5 章

食品感官差别检验

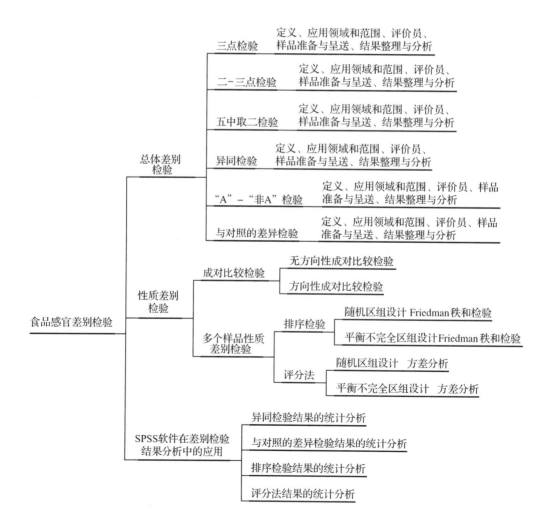

差别检验是评价和分析产品总体感官或特定感官性质之间是否存在显著差异，特别适用于容易混淆的产品或者感官性质。差别检验也可以用于检验产品之间是否相似。差别检验方法广泛应用于食品配方设计、产品优化、成本降低、质量控制、包装研究、货架寿命、原料选择等方面的感官评价。

差别检验可以分为总体差别检验和性质差别检验两大类。

总体差别检验是在检验时不限制感官性质，检验产品间的总体感官性质是否有可以感知的差异，没有方向性。这种方法主要有三点检验、二–三点检验、五中取二检验、异同检验、"A"–"非 A"检验、与对照的差异检验等。

性质差别检验是在检验时限定于某个感官性质，检验产品间的这个感官性质是否有可以感知的差异，其方法主要包括成对比较检验、逐步排序检验、Scheffe 成对比较检验、排序检验及评分法等。但应该注意的是，如果两个样品所评定的感官性质不存在显著差异，并不表示两个样品没有差异，也可能其他感官性质有差异。

5.1 总体差别检验

5.1.1 三点检验

三点检验(triangle test)是将 3 个样品同时呈送给评价员，其中 2 个样品相同，另外 1 个样品不同，要求评价员按照呈送的样品次序依次进行评价，从中选出不同的那一个样品。三点检验是一种必选检验方法，即使仅凭猜测也必须作出选择。三点检验的评价单如表 5-1 的形式。

表 5-1　三点检验评价单

三点检验
姓名：＿＿＿＿＿＿＿　　　　日期：＿＿＿＿＿＿＿
试验说明：
在你面前有 3 个带有编号的样品，其中有 2 个是一样的，而另 1 个和其他 2 个不同。请从左向右依次品尝 3 个样品，然后在与其他两个样品不同的那个样品的编号上划圈。你可以多次品尝，但不能没有答案。谢谢！ 　　　　　　　　　　293　　　　　594　　　　　862

三点检验用于确定两个样品间是否有可感知的差异或相似性。这种差异可能涉及一个或多个感官性质的差异，但三点检验不能表明有差异的产品在哪些感官性质上有差异，也不能评价差异的程度。

（1）应用领域和范围

对原料、加工工艺、包装或贮藏条件发生变化，确定产品感官特征是否发生变化时，三点检验是一个有效的方法。这些试验可能发生在产品开发、工艺开发、产品匹配、质量控制等过程中。三点检验也可以用于筛选和培训评价员。

对于刺激性强的产品，由于可能产生适应或滞留效应，则应限制三点检验的使用。

（2）评价员

一般来说，选用大量评价员能够提高检出产品之间微小差别的可能性。但实际上，评价员的数量通常取决于试验周期、评价员的人数、产品数量等实际条件。检验差别时，需要的评价员数通常在24~30人，如果产品之间的差别非常大，12名评价员就足够了；检验不显著差别（即相似性）时，要达到相同敏感性需要2倍评价员，即大约60人。所有评价员应熟悉三点检验的技术方法，具备同等的评价能力与水平。尽量避免同一评价员进行重复评价；但如果需要重复评价以获得足够的评价总数，应尽量使每位评价员重复评价的次数相同。例如，如果只有10位评价员，需要获得30次评价总数，则应让每位评价员评价3组样品。

（3）样品准备与呈送

样品必须能够代表产品，采用相同的方法进行样品的准备。采用3个数字的随机数字进行样品的编码。

三点检验中，对于比较的两个样品A和B，每组的3个样品有6种可能的排列次序：

AAB　ABA　BAA　BBA　BAB　ABB

在进行评价时，要使得每个样品在每个位置上安排的次数相同，所以总的样品组数和评价员数量应该是6的倍数。如果样品组数量或评价员数量不能实现6的倍数，也至少应该做到2个"A"1个"B"的样品组和2个"B"1个"A"的样品组的数量一致。每个评价员得到哪组样品要随机安排。将样品编码后，按照评价员的数量，将每个评价员与样品组先随机安排做成工作表（表5-2）。按照工作表将样品呈送给相对应的评价员，要求评价员按照给出的样品次序依次进行评价。三点检验评价单见表5-1。

（4）结果整理与分析

收回评价单，将各评价员正确选择的人数（x）统计出来，然后进行分析，比较判断两个产品间是否有显著差异或者两个样品是否相似。

①确定两个样品是否存在差别　利用三点检验确定两个样品是否存在差别，通常的依据是在一定 α 风险水平下（也称为第Ⅰ类错误，即当感官差别不存在时推断感官差别存在的概率），正确选择的人数是否达到显著性所需的最少正确答案数（临界值）。对于三点检验，Roessler（1978）已将三点检验显著性检验临界值做成表，可以根据试验的结果直接查表（附表8）进行推断得到结论。在附表8中，根据试验确定的显著性水平 α（一般为0.05或0.01），评定组评价员的数量 n 可以查到相应的临界值 $x_{\alpha(n)}$，如果试验得到的正确选择的人数 $x \geqslant x_{\alpha(n)}$，表明比较的两个样品间有显著差异；如果 $x < x_{\alpha(n)}$，则表明比较的两个样品间没有显著差异。

【例5-1】一个公司开发一种甜点时有两种增稠剂可供使用，其中增稠剂Ⅱ价格比Ⅰ更低，公司希望知道这两种增稠剂加工的产品A和B间是否有差异。

试验目的是检验两种产品之间的差异，显著性水平 α 值设为0.05(5%)，18个评价员参加检验；因为每个评价员所需的样品是3个，所以一共准备54份样品，产品A和产品B各27份，按表5-2安排试验。采用3个数字的随机数字进行样品编码，参见附表1，也可以通过计算机获得。

表 5-2　甜点三点差别检验样品准备表

日期：_____　　编号：_____　　评价员号：_____

样品类型：甜点

检验类型：三点检验

产品	含有 2 个 A 的号码使用情况		含有 2 个 B 的号码使用情况	
A：增稠剂 I 加工的产品	293	594	331	
B：增稠剂 II 加工的产品	862		726	622

评价员号	样品编码及顺序			实际样品安排
1	293	594	862	AAB
2	331	726	622	ABB
3	726	622	331	BBA
4	862	594	293	BAA
5	293	862	594	ABA
6	726	331	622	BAB
7	293	594	862	AAB
8	331	726	622	ABB
9	726	622	331	BBA
10	862	594	293	BAA
11	293	862	594	ABA
12	726	331	622	BAB
13	293	594	862	AAB
14	331	726	622	ABB
15	726	622	331	BBA
16	862	594	293	BAA
17	293	862	594	ABA
18	726	331	622	BAB

样品准备程序：

- 两种产品各准备 27 份，分两组(A 和 B)放置，不要混淆。

- 按照表 5-2 的编号，每个号码各准备 9 个。两种产品分别编号，即产品 A 中标有 293、594、862 号码的样品个数分别为 9 份，产品 B 中标有 331、726、622 的样品个数也分别为 9 份。

- 将编码的样品按照表 5-2 每组 3 个样品进行组合，每组一份评价单。

- 将评价员编号，然后随机给各评价员评定的样品组合，将相应的评价员号码和样品号码写在评价单上，呈送给评价员进行评定。

试验结果及统计分析：评价员评定完成后，收回 18 份评价单，将评定结果与样品准备工作表核对，统计正确选择的人数。在本试验中，共有 $x=16$ 人正确选择。根据附表 8，在 $\alpha=0.05$，$n=18$ 时，对应的临界值 $x_{\alpha(n)}$ 为 10，$x>x_{\alpha(n)}$，所以这两种产品之间是存在差异的。

结论：这两种不同增稠剂的产品间存在显著差异。

②确定两个样品是否相似　如果样品间无显著差异，并不能做出样品间是相似的结论。相似性检验(similarity test)在食品感官分析领域中也有广泛的应用，其检验目的在于确定比较的两个产品间是否相似。例如，某生产商可能用一种新的组分代替原产品中的某成分，同时希望组分改变后的产品保留原有的感官特性。利用相似性检验确定两个样品是否相似，应降低 β 风险水平(也称为第Ⅱ类错误，即当感官差别存在时推断感官差别不存在的概率)，增加统计效能，所以需要增加评价员的数量。在三点检验中回答"正确"的数量包括一部分可以真正辨别差异的人和一些可以猜出正确答案的人。在检验相似性时，真正能够区分两个样品的评价员的比例 P_d 直接影响在特定 β 水平所需感官评价员的数量 n。

三点检验进行相似性检验所需的评价员数量 n 应由 α、β、P_d 值确定(参见 GB/T 12311—2012)，一般 n 不宜小于 30。当确定了 P_d、β、n，如果试验结果正确响应数 c 小于或等于附表 9 中的确定两个样品相似所需最大正确答案数，则接受在 $100(1-\beta)\%$ 置信水平上两个样品"无差别"的假设，表明两个样品相似。这里的"相似"不是指"相同"，确切地说，"相似"是指两个样品十分相似且可以互换。当正确回答人数小于 $n/3$ 时，不应给出结论。

相似性检验的步骤：第一，确定检验风险水平 β，一般取 0.05 或 0.1；第二，设定容许的或可以识别两个样品存在差异的评价员的最大允许比例(P_d)，实际中通常 P_d 值取 0.1、0.2 或 0.3 等；第三，采用成对比较检验、二-三点检验、三点检验等用于相似性检验进行感官评价，其评价方法与相应差别检验相同；第四，统计正确选择的人数 c；第五，进行统计推断，得出结论。根据评价员数量 n、显著水平 β 和 P_d 值，直接查表得到相应相似性检验临界值 c_0。如果正确响应的评价员数量 $c \leqslant c_0$，则表明样品间不存在明显的差别，两个样品相似。

【例 5-2】一个糖果生产商想确定用新包装材料包装贮藏 3 个月的糖果产品是否与用原包装材料包装贮藏的产品是相似的。

本研究设定能够区分产品的评价员的最大允许比例为 $P_d=20\%$，风险水平 $\beta=0.10$，显著性水平 $\alpha=0.10$，查表得评价员人数 n 不少于 89 人。

现选择 100 名评价员采用三点检验法进行感官评价试验，评价单见表 5-1。收集结果统计，100 名评价员中有 35 人正确辨认出检验的不同样品。根据 $n=100$，$\beta=0.10$、$P_d=20\%$ 查附表 9 得临界值为 39，正确响应的评价员数量(35)小于临界值(39)，因此在 90% 的置信水平上，不多于 20% 的评价员能检出样品间的差别，表明两个样品相似，即新包装材料可以代替原来的材料。

5.1.2　二-三点检验

二-三点检验(duo-trial test)是将 3 个样品呈送给评价员，其中 1 个标明是"对照样"，另 2 个是编码的待测样品。评价员先评定"对照样"，然后评价两个编码样品，并从中选出与对照样相同的那一个样品。二-三点检验评价单的一般形式见表 5-3。

表 5-3　二-三点检验评价单

二-三点检验

姓名：_____　　　日期：_____

评价说明：

　在你面前有 3 个样品，其中 1 个标明"对照"，另外 2 个标有编号。

　从左向右依次品尝样品，先是对照样，然后是两个编号的样品。

　品尝之后，请在与对照相同的那个样品的编号上划圈。你可以多次品尝，但必须要选择一个。

　谢谢！

　　　　　　　　　对照　　　　　321　　　　　　689

二-三点检验是由 Peryam 和 Swartz 于 1950 年建立，用于确定两个样品间是否有可觉察的差异，这种差异可能涉及一个或多个感官性质，但二-三点检验同样不能表明产品间在哪些感官性质上有差异，也不能评价差异的程度。

（1）应用领域和范围

当试验目的是确定两种样品之间是否存在感官上的不同时，常常应用二-三点检验。特别是比较的两个样品中有一个是标准样品或参照样品时，本方法更适合。此方法也可用于确定两个样品是否相似的检验。

二-三点检验从统计学上来讲其检验效率不如三点检验，因为它是从两个样品中选出一个，猜中的概率更大。但这种方法比较简单，容易理解。

二-三点检验可以应用于由于原料、加工工艺、包装或贮藏条件发生变化时确定产品感官特征是否发生变化，或者在无法确定某些具体性质的差异时，确定两种产品之间是否存在总体差异。这些情形可能发生在产品开发、工艺开发、产品匹配、质量控制等过程中。二-三点检验也可以用于对评价员的选择。

（2）评价员

一般来说，检验差别时，需要的评价员数通常要 32~36 名。检验不显著差别（即相似性）时，大约需要 72 名。所有评价员应熟悉二-三点检验的技术方法，具备同等的评价能力与水平。尽量避免同一评价员的重复测试。

（3）样品准备与呈送

二-三点检验的对照样有两种给出方式：固定对照模型和平衡对照模型。

①固定对照模型　如果评价员对待评样品其中之一熟悉，或者有确定的标准样，此时可以使用固定对照模型。在固定对照模型中，整个试验中都是以评价员熟悉的正常生产的产品或标准样作为对照样。所以，样品可能的排列方式为：

$$R_A\quad A\quad B$$
$$R_A\quad B\quad A$$

采用 3 个数字的随机数字进行样品编码。上述两种样品排列方式在试验中应该次数相等，总的评定次数应该是 2 的倍数。各评价员得到的样品次序应该随机，评定时从左到右按照呈送的顺序评价样品。

②平衡对照模型　当评价员对两个样品都不熟悉时，使用平衡对照模型。在平衡对照模型试验中，待评的两个样品（A 和 B）都可以作为对照样。样品可能的排列方式为：

$$R_A \quad A \quad B \qquad R_B \quad B \quad A$$

$$R_A \quad B \quad A \qquad R_B \quad A \quad B$$

A 和 B 作为对照样的次数应该相等,总的评定次数应该是 4 的倍数。各评价员得到的样品次序应该随机,评定时从左到右按照呈送的顺序评价样品。

(4)结果整理与分析

将各评价员正确选择的人数(x)统计出来,然后进行统计分析,比较两个产品间是否有显著性的差异或不存在有意义的感官差别(即相似)。

①确定两个样品是否存在差别　根据试验的结果直接查附表 10 进行推断得到结论。在附表 10 中,根据试验确定的显著性水平 α(一般为 0.05 或 0.01),评价员的数量 n,可以查到相应的临界值 $x_{\alpha(n)}$,如果试验得到的正确选择的人数 $x \geqslant x_{\alpha(n)}$,表明比较的两个样品间有显著差异;如果 $x < x_{\alpha(n)}$,表明比较的两个样品间没有显著差异。

【例 5-3】研究人员希望在切达奶酪中添加蛋硫醛以改善风味,现有样品中添加 0.25mg/kg 的蛋硫醛,希望知道添加后的产品是否与没有添加的产品间有差异。选择 36 名评价员,采用固定对照样品的二-三点检验。评价结果是有 26 名评价员的选择正确。试分析两种样品间是否有感官差异?显著性水平为 0.05。

本例中,评价员数量 $n = 36$,正确选择人数为 $x = 26$,查附表 10,相应的临界值为 $x_{0.05(36)} = 24$,而试验中有 26 个评价员的选择正确,所以两种产品间有显著差异。

②确定两个样品是否相似　与三点检验相同,二-三点检验进行相似性检验所需的评价员数 n 也由 α、β、P_d 值确定(参见 GB/T 17321—2012),一般评价员人数 n 不宜小于 36。如果在选定的 P_d、β、n 水平上,正确响应的评价员数量 c 小于或等于附表 11 中的确定两个样品相似所需最大正确答案数,则接受在 $100(1-\beta)\%$ 置信水平上"无差别"的假设,即在 $100(1-\beta)\%$ 置信水平上,不超过 P_d 的评价员才能检出差别,表明两个样品是相似的。

【例 5-4】一个软饮料公司希望证实申请的新包装不改变饮料的风味,贮存在新包装内的产品与贮存在传统包装内的产品是否非常相似。厂家设定显著性水平 $\alpha = 0.10$,能辨别出差别的人员最大允许比例为 $P_d = 30\%$,检验风险水平 $\beta = 0.05$。试验选择 100 名评价员,采用原产品作为固定对照样品的二-三点检验。评价结果有 53 名评价员的选择正确。试分析两种样品间是否相似。

本例中,评价员数量 $n = 100$,正确选择人数为 $x = 53$,根据 $n = 100$、$\beta = 0.05$、$P_d = 30\%$ 查附表 11 得临界值为 56。由于正确响应的评价员数量(53)小于临界值(56),因此在 95% 的置信水平上,不多于 30% 的评价员能检出样品间的差别,即贮存在新包装内的产品与贮存在传统包装内的产品相似。

5.1.3　五中取二检验

五中取二检验(two out of five test)是将 5 个样品同时呈送给评价员,其中 2 个是相同的一种产品,另外 3 个是相同的另一种产品。要求评价员在品尝之后,将 2 个相同的产品选出来。采用的评定单可以是表 5-4 的形式。

表 5-4　五中取二检验评价单

五中取二检验

姓名：_____　　　　日期：_____

样品类型：_____

评价说明：

　1. 按给出的样品顺序评定样品。其中有 2 个样品是同一类型的，另外 3 个样品是另一种类型。

　2. 评定后，请在你认为相同的两种样品的编号后面划"√"。

编号	评语
862 ———	———————————
245 ———	———————————
398 ———	———————————
665 ———	———————————
537 ———	———————————

从统计学上来讲，本检验中纯粹猜中的概率是 1/10，比三点检验的和二-三点检验猜中的概率低很多，所以五中取二检验的效率更高。

（1）应用领域和范围

五中取二检验是检验两种产品间总体感官差异的一种方法，当可用的评价员人数比较少时，可以应用该方法。

由于要同时评定 5 个样品，检验中受感官疲劳和记忆效应的影响比较大，一般只用于视觉、听觉、触觉方面的试验，而不用来进行气味、滋味的检验。

（2）评价员

评价员必须经过培训，一般需要的人数是 10~20 人；当样品之间的差异较大、容易辨别时，5 人也可以。

（3）样品准备与呈送

同时呈送 5 个样品，其平衡的排列方式有如下 20 种。

AAABB	ABABA	BBBAA	BABAB
AABAB	BAABA	BBABA	ABBAB
ABAAB	ABBAA	BABBA	BAABB
BAAAB	BABAA	ABBBA	ABABB
AABBA	BBAAA	BBAAB	AABBB

如果要使得每个样品在每个位置被评定的次数相等，则参加试验的评价员数量应是 20 的倍数。如果评价员人数低于 20 人，样品呈送的次序可以从 20 种排列中随机选取，但应含有 3 个"A"和含有 3 个"B"的排列数要相同。

（4）结果整理与分析

评定完成后，统计选择正确的人数，查附表 12 得出结论。

【例 5-5】某黑巧克力制造商希望采用新的加工技术节省成本，但新工艺可能会影响该品牌巧克力的口感。所以，公司采用五中取二检验法评定新工艺与旧工艺的产品间是否有显著差异。选择 12 名评价员,随机取两种黑巧克力组成 12 个组合,其中 6 个组合中有 3 个 "A",6 个组合中有 3 个 "B"。评价结果有 9 名评价员选择正确。试分析两种产品间是否有感官差异。

本例中,评价员数量 $n=12$,显著性水平 $\alpha=0.05$,正确选择人数 $x=9$,查附表 12 相应的临界值为 $x_{0.05(12)}=4$,所以两种产品间有显著差异。

5.1.4 异同检验

异同检验(same-difference test)是将两个(一对)样品同时呈送给评价员,要求评价员评定后回答这两个样品是 "相同" 还是 "不同"。在呈送给评价员的样品中,相同和不同的样品的对数是一样的。通过比较观察的频率和期望(假设)的频率,根据 χ^2 分布检验分析结果。

(1)应用领域和范围

当试验的目的是要确定产品之间是否存在感官上的差异,而又不能同时呈送两个或更多样品的时候应用该方法,即三点检验和二–三点检验都不宜应用,如在比较一些味道很浓或持续时间较长的样品时,通常使用本检验方法。

(2)评价员

一般要求 20~50 名评价员进行试验,最多可以用 200 人,或者 100 人每人品尝 2 次。评价员要么都接受过培训,要么都没接受过培训,但在同一个试验中,评价员不能既有受过培训的也有没受过培训的。

(3)样品准备与呈送

采用 3 个数字的随机数字进行样品编码。根据评价员数量,等量准备 4 种可能的样品组合(AA,BB,AB,BA),随机呈送给评价员评定。

(4)结果整理与分析

收集评价员评定结果,将各评价员评定结果按照表 5-5 进行统计形成 2×2 列联表(四格表)。表中 n_{ij} 表示实际相同的成对样品和不同的成对样品被判断为 "相同" 或 "不同" 的评价员数量,R_i、C_j 分别为各行和各列的和,采用 χ^2 检验进行统计分析。

表 5-5 异同检验结果统计表

评定结果	评价员评定的样品		总和
	相同成对样品 (AA,BB)	不同成对样品 (AB,BA)	
相同	n_{11}	n_{12}	$R_1=n_{11}+n_{12}$
不同	n_{21}	n_{22}	$R_2=n_{21}+n_{22}$
总和	$C_1=n_{11}+n_{21}$	$C_2=n_{12}+n_{22}$	$n=R_1+R_2$

对于表 5-5,行和列都只有两种分类,所以其自由度 $df=(2-1)(2-1)=1$,在进行 χ^2 检验时应该进行连续性校正。其 χ^2 统计量为:

$$\chi_c^2 = \frac{(\,|n_{11}n_{22}-n_{12}n_{21}\,|-n/2\,)^2 n}{C_1 C_2 R_1 R_2}$$

当样品总数 n 大于 40 且各单元格期望值 $E_{ij} \geqslant 5$ 时，χ^2 统计量也可以不进行连续性校正，此时可以按照下式计算 χ^2 统计量：

$$\chi^2 = \frac{(n_{11}n_{22}-n_{12}n_{21})^2 n}{C_1 C_2 R_1 R_2}$$

查自由度为 1 时的 χ^2 临界值（附表6），当 $\alpha = 0.05$ 时，$\chi_{0.05(1)}^2 = 3.84$；当 $\alpha = 0.01$ 时，$\chi_{0.01(1)}^2 = 6.63$。将计算得到的 χ_c^2（或 χ^2）与临界值比较，如果 χ_c^2 或 χ^2 大于等于临界值，则表明在相应的显著性水平上，两个样品间有显著差异，相反则没有显著差异。

【例 5-6】某调料厂希望进行设备更新，但不知道新设备生产的调味酱是否与原生产线的产品有差异。为了确定新设备是否可以替代原设备进行产品生产，进行原产品与新设备加工的产品间的差别检验。由于该调味酱辛辣，味道会有滞留效应，所以异同检验是比较适合的方法。

用白面包作载体，一共准备 60 对样品，30 对完全相同（AA、BB），另外 30 对不同（AB、BA）。30 名评价员，在一个评定单元中，每人评定一组相同产品配对（AA 或 BB），在另一个评定单元中，再评一组不同产品配对（AB 或 BA），共收集 60 个响应结果。样品用 3 个数字的随机数字编码，在评价小间中、红光下评定。评定前，将事先配制好的调味酱涂布在预先做好的面包片上（均放在密闭的容器中），按设计的次序将样品放在相应的样品盘中呈送给每个评价员评定。评定结果汇总见表5-6。

表 5-6　异同检验评价结果

评定结果	评价员评定的样品		总和
	相同成对样品 （AA，BB）	不同成对样品 （AB，BA）	
相同	17	9	26（R_1）
不同	13	21	34（R_2）
总和	30（C_1）	30（C_2）	60（n）

本例 $n = 60$，可以不进行连续性校正，所以

$$\chi^2 = \frac{(n_{11}n_{22}-n_{12}n_{21})^2 n}{C_1 C_2 R_1 R_2} = \frac{(17 \times 21 - 9 \times 13)^2 \times 60}{30 \times 30 \times 26 \times 34} = 4.34$$

由于 $\chi^2 = 4.34 > \chi_{0.05(1)}^2 = 3.84$，因此比较的 A、B 两个样品间有显著差异，表明由两种设备生产出来的调味酱是不同的，如果真的想替换原有设备，可以将两种产品进行消费者试验，以确定消费者是否愿意接受新设备生产出来的产品。

5.1.5　"A"–"非 A"检验

"A"–"非 A"检验（A-not-A test）是先将产品 A 作为参照样呈送给评价员进行评定并熟悉其感官性质，然后以随机的方式给评价员呈送一系列 3 位数字编码的样品，其中有的

是产品"A"，有的是另外一个产品"非 A"。要求评价员评定后确定每一个样品是产品"A"还是产品"非 A"。在评价过程中可以将产品"A"再次作为参照样呈送给评价员评定，以提醒评价员。评价单可以是表 5-7 的形式。

表 5-7　"A"–"非 A"检验评价单

"A"–"非 A"检验

样品：_____　日期：_____　评价员：_____　评价员号：_____

评定说明：

1. 请先熟悉样品"A"和样品"非 A"，然后将其还给管理人员。
2. 取出编码的样品。这些样品中包括"A"和"非 A"，其顺序是随机的。
3. 按顺序品尝样品，并在□中用"√"标识你的评定结果。

样品编码	样品为：	
	A	非 A
_____	□	□
_____	□	□
_____	□	□
_____	□	□
_____	□	□
_____	□	□

评论：_____

该方法最早是由 Pfaffmann 等于 1954 年建立的，适用于判别两类样品之间是否存在可觉察的感官差异，适用于单一或多个感官属性的差异判别，不适用于判别两类样品是否相似的检验，这是因为"A"–"非 A"检验的实质为评价员对同一产品的重复评价，违背了相似检验在统计学上具有有效性的基本假设。

（1）应用领域和范围

"A"–"非 A"检验本质上是一种顺序成对差别检验或简单差别检验。当试验者不能使两种类型产品有严格相同的颜色、形状或大小，但样品的颜色、形状或大小与研究目的不相关时，经常采用"A"–"非 A"检验。但是，在颜色、形状或大小上的差别必须非常的微小，而且只有当样品同时呈现时差别才比较明显。如果差别不是很微小，评价员很可能将其记住，并根据这些外观差异作出他们的判断。

（2）评价员

评价员没有机会同时评价样品，他们必须根据记忆比较这两个样品，并判断它们是相似还是不同。因此，评价员必须经过训练，以理解评价单所要求的任务，但不需要接受特定感官性质的评价训练。评价员在检验开始之前要对明确标示为"A"和"非 A"的样品进行训练。

根据测试目的和设定的显著性水平，来确定所需要的评价员人数，一般为 10～50 名熟悉"A"产品的评价员。根据产品引起评价员疲劳的程度确定每个评价员的重复评价次数。

（3）样品准备与呈送

样品以 3 位随机数字进行编码，一个评价员得到的相同样品应该用不同的随机数字编码。样品一个一个地以随机的方式或平衡的方式顺序呈送，且每位评价员的呈送样品顺序不能完全相同。提供给每位评价员的"A"样品个数应相同，"非 A"样品个数也应相同（"A"样品个数和"非 A"样品个数不需要相同）；类似地，如果对多种"非 A"样品进行评价，则每种"非 A"样品的个数不需要相同。评价员不知道"A"和"非 A"样品各自个数。

（4）结果整理与分析

将各评价员评定结果统计到表 5-8。表中 n_{ij} 表示样品为"A"或"非 A"而被评价员判断为"A"或"非 A"的评价员数量，R_i、C_j 分别为各行和各列的和，用 χ^2 检验进行结果的统计分析，统计分析方法和过程见"5.1.4 异同检验"。

表 5-8　"A"–"非 A"检验结果统计表

评定结果	评价员评定的样品		总和
	"A"	"非 A"	
"A"	n_{11}	n_{12}	R_1
"非 A"	n_{21}	n_{22}	R_2
总和	C_1	C_2	n

【例 5-7】某公司想使用新的复合甜味剂替代原饮料中的蔗糖，采用等强匹配得到了与原饮料中蔗糖浓度等甜度的复合甜味剂配方。但复合甜味剂的风味与等甜度的蔗糖溶液有差异，研究人员希望知道采用复合甜味剂的产品是否与原产品有差异。筛选 40 位评价员、采用"A"–"非 A"检验对原产品（"A"）和复合甜味剂生产的产品（"非 A"）进行检验，每个评价员评定 6 个样品（3 个"A"和 3 个"非 A"），评定结果见表 5-9。

表 5-9　不同甜味剂饮料的"A"–"非 A"检验结果

评定结果	评价员评定的样品		总和
	"A"	"非 A"	
"A"	72	55	127
"非 A"	48	65	113
总和	120	120	240

本例 $n=240$，可以不进行连续性校正，所以

$$\chi^2 = \frac{(n_{11}n_{22}-n_{12}n_{21})^2 n}{C_1 C_2 R_1 R_2} = \frac{(72 \times 65 - 55 \times 48)^2 \times 240}{120 \times 120 \times 127 \times 113} = 4.83$$

查自由度 $df=1$ 时的 χ^2 临界值（附表 6），当 $\alpha=0.05$ 时，$\chi^2_{0.05(1)}=3.84$，由于计算的 $\chi^2=4.83 > \chi^2_{0.05(1)}=3.84$，因此比较的两个样品有显著差异，表明由复合甜味剂生产的饮料的风味与原来产品间有显著差异。

5.1.6 与对照的差异检验

与对照的差异检验(difference from control),也叫差异程度检验(degree of difference test,DOD)由 Aust 等于 1985 年建立。本方法将一个对照样、一个或几个待测样(其中包括对照样,作为盲样)呈给评价员,要求评价员通过一个差异程度标度评出各样品与对照间的差异大小。评价过程中,让评价员知道这些样品中有些与对照样是相同的,评定结果通过各样品与对照间差异的结果来进行统计分析,比较产品与对照间的差异显著性。

(1)应用领域和范围

用这一检验可以测定的目标有两个:①可以测定一个及多个待测样品与对照样品之间的差异是否存在;②估计待测样品与对照样品之间差异程度的大小。

与对照的差异检验用于样品间存在可以检测到的差异,但测定目标主要是通过样品间差异的大小来做决策的情形,如在进行质量保证、质量控制、货架寿命试验等研究时,不仅要确定产品间是否有差异,还希望知道差异的程度。对于那些由于产品本身的不均一性而使得三点检验、二-三点检验不适合使用时,如肉制品、焙烤制品等,采用本方法更适合。

(2)评价员

一般需要 20~50 名评价员。评价员可以是经过训练的,也可以是未经训练的,但评定分组不能是两类评价员的结合。所有评价员均应该熟悉测定形式、标度的意义、评定的编码、样品中有作为盲样的对照样。

(3)样品准备与呈送

如果可能,评价时将样品同时呈给评价员,包括标识出来的对照样、其他待评的编码样品和编码的盲样(对照样)。将一个对照样标识出来,每个评价员给一个,其他样品则以编码形式给出。而对于比较复杂的样品或容易产生适应的样品,则每次评定中对任何评价员都只能给一对样品。

使用的标度可以是类别标度、数字标度或线性标度,类别标度可以是如下形式:

词语类别标度	数字类别标度
无差异	0=无差异
极小的差异	1
较小程度差异	2
中等程度差异	3
较大的差异	4
差异大	5
极大的差异	6
	7
	8
	9=极大的差异

如果使用了词语类别标度,在进行结果分析时要将其转换成相应的数值。

(4)结果整理与分析

计算各个样品与空白对照样差异的平均值，然后用方差分析(如果仅有一个样品时则可用成对 t 检验)进行统计分析以比较各样品间的差异显著性。

【例5-8】比较不同产品与对照间的总体差异。现有两种在质地上比对照黏稠的蜂蜜样品(F、N)。产品研发人员想通过试验判断这两种样品与对照样品 C 的差别，最终目的是判断哪个样品更接近现有产品。采用 DOD 评价。

选择 42 名评价员进行蜂蜜黏稠度的感官评价，一次评定两个样品，评价 3 次，每组样品中对照样标识出来，待评样品用 3 个数字的随机数字编码，评定时先拿到标准对照样，再拿到待评样品。评价单见表 5-10，样品对的组合如下：

对照与产品 F(C–F)

对照与产品 N(C–N)

对照与对照(C–C)

表 5-10　与对照的差异评价单

姓名：_____　日期：_____　评价员号：_____
样品类型：_____
评定说明：
1. 你将评定 2 个样品，1 个是对照(C)，1 个待测样品(3 个数字编码样)，记录编码的样品号。
2. 评定这 2 个样品，并用如下尺度表示待测样与对照间的差异程度，在你认为最能表达与对照样间的差异程度的标度值处打"√"。
样品编号：_____
<div align="right">_____　0=没有差异 _____　1 _____　2 _____　3 _____　4 _____　5 _____　6 _____　7 _____　8 _____　9 _____　10=极大的差异</div>
提示：成对的样品中，有两对是相同的样品。
评价：

42 名评价员的评定结果见表 5-11。采用两向分组(样品、评价员)无重复资料的方差分析方法。总平方和与总自由度的分解时，先计算各样品及评价员的评定值和(T_A，T_B)、总和(T)，各变异来源的平方和及自由度计算如下面各公式，方差分析结果见表 5-12。

表 5-11 样品 F、N 与对照的差异检验评价结果

评价员	对照	产品 F	产品 N	和(T_B)	评价员	对照	产品 F	产品 N	和(T_B)
1	1	4	5	10	23	3	5	6	14
2	4	6	6	16	24	4	6	6	16
3	1	4	6	11	25	0	3	3	6
4	4	8	7	19	26	2	5	1	8
5	2	4	3	9	27	2	5	5	12
6	1	4	5	10	28	2	6	4	12
7	3	3	6	12	29	3	5	6	14
8	0	2	4	6	30	1	4	7	12
9	6	8	9	23	31	4	6	7	17
10	7	7	9	23	32	1	4	5	10
11	0	1	2	3	33	3	5	5	13
12	1	5	6	12	34	1	4	4	9
13	4	5	7	16	35	4	6	5	15
14	1	6	5	12	36	2	3	6	11
15	4	7	6	17	37	3	4	6	13
16	2	2	5	9	38	0	4	4	8
17	2	6	7	15	39	4	8	7	19
18	4	5	7	16	40	0	5	6	11
19	0	3	4	7	41	1	5	5	11
20	5	4	5	14	42	3	4	4	11
21	2	3	3	8	和(T_A)	100	200	226	526
22	3	6	7	16	平均值	2.4	4.8	5.4	

如果以 a、b 分别表示样品和评价员数量，x_{ij} 表示各评价值，那么

矫正数：$CT = T^2/ab = 526^2/(3 \times 42) = 2\ 195.841$

总平方和：$SS_T = \sum_{i=1}^{a} \sum_{j=1}^{b} x_{ij}^2 - CT = (1^2 + 4^2 + 5^2 + \cdots + 4^2) - CT = 548.159$

总自由度：$df_T = ab - 1 = 3 \times 42 - 1 = 125$

样品平方和：$SS_A = \dfrac{1}{b} \sum_{i=1}^{a} T_A^2 - CT = \dfrac{1}{42}(100^2 + 200^2 + 226^2) - CT = 210.730$

样品自由度：$df_A = a - 1 = 3 - 1 = 2$

评价员平方和：$SS_B = \dfrac{1}{a} \sum_{j=1}^{b} T_B^2 - CT = \dfrac{1}{3}(10^2 + 16^2 + \cdots + 11^2) - CT = 253.492$

评价员自由度：$df_B = b - 1 = 42 - 1 = 41$

误差平方和：$SS_e = SS_T - SS_A - SS_B = 548.159 - 210.730 - 253.492 = 83.937$

误差自由度：$df_e = (a-1)(b-1) = (3-1)(42-1) = 82$

表 5-12　表 5-11 结果方差分析

变异来源	平方和	自由度	均方	F 值	F 临界值	显著性
样品间(A)	210.730	2	105.365	102.93	$F_{0.01(2,82)} = 4.87$	＊＊
评价员间(B)	253.492	41	6.183	6.04	$F_{0.01(41,82)} = 1.84$	＊＊
误差(e)	83.937	82	1.024			
总和	548.159	125				

由样品自由度 df_A、评价员自由度 df_B、误差自由度 df_e 查附表 3 得到相应自由度下的 F 临界值(表 5-12)。由表 5-12 可以看出，样品间计算出的 F 值(102.93)$> F_{0.01(2,82)} =$ 4.87，表明 3 个样品间的黏度有极显著差异；此外，评价员的 F 值(6.04)$> F_{0.01(41,82)} =$ 1.84，表明评价员间使用标度的能力存在差异，但由于方差分析时将评价员间的变异分离出来，所以不会影响样品间的比较。

由于 3 个样品间的黏度有极显著差异，那么哪个样品和哪个样品差异显著，哪个样品和哪个样品差异不显著，需进一步做多重比较。本例采用最小显著差数法(LSD 法)进行样品间平均数的比较：

$$LSD_\alpha = t_{\alpha(df_e)}\sqrt{\frac{2MS_e}{b}} = 1.99 \times \sqrt{\frac{2 \times 1.024}{42}} = 0.44$$

式中：$t_{\alpha(df_e)}$——误差自由度、显著性水平为 α 时的 t 临界值；

　　　MS_e——误差均方；

　　　b——各样品重复评价的次数，本例中即为评价员数。

本例 $\alpha = 0.05$，误差自由度为 $df_e = 82$，查附表 2 得 $t_{0.05(82)} = 1.99$，计算得 $LSD_{0.05}$ 值为 0.44。将待评的两个样品分别与对照比较，如果二者平均数差值的绝对值大于或等于 $LSD_{0.05}$，表明比较的样品间有显著差异。在本例中，分别计算样品 F 和样品 N 的平均值与对照样平均值的差值，与 LSD_α 比较：

　　　样品 F 与对照比较：$| 4.8-2.4 | = 2.4 > LSD_{0.05} = 0.44$

　　　样品 N 与对照比较：$| 5.4-2.4 | = 3.0 > LSD_{0.05} = 0.44$

　　　表明样品 F、样品 N 与对照间均有显著差异。

感官评价结果表明，两个产品总体上与对照样有显著差异。因此，值得做进一步的性质差异测定(如 Scheffé 比较法，测定黏度)或进行描述分析等做进一步的分析。

5.2　性质差别检验

感官性质差别检验(attribute difference test)是测定 2 个或多个样品之间在某一特定感官性质的差别，如甜度、苦味强度、酸度、偏爱性等，在进行评价时要确定评定的感官性质。但应该注意的是，如果 2 个样品所评定的感官性质不存在显著差异，并不表示 2 个没有总体差异，也可能其他感官性质有差异。

5.2.1　成对比较检验

成对比较检验(paired comparison test)是将 2 个样品同时呈送给评价员，要求评价员从左向右评定样品规定的感官性质，然后作出选择。一般情况下要求评价员一定要作出选择，如果感觉不到差异可以猜测，不允许作出"没有差别"的判断，因为这样会给结果的统计分析带来困难，因此这种方法也被称为2项必选检验，即2-AFC(2-alternative forced choice)检验，评价单见表5-13。

表5-13　成对比较检验评价单

性质差别检验
姓名：_____　　日期：_____　　评价员号：_____
样品类型：__橙汁__
评定的感官性质：__苦味__
评价说明：
1. 从左向右品尝样品，然后作出判断。
2. 请在你认为苦味更强的样品号画圈。如果没有明显的差异，可以猜一个答案，但必须要选择一个。
<center>样品</center><center>793　　　　734</center>
其他评价：

(1)应用领域和范围

成对比较检验是最简便也是应用最广泛的差别检验方法，可以应用于产品研发、工艺优化、质量控制等多方面，也常用于更复杂评定之前。

(2)评价员

因为该检验很容易操作，因此没有受过培训的人也可以参加试验，但是他们必须熟悉要评价的感官性质。如果要评价的是某项特殊性质，则要使用受过培训的评价员。差别检验时，需要的评价员数通常在24~30名；相似性检验时，大约需要60人，但同一位评价员不应做重复评价。所有评价员应熟悉检验过程，具备同等的评价能力与水平。

(3)样品准备与呈送

同时呈送两个样品，样品可能的排列顺序有AB、BA，2种排列顺序的数量相同，各评价员得到哪组样品应该随机。

(4)结果整理与分析

成对比较检验的统计分析采用二项分布进行检验，统计正确回答的人数(x)，在规定的显著性水平α下查到临界值$x_{\alpha(n)}$，将正确选择的人数与临界值比较，如果$x \geqslant x_{\alpha(n)}$，表明比较的两个产品在$\alpha$水平上该感官性质有差异，如果$x < x_{\alpha(n)}$，表明比较的两个产品的感官性质没有差异。

在成对比较检验中有单尾检验和双尾检验区分。如果在试验之前对两个产品所评定的感官性质差异的方向没有预期，即试验之前在理论上不可能预期哪个样品的感官性质更强，采用双尾检验，此时称为无方向性成对比较检验；相反，如果试验之前对两个产品所评定的感官性质差异的方向有预期，即试验之前在理论上可预期哪个样品的感官性质更强，在进行统计假设时，一般无效假设为两个样品的强度无差异，而备择假设为其中一个比另一个强，采用单尾检验，这种方法也称为方向性成对比较检验。所以，一般双尾检验用于判定(decide)哪个样品更苦、更好，而单尾检验用于确认(confirm)哪个样品更苦、更好。采用双尾检验和单尾检验时的统计假设不同，因此比较的临界值也不相同，附表 10 和附表 13 给出了成对比较检验的单尾、双尾检验临界值，根据假设查单尾或双尾临界值，作出推论。

【例 5-9】无方向性成对比较检验。某饮品公司产品开发人员得知，有消费者抱怨产品的甜味太强，所以他们希望知道与竞争产品间是否有差异。本公司产品编码为 663，竞争产品为 384；32 名评价员各评定一组样品，结果有 20 名评价员选择 663 的甜味更强，12 名评价员选择 384 更强。显著性水平 α 为 0.05，试分析两种产品甜味是否有差异。

因为试验前并不知道两种产品间甜味强度的关系，所以采用双尾检验。

查附表 13，当 $\alpha = 0.05$，$n = 32$ 时，临界值为 $x_{0.05(32)} = 23$，本例中有 20 人选择 663，低于临界值，表明比较的两个样品的甜味没有显著差异。

【例 5-10】方向性成对比较检验。某啤酒酿造商得到的市场调查报告显示他们所生产的啤酒 A 的苦味强度不够。为了增强苦味，在加工中使用了更多的酒花酿制了新啤酒 B，希望评价啤酒 B 的苦味是否比 A 强。采用成对比较检验，30 名评价员进行两个样品间苦味评价，试验显著性水平 α 为 0.01。

将啤酒 A、B 编号为 452 和 603，呈送给 30 名评价员。记录表提出问题是"哪个样品更苦?"，不能问"样品 603 是否比 452 苦?"。试验结果为 30 名评价员中有 22 人选择 603（即啤酒 B）的苦味更强，试判定 A 和 B 间苦味是否有差异。

因为评价前可以预期产品 B 的苦味可能比 A 强，所以在进行统计假设时备择假设为 B 的苦味更强，统计检验为单尾检验。

查附表 10，当 $\alpha = 0.01$，$n = 30$ 时，临界值为 22，本例中有 22 人选择 B，等于临界值，表明 A、B 样品差异极显著。

采用成对比较检验进行产品相似性检验也有单边检验和双边检验，当正确回答人数小于或等于对应临界值时，表明两个样品之间在特定性质上相似，不存在有意义的感官差别，详细分析参考 GB/T 12310—2012。

5.2.2 多个样品性质差别检验

前面所述的成对比较检验、三点检验、五中取二检验、异同检验、"A"–"非 A"检验等为传统的差别检验方法，这些方法主要是比较两个产品间的总体感官差异或某个特定感官性质的差异，所比较样品间的感官性质差异细微。本节将介绍多个样品感官性质差别检验的方法，包括双样品比较和多样品比较差别检验两类。

在双样品比较检验中，将所有可能的样品间两两成对比较，每次仅呈送两个样品进行评定。主要有逐步排序检验法、Scheffe 成对比较检验法，这些方法通常可以比较的样品在 3~6 个，每次试验仅评定两个样品，要求评价员将每个样品均与其他各样品进行相互比较，这种逐步比较可以对每个样品性质的强度进行很好的评定。这种评定的缺点是随着样品数目的增加，需要评定的样品对呈指数增加，整个试验变得很大。

如果产品间感官差异较大、样品较多，也可以采用排序检验和评分法，这些方法可以对产品感官性质强度进行排序或进行定量评价，采用 Friedman 秩和检验或方差分析以比较多个产品间感官性质的差异。

在多个样品同时进行评价时，即一个评价单元评定多个样品，对于刺激较弱或不易产生感官适应的性质进行评定是可行的，但当刺激较强而容易产生适应时，多个样品同时评定会对试验结果产生影响，此时可以通过恰当的试验设计来安排每个评价员评定一定数量样品来实现。

本节重点介绍多样品比较的排序检验和评分法的典型试验设计方案及相应的统计分析技术，有关双样品比较的逐步排序检验法、Scheffé 成对比较检验法参见有关书籍。

5.2.2.1 排序检验

排序检验(ranking test)是将3个及以上样品用3个随机数字编码，以平衡或随机的顺序同时呈送给评价员，要求评价员按照规定的感官性质强弱将样品进行排序(排秩)，计算秩次和，最后采用 Friedman 秩和检验对数据进行统计分析。

排序检验可以同时比较多个样品间某一特定感官性质(如甜度、风味强度等)的差异，是进行多个样品性质比较的最简单的方法，但得到的数据是一种性质强弱的顺序(秩次)，不能提供任何有关差异程度的信息，两个位置相邻的样品无论差别非常大还是仅有细微差别，都是以一个秩次单位相隔。排序检验比其他方法更节省时间，尤其当样品需要为下一步的试验预筛选或预分类时，这种方法显得非常有用。

(1)随机区组设计

①应用领域和范围　当要比较多个样品特定感官性质差异时，样品数量较少，如3~8个，且刺激不是太强、不容易发生感官适应时，可以采用随机区组设计方案。此时，将评价员看成是区组，每个评价员评定所有样品，各评价员得到的样品以随机或平衡的次序呈送，即是随机完全区组设计或随机区组设计。

②评价员　对评价员进行筛选、培训，评价员应该熟悉所评性质、操作程序，具有区别性质细微差别的能力。参加评定的评价员人数不得少于8人，如果在16以上，效果会得到明显提高。

③样品准备与呈送　以平衡或随机的顺序将样品同时呈送给品评价员，评价员根据要评定的感官性质的强弱将样品进行排序。如果有 n 个样品，用1，2，…，n 的数字表示样品的排列顺序，即秩次。一般情况下，1表示最弱，n 表示最强。如果对相邻两个样品的次序无法确定时，鼓励评价员猜测；如果实在猜不出，可以给出"相同"的选择。一次评价只能评定一个感官性质。评价单见表5-14。

④结果整理与分析　计算各样品的秩次和，如果评价员的排序结果有相同评秩时，则取平均秩。采用 Friedman 秩和检验分析评价的几个样品感官性质是否有显著性差异。Friedman F 统计量：

$$F = \frac{12}{bt(t+1)} \sum_{i=1}^{t} R_i^2 - 3b(t+1)$$

式中：b——评价员数量；

t——样品数量；

R_i——样品 i 的秩次和。

当评价员区分不出某些样品性质之间的差别时，也可以允许将这些样品排定同一秩次，这时在计算统计量 F 时要进行校正，用 F' 代替 F，即

$$F' = \frac{F}{1 - \{E / [bt(t^2-1)]\}}$$

式中 E 值计算如下：

令 n_1，n_2，…，n_b 为各评价员出现相同评秩的样品数，则 $E = \sum\limits_{j}^{b} (n_j^3 - n_j)$

查附表 7，将 F 或 F' 值与表中相应临界值比较。若 F 值大于或等于对应于 b、t、α 的临界值，表明样品之间有显著性差别；若小于相应临界值，则表明样品之间没有显著性差异。当评价员数 b 较大或当样品数 t 大于 5 时，F 近似服从自由度为 $t-1$ 的 χ^2 分布，此时可直接查 χ^2 分布表。

通过 Friedman 秩和检验，如果没有显著性差异，即可直接得出样品间没有显著性差异的推论；如果有显著性差异，再采用最小显著差数法（LSD 法）进行多重比较，以判断哪些样品间有显著差异，哪些样品间没有显著差异。

样品间秩次和比较的临界值 LSD_α 计算如下：

$$LSD_\alpha = t_{\alpha(\infty)} \sqrt{\frac{bt(t+1)}{6}}$$

式中：α——显著性水平，当 $\alpha = 0.05$ 和 0.01 时，$t_{\alpha(\infty)}$ 分别为 1.96 和 2.58。

多重比较时，将各样品的秩次和之差与 LSD_α 进行比较，如果比较的两个样品秩次和之差（$R_i - R_j$）大于或等于相应的 LSD_α 值，则表明在 α 水平上这两个样品有显著差异；如果比较的两个样品秩次和之差小于相应的 LSD_α 值，则表明在 α 水平上这两个样品没有显著差异。

各样品间差异显著的表示：现在一般采用标记字母法表示样品间差异显著结果。此法是先将各样品秩次和由大到小排列；然后在最大秩次和后标记字母 a，并将该秩次和与以下各秩次和依次相比，凡差异不显著者标记同一字母 a，直到某一个与其差异显著的秩次和标记字母 b；再以标有字母 b 的秩次和为标准，与前面比它大的各个秩次和比较，凡差异不显著者一律再加标 b，直至显著为止；再以标记有字母 b 的最大秩次和为标准，与下面各未标记字母的秩次和相比，凡差异不显著，继续标记字母 b，直至某一个与其差异显著的平均数标记 c；……如此重复下去，直至最小一个秩次和被标记比较完毕为止。这样，各秩次和间凡有一个相同字母的即为差异不显著，凡无相同字母的即为差异显著。

【例 5-11】研究人员希望比较 6 个配方发酵饮料（A，B，…，F）的香气强度，15 个评价员采用排序检验进行评定，其评价单见表 5-14，评价结果见表 5-15。

表 5-14　发酵饮料香气强度排序检验评价单

排序检验
姓名：_____　　　　日期：_____　　　　评价员号：_____
样品类型：发酵饮料
评价说明：
1. 请检查你得到样品编号和评价单上的编号是否一致。
2. 从左向右品尝样品。
3. 按照香气的强弱将样品排序，在你认为香气最弱的样品编号下方写"1"，第二强的上方写"2"，依此类推，在香气最强的样品编号下方写"6"。
4. 如果你认为两个样品非常接近，就猜测它们的可能顺序。
样品编号：_____　_____　_____　_____　_____　_____
样品排序：_____　_____　_____　_____　_____　_____
建议或评语：

表 5-15　6 个发酵饮料香气强度排序评价结果

评价员	A	B	C	D	E	F
1	6	1	4	2	5	3
2	5	2	4	1	6	3
3	5	1	4	2	6	3
4	4	3	2	1	6	5
5	6	1	3	2	5	4
6	6	1	4	2	5	3
7	6	2	4	3	5	1
8	6	3	2	1	4	5
9	5	4	3	2	1	6
10	6	1	4	2	3	5
11	6	2	3	1	5	4
12	5	1	4	2	6	3
13	6	1	4	2	5	3
14	5	1	4	2	6	3
15	6	1	4	2	5	3
秩次和(R_i)	83[a]	25[c]	53[b]	27[c]	73[ab]	54[b]

将各评价员对 6 个样品的排序转换成秩(1 = 香气最弱，6 = 香气最强)，结果见表 5-15。

计算各样品的秩次和 R_i。

计算 Friedman F 统计量：

$$F = \frac{12}{bt(t+1)} \sum_{i=1}^{t} R_i^2 - 3b(t+1)$$

$$= \frac{12}{15 \times 6 \times (6+1)} \times (83^2 + 25^2 + 53^2 + 27^2 + 73^2 + 54^2) - 3 \times 15 \times (6+1)$$

$$= 52.56$$

本例中不同样品间未出现相同秩次，所以计算 F 值不需要校正。

推断结论：本例样品数 t 较多($t=6>5$)，查 χ^2 分布表(附表 6)，$df = t-1 = 5$、$\alpha = 0.05$ 时，χ^2 临界值为 11.07。由于计算的 F 值大于 χ^2 临界值，表明 6 个发酵饮料的香气强度存在显著差异。

多重比较：为进一步判断哪些样品间差异显著，采用最小显著差数法进行多重比较。样品间秩次和比较的临界值 LSD：

$$LSD_{0.05} = t_{\alpha(\infty)} \sqrt{bt(t+1)/6} = 1.96 \sqrt{15 \times 6 \times (6+1)/6} = 20.1$$

将各样品秩次和从大到小排列，在最大的秩次和 83(样品 A)后标注 a，将其与次大的秩次和比较，$R_A - R_E = 10$，小于 LSD 值(20.1)，二者差异不显著，在样品 E 的秩次和后标注相同的字母 a，再与第三大的秩次和比较，$R_A - R_F = 29$，大于 LSD 值，二者有显著差异，在样品 F 的秩次和后标注不同的字母 b；此时，出现不同的字母，就以样品 F 的秩次和 54

为标准进行回比，$R_E - R_F = 19$，小于 LSD 值，二者没有显著差异，在样品 E 的秩次和后再标注相同字母 b；随后，以 73（样品 E）为标准与未标注字母的最大秩次和比较，$R_E - R_C = 20$，小于 LSD 值，二者差异不显著，标注相同的字母 b，再与 D 比较，$R_E - R_D = 46$，大于 LSD 值，二者差异显著，标注不同的字母 c；再以 27（样品 D）为标准回比，$R_C - R_D = 26$，大于 LSD 值，二者差异显著，已经是不同的字母，所以标注字母不变；最后以 27（样品 D）为标准与样品 B 比较，差值为 2，小于 LSD 值，二者差异不显著，标注相同字母 c。多重比较字母标注结果见表 5-15。

从表 5-15 结果可以看出，6 个发酵饮料香气强度有显著差异，其中样品 A 的香气强度最大，与 E 差异不显著，样品 B 和 D 的香气强度最弱，无显著差异，但均显著低于其他样品，样品 C 的香气强度与 E、F 没有显著差异。

（2）平衡不完全区组设计

①应用领域和范围 如果要同时比较 6~16 个样品感官性质差异，容易产生感官适应，同时评价所有的样品会影响结果，此时可采用平衡不完全区组设计（balanced incomplete block design，BIBD）。在该设计中，评价员同样被看作成区组，但每个评价员不评定所有的样品，仅评定其中的部分样品，这样可以有效地降低感官适应等对结果的影响。

②方法 平衡不完全区组设计有特定的设计表，详见《感官分析 方法学 平衡不完全区组设计》（GB/T 39992—2021）。设计表中的基本参数含义见第 4 章 4.2.3。

表 5-16 是样品数 $t = 6$、区组容量 $k = 3$、重复数 $r = 5$、区组数 $b = 10$、$\lambda = 2$ 的平衡不完全区组设计表，这是一个基础表，该表可以安排 6 个样品，需要 10 个评价员，每个评价员评定的样品数量 $k = 3$，每个样品被重复评价次数 $r = 5$。

从表 5-16 可以看出，评价员 1 仅评价样品 1、2 和 5，评价员 2 仅评价样品 1、2 和 6，依此类推。在试验时，评价员评定哪个区组以及每个评价员的样品呈送次序都是随机的。

表 5-16 平衡不完全区组设计表

处理数 $t = 6$，区组容量 $k = 3$，重复数 $r = 5$，区组数 $b = 10$，$\lambda = 2$

区组（评价员）	处理（样品）					
	1	2	3	4	5	6
1	√	√			√	
2	√	√				√
3	√		√	√		
4	√		√			√
5	√			√	√	
6		√	√	√		
7		√	√		√	
8		√		√		√
9			√		√	√
10				√	√	√

③样品准备与呈送　BIBD 的排序检验，其样品准备与呈送同排序检验，样品以随机的方式呈送给每个评价员。

④结果整理与分析　使用 Friedman 秩次和检验，统计量为：

$$F = \frac{12}{\lambda pt(k+1)} \sum_{i=1}^{t} R_i^2 - \frac{3(k+1)pr^2}{\lambda}$$

式中：t、k、r、λ——平衡不完全区组设计参数；

　　　　p——基础设计表的重复次数，如果基础设计表没有重复，即 $p=1$；

　　　　R_i——第 i 个样品的秩次和。

将计算得到的 F 值与自由度为 $(t-1)$ 的 χ^2 临界值比较，如果 F 值大于或等于临界值，表明样品间有显著差异，则需要进一步做各样品秩次和间的多重比较，LSD_α 计算如下：

$$LSD_\alpha = t_{\alpha(\infty)} \sqrt{p(k+1)(rk-r+\lambda)/6}$$

【例 5-12】有 6 个冰激凌样品需要评价其香草风味强度，如果每个评价员同时品尝 6 个冰激凌则容易造成感官疲劳，因此决定每个评价员仅评定其中的 3 个样品。可以选择表 5-16 的平衡不完全区组设计表。但在表 5-16 中，每个样品仅被 5 个评价员评定，重复次数是不够的，因此将表 5-16 重复 4 次（$p=4$），即总的评价员数为 $pb=40$ 人，将 40 位评价员随机分到 40 个区组中，每个评价员的评价样品的次序随机。采用排序检验，每个评价员将评价的 3 个样品按照香草风味强弱排序，香草风味最强评为 1，最弱评为 3。40 位评价员的排序评价结果转换成秩次，计算得到各样品的秩次和，见表 5-17。

表 5-17　6 个冰激凌排序评价结果及显著性检验表

样品	1	2	3	4	5	6
秩次和（R_i）	40[bc]	50[ab]	35[cd]	26[d]	28[d]	61[a]

根据 BIBD 表，$t=6$，$k=3$，$r=5$，$\lambda=2$，$p=4$，那么

$$
\begin{aligned}
F &= \frac{12}{\lambda pt(k+1)} \sum_{i=1}^{t} R_i^2 - \frac{3(k+1)pr^2}{\lambda} \\
&= \frac{12}{2\times4\times6\times(3+1)} \times (40^2+50^2+35^2+26^2+28^2+61^2) - \frac{3\times(3+1)\times4\times5^2}{2} \\
&= 56.625
\end{aligned}
$$

查 χ^2 分布表（附表 6），在显著性水平为 0.05、自由度为 $t-1=6-1=5$ 时，$\chi^2=11.07$，本例计算的 F 值大于临界值，表明 6 个冰激凌样品的香草风味有显著差异。

计算多重比较时的 $LSD_{0.05}$：

$$
\begin{aligned}
LSD_{0.05} &= t_{0.05(\infty)} \sqrt{p(k+1)(rk-r+\lambda)/6} \\
&= 1.96 \times \sqrt{4\times(3+1)(5\times3-5+2)/6} = 11.1
\end{aligned}
$$

按照排序检验的秩次和比较字母标注法标注各样品间的差异显著性，结果见表 5-17。样品 4 的秩次和最小，香草风味最强，但与样品 5、3 之间没有显著差异，与样品 1、2 和 6 之间差异显著；样品 6 的香草风味最弱，与样品 2 没有显著差异。

5.2.2.2　评分法

评分法是以平衡或随机的顺序将样品呈送给评价员，要求评价员采用等距标度或比例

标度对产品感官性质强度进行定量评定的一种方法。这类评价方法可以对多个样品的特定感官性质强度进行定量评定，得到的结果满足参数统计的要求，可以通过参数假设检验、方差分析等统计方法对样品的感官性质差异进行比较。

与排序检验一样，多个样品进行比较时可以采用随机区组设计和平衡不完全区组设计方案来实现。

（1）随机区组设计

①应用领域和范围 当要比较多个样品特定感官性质的差异时，样品较少，如 3～8 个，且刺激不是太强，可以采用随机区组设计方案。

②评价员 此法要求对评价员进行筛选、培训，评价员应该熟悉所评性质、操作程序，具有区别性质细微差别的能力。参加评定的评价员人数应在 8 人以上。

③样品准备与呈送 采用 3 位随机数字对样品进行编号，按照平衡或随机顺序呈送样品。

④结果整理与分析 评价结果采用方差分析法进行统计分析。如果每个评价员对每个样品仅评定一次，其数据模式见表 5-18，此时将样品作为一个因素（A），评价员看作区组作为另一个因素（B），采用单因素区组资料的方差分析，或双因素无重复观察值资料的方差分析。

【例 5-13】试验希望比较 5 个酒样的香气总强度，筛选 10 名评价员采用 0～15 点的类别标度进行评价，每个评价员评定所有的样品，采用随机的次序呈送样品。评价结果见表5-18。试分析各样品间香气总强度是否有显著差异。

表 5-18 5 个酒样香气总强度的评价结果

评价员	样　品					和（T_B）
	A	B	C	D	E	
1	9	9	12	9	6	45
2	9	10	11	7	7	44
3	9	9	12	9	8	47
4	10	10	12	8	8	48
5	11	8	12	8	6	45
6	9	9	11	7	8	44
7	8	10	12	10	7	47
8	9	11	11	8	6	45
9	7	10	11	6	6	40
10	8	9	11	7	6	41
和（T_A）	89	95	115	79	68	$T=446$

以 a、b 分别表示样品和评价员数量，x_{ij} 表示各评价值，计算各样品的评定值和（T_A）、各评价员评定值和（T_B）、总和（T），则各变异来源的平方和与自由度的分解如下：

矫正数：$CT = T^2/ab = 446^2/5 \times 10 = 3\ 978.32$

总平方和：$SS_T = \sum\limits_{i=1}^{a} \sum\limits_{j=1}^{b} x_{ij}^2 - CT = (9^2+9^2+12^2+\cdots+7^2+6^2) - CT = 165.68$

总自由度：$df_T = ab-1 = 5 \times 10 - 1 = 49$

样品平方和：$SS_A = \dfrac{1}{b} \sum\limits_{i=1}^{a} T_A^2 - CT = \dfrac{1}{10} \times (89^2+95^2+115^2+79^2+68^2) - CT = 125.28$

样品自由度：$df_A = a-1 = 5-1 = 4$

评价员平方和：$SS_B = \dfrac{1}{a} \sum\limits_{j=1}^{b} T_B^2 - CT = \dfrac{1}{5} \times (45^2+44^2+\cdots+40^2+41^2) - CT = 11.68$

评价员自由度：$df_B = b-1 = 10-1 = 9$

误差平方和：$SS_e = SS_T - SS_A - SS_B = 165.68 - 125.28 - 11.68 = 28.72$

误差自由度：$df_e = (a-1)(b-1) = (5-1) \times (10-1) = 36$

列方差分析表，见表 5-19 所列。

表 5-19   方差分析结果

变异来源	平方和	自由度	均方	F 值	F 临界值	显著性
评价员间	11.68	9	1.298	1.627	$F_{0.05(9,36)} = 2.15$	
样品间	125.28	4	31.320	39.259	$F_{0.01(4,36)} = 3.89$	＊＊
误 差(e)	28.72	36	0.798			
总和	165.68	49				

查 F 分布表(附表 3)得到相应自由度下 F 临界值(表 5-19)，可见样品间 F 值(39.259)大于其对应临界值(3.89)，表明 5 个样品的香气强度有极显著差异。需进一步做多重比较以判断哪些样品之间有显著差异，哪些样品之间差异不显著。

本例选用最小显著极差法(least significant ranges，LSR)中的 q 法进行多重比较。多重比较时，将平均数按大小排列，然后根据要比较的平均数个数 k 进行查表，如果是两个相邻的平均数比较，则 $k=2$，如果是两个相隔一个的平均数进行比较，则 $k=3$，依此类推。采用 q 法进行平均数间的多重比较，那么

$$LSR_\alpha = q_{\alpha(k,df_e)} \sqrt{\dfrac{MS_e}{n}}$$

式中：$q_{\alpha(k,df_e)}$——查附表 4 获得；

MS_e——误差均方；

n——样品被评定次数。

本例 $MS_e = 0.798$，$n=10$，要比较的平均数个数为 2~5 个，在显著性水平 $\alpha=0.05$、误差自由度 $df_e = 36$ 时，查 q 值表，计算相应的 $LSR_{0.05}$ 值，结果见表 5-20。

表 5-20   平均数比较的 q 值及 $LSR_{0.05}$ 值

比较的样品个数	2	3	4	5
q 值	2.87	3.46	3.81	4.06
$LSR_{0.05}$	0.811	0.977	1.077	1.148

多重比较的字母标注结果如下：

样品	C	B	A	D	E
平均值	11.5[a]	9.5[b]	8.9[b]	7.9[c]	6.8[d]

可以看出，样品 C 的香气强度最强，显著大于其他样品；B 与 A 间差异不显著，但显著大于 D 和 E，D 和 E 间存在显著差异，样品 E 的香气强度最低。

（2）平衡不完全区组设计

平衡不完全区组设计的应用领域与范围、方法与排序检验的平衡不完全区组设计相似，只是这里采用评分的方法对感官性质强度进行评定。

【例 5-14】某公司产品开发人员试制成 5 个调味品产品原型，希望对其风味进行评定，由于风味强易产生适应，所以采用平衡不完全区组设计，5 个处理，设计表见表 5-21。10 名评价员采用 0~9 点标度对强度进行评价，结果见表 5-21。

表 5-21　5 个样品的平衡不完全区组设计及风味强度评价结果

处理数 $t=5$，区组容量 $k=3$，重复数 $r=6$，区组数 $b=10$，$\lambda=3$

区组（评价员）	处理（样品）					区组和（T_{Bj}）
	1（A）	2（B）	3（C）	4（D）	5（E）	
1	6	3	1			10
2		4	2	1		7
3			2	2	3	7
4	7			1	2	10
5	4	4			2	10
6	7	4		1		12
7		5	3		2	10
8	6		2	1		9
9		3		1	1	5
10	5		1		2	8
处理和（样品和，V_i）	35	23	11	7	12	$T=88$
T_{Bi}	59	54	51	50	50	$\bar{y}=2.93$
Q_i	46	15	−18	−29	−14	$\sum Q_i^2=3\ 702$
U_i	3.07	1.00	−1.20	−1.93	−0.93	
$\bar{y}_i$	6.00	3.93	1.73	1.00	2.00	

①平均数校正 由于平衡不完全区组设计的试验结果是在不同的区组中得到的,在这里即各样品的评定结果是由不同的评价员评定的,各评价员评价方式可能有差异,因此各样品的结果不能直接进行比较,要进行校正。

- 计算各区组(评价员)的评定值和(T_{Bj})、各样品评定值和(V_i)、所有评定值总和(T)、总平均值($\bar{y}$)。计算结果见表5-21。
- 计算各样品所在区组的区组和(T_{Bi}):

$$T_{Bi} = \sum T_{Bj}$$

样品A涉及第1、4、5、6、8、10这些区组,所以T_{B1}为这些评价员(区组)的评分T_{Bj}之和,即$10+10+10+12+9+8=59$;同理可以计算其他样品的T_{Bi}。

- 计算Q_i:

$$Q_i = kV_i - T_{Bi}$$

样品A的$Q_1 = kV_1 - T_{B1} = 3 \times 35 - 59 = 46$;同理计算其他样品的$Q_i$。

- 计算各处理(样品)效应的估计值U_i:

$$U_i = \frac{1}{\lambda t} Q_i$$

样品A的$U_1 = \frac{1}{\lambda t} Q_i = \frac{1}{3 \times 5} \times 46 = 3.07$;同理计算其他样品的$U_i$。

- 计算调整后的各样品平均数$\bar{y}_i$:

$$\bar{y}_i = U_i + \bar{y}$$

样品A的调整平均数为$\bar{y}_1 = U_1 + \bar{y} = 3.07 + 2.93 = 6.00$,同理计算样品B、C、D、E的调整平均数,见表5-21。

②平方和与自由度分解

- 总平方和:$SS_T = \sum_{i}^{v} \sum_{j}^{b} y_{ij}^2 - \frac{T^2}{kb} = (6^2 + 3^2 + 1^2 + \cdots + 5^2 + 1^2 + 2^2) - 88^2 / (3 \times 10)$

$$= 360.000 - 258.133 = 101.867$$

总自由度:$df_T = tpr - 1 = 5 \times 1 \times 6 - 1 = 29$

- 处理(样品)平方和:$SS_t = \frac{1}{\lambda kt} \sum_{i=1}^{t} Q_i^2 = \frac{1}{3 \times 3 \times 5} \times 3702 = 82.267$

处理自由度:$df_t = t - 1 = 5 - 1 = 4$

- 未调整区组间(评价员)平方和:

$$SS_b = \frac{1}{k} \sum_{j=1}^{b} T_{Bj}^2 - \frac{T^2}{kb}$$

$$= \frac{1}{3} (10^2 + 7^2 + 7^2 + \cdots + 8^2) - \frac{88^2}{3 \times 10} = 12.533$$

区组自由度:$df_b = pb - 1 = 1 \times 10 - 1 = 9$

- 误差平方和:$SS_e = SS_T - SS_t - SS_b = 101.867 - 82.267 - 12.533 = 7.067$

误差自由度:$df_e = tpr - t - pb + 1 = 30 - 5 - 10 + 1 = 16$

③列方差分析表,进行显著性检验 方差分析结果见表5-22。

表 5-22　例 5-14 方差分析表

变异来源	平方和	自由度	均方	F 值	F 临界值	显著性
样品间（调整后）	82.267	4	20.567	46.566	$F_{0.05(4,16)} = 3.01$ $F_{0.01(4,16)} = 4.77$	＊＊
评价员间	12.533	9	1.393			
误差（e）	7.067	16	0.442			
总　和	101.867	29				

由表 5-22 可以看出，样品间的 $F = 49.566 > F_{0.01(4,16)} = 4.77$，表明 5 个产品间的风味强度有极显著差异。有必要做多重比较进一步分析。

④多重比较　两两样品间采用 LSD 法进行多重比较，计算 LSD_α 临界值

由于 $LSD_\alpha = t_{\alpha(df_e)}\sqrt{2MS_e/pr}\sqrt{[k(t-1)]/[(k-1)t]}$ 或 $LSD_\alpha = t_{\alpha(df_e)}\sqrt{2kMS_e/\lambda t}$（$p=1$ 时），查误差自由度为 16、$\alpha = 0.05$ 时的 t 值，得 $t_{0.05(16)} = 2.12$，那么

$$LSD_{0.05} = 2.12\sqrt{2\times0.442/6}\sqrt{[3(5-1)]/[(3-1)5]} = 0.89$$

所以，多重比较结果为

样品	A	B	C	D	E
调整的平均数	6.00[a]	3.93[b]	1.73[cd]	1.00[d]	2.00[c]

从比较结果可看出，样品 A 的风味强度最大，显著高于其他样品；样品 D 的风味强度最小，与样品 C 没有显著差异；样品 C、E 间差异不显著，但均显著小于样品 B。

可以看出，对于平衡为完全区组设计的试验结果进行方差分析，手工计算比较麻烦，因此可以借助统计软件中的一般线性模型（GLM）程序来分析。

5.3　SPSS 软件在差别检验结果分析中的应用

5.3.1　异同检验结果的统计分析

异同检验评价结果的汇总数据为四格表结构，即 2×2 列联表，数据服从二项分布，所以采用 χ^2 检验进行统计分析。

【例 5-15】 对【例 5-6】异同检验数据用 SPSS 软件进行列联表 χ^2 检验统计分析。

（1）操作步骤

①打开 SPSS 软件，在数据编辑窗口按格式要求输入表 5-6 的试验结果，如图 5-1 所示；点击"数据→加权个案"，弹出【加权个案】对话框，选中"加权个案"，将左边"统计数"选入右边"频率变量"框中，如图 5-1 所示，点击【确定】按钮即可。

图 5-1 SPSS 数据编辑窗口与【加权个案】对话框

②依次点击"分析→描述统计→交叉表",打开【交叉表】对话框,如图 5-2 所示。将变量"评定样品""评定结果"分别选入"列""行"框中。

图 5-2 【交叉表】对话框

③点击"统计量",弹出的【交叉表:统计量】对话框,选中"卡方",单击【继续】按钮返回【交叉表】主页面。

④点击【确定】输出结果。

(2)结果分析

表 5-23 为 χ^2 检验分析结果,包括 Pearson χ^2 值、自由度、显著性概率、Fisher 法计算的精确概率等。可以看出本例 $\chi^2=4.344$,显著性概率 $P=0.037<0.05$,可以认为两个样品间存在显著性差异,表明由两种设备生产出来的调味酱是不同的。

表 5-23　四格表 χ^2 检验结果

项　目	χ^2 值	自由度	显著性概率	精确概率
Pearson χ^2 检验	4.344[①]	1	0.037	
连续校正[②]	3.326	1	0.068	
似然比检验	4.402	1	0.036	
Fisher 精确检验				0.067

注：①没有单元格的期望计数小于 5，最小的期望计数为 13.00。
　　②仅适用于 2×2 表格(四格表)。

5.3.2　与对照的差异检验结果的统计分析

【例 5-16】以【例 5-8】与对照的差异检验数据为例用 SPSS 软件进行两向试验结果的方差分析。

(1)操作步骤

①打开 SPSS 软件，定义变量，输入数据，如图 5-3 所示。

图 5-3　SPSS 数据编辑窗口

②点击"分析→一般线性模型→单变量"，进入【单变量】对话框，如图 5-4(a)和图 5-4(b)所示。

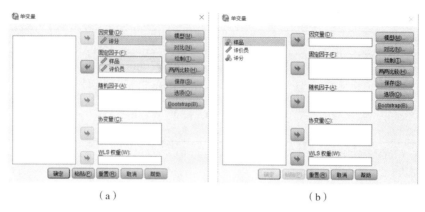

（a） （b）

图 5-4 【单变量】对话框

③点击【单变量】对话框中"模型（M）"，打开【单变量：模型】子对话框，如图 5-5 所示。在此对话框中选择"设定（C）"，中间的选择框选择"主效应"，将左边"样品"和"评价员"选入右侧栏中，然后点击对话框下方【继续】按钮，返回到【单变量】对话框。

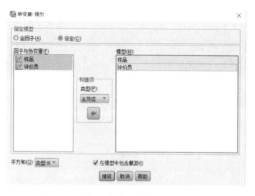

图 5-5 【单变量：模型】对话框

④点击【单变量】对话框中"两两比较（H）"，如图 5-6 所示。将左栏中"样品"选入右栏中，选用"LSD（L）"进行多重比较[也可选 Dunnett（E），仅比较其他样品与对照的差异]，然后点击【继续】返回到【单变量】对话框。

图 5-6 【单变量：观测均值的两两比较】子对话框

⑤点击【确定】，完成设置，输出统计分析结果，整理见表 5-24、表 5-25。

（2）结果分析

由表 5-24 可知，样品的 $P<0.01$，表明 3 个样品的稠度有极显著差异；评价员的 $P<0.01$，表明评价员的评价水平也有极显著差异。采用 Dunnett 法多重比较，结果见表 5-25，可以看出产品 F、产品 N 均与对照之间有极显著差异（$P<0.01$）。

表 5-24　方差分析表

变异来源	平方和	自由度	均方	F 值	显著性概率
样品	210.730	2	105.365	102.934	<0.01
评价员	253.492	41	6.183	6.040	<0.01
误差	83.937	82	1.024		
总和	548.159	125			

表 5-25　Dunnett 法多重比较结果

样品 I	样品 J	均值差值（I-J）	显著性概率
产品 F	对照	2.38	<0.01
产品 N	对照	3.00	<0.01

5.3.3　排序检验结果的统计分析

对于排序检验，各试验组（不同样品）的试验结果仅为排序，数据之间没有实质意义，不服从正态分布，不宜做随机化区组设计的方差分析，采用 Friedman 秩和检验。

【例 5-17】用 SPSS 软件对【例 5-11】排序检验试验资料数据进行 Friedman 秩和检验分析。

（1）操作步骤

①在 SPSS 数据编辑窗口按照要求输入表 5-15 数据，注意评价结果设置为度量数据。选中"分析→非参数检验→相关样本"（也可选择"旧对话框→K 个相关样本"），如图 5-7 所示，弹出【多个相关样本检验】对话框，如图 5-8 所示。

图 5-7　多个相关样本非参数检验 SPSS 数据编辑窗口

②在【多个相关样本检验】对话框中，点击"字段"，将左边需分析的样品"A、B、C、D、E、F"一并选入右边"检验字段"栏中，如图5-8所示，单击【运行】，输出多个相关样本的 Friedman 检验的汇总结果。

③双击检验汇总结果框，可获得 Friedman 秩和检验分析结果；在右边下方"视图"处选择"成对比较"，可获得不同样品之间的多重比较结果。

图5-8　【多个相关样本检验】对话框

(2)结果分析

由表5-26可以看出，Friedman 统计量 $\chi^2 = 52.562$，自由度 $df = 5$，显著性概率 $P < 0.01$，故可以认为6个配方发酵饮料的香气强度有极显著差异；多重比较结果整理后见表5-27所列，可以看出 A 的香气强度最大，与 E、F 差异不显著，与 C、D、B 差异显著；E 与 D、B 差异显著，其余样品间差异不显著。注意这里的 SPSS 软件的多重比较结果与前述结果有所不同，这与分析方法不同有关。

表5-26　多个相关样本非参数检验结果

项目	值
个数	15
χ^2 值	52.562
df	5
渐近显著概率	<0.01

表5-27　q 法多重比较结果

样本1-样本2	平均秩	A	E	F	C	D	B	5%显著水平
A	5.53							a
E	4.87	0.66						ab
F	3.60	1.93	1.27					abc
C	3.53	2.00*	1.34	0.07				bc
D	1.80	3.73*	3.07*	1.80	1.73			c
B	1.67	3.86*	3.20*	1.93	1.86	0.13		c

5.3.4　评分检验结果的统计分析

采用统计软件对于评分检验中的随机区组设计和平衡不完全区组设计试验资料进行方差分析，其操作过程与前边的与对照的差异检验结果的统计分析一致，用统计软件中的一般线性模型 GLM 程序来完成。

【例 5-18】以【例 5-13】随机区组设计评分检验的试验数据资料为例，用 SPSS 软件进行方差分析。

（1）操作步骤

①打开 SPSS 软件，在数据编辑窗口按要求格式输入数据，如图 5-9 所示。

图 5-9　SPSS 数据编辑窗口

②点击"分析→一般线性模型→单变量"，进入【单变量】对话框，如图 5-10（a）所示；将"评分"选入"因变量"框，"样品、评价员"选入"固定因子"框，如图 5-10（b）所示。

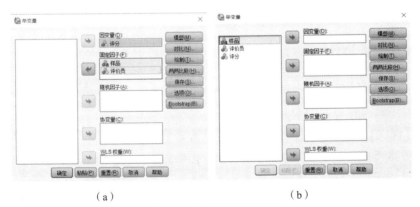

（a）　　　　　　　　　　　　　（b）

图 5-10　【单变量】对话框

③点击【单变量】对话框中"模型（M）"，打开【单变量：模型】子对话框，如图 5-11 所示。在此对话框中选择"设定（C）"，中间的选择框选择"主效应"，将左边"样品"和"评价员"选入右侧栏中，然后点击对话框下方【继续】，返回到【单变量】对话框。

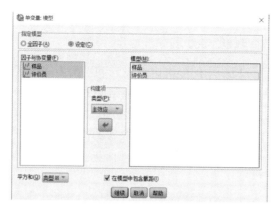

图5-11 【单变量：模型】子对话框

④点击【单变量】对话框中"两两比较(H)"，如图5-12所示。将左栏中"样品"选入右栏中，选中"S-N-K(S)"进行多重比较(教材中一般称为 q 法)，然后点击【继续】返回到【单变量】对话框。

图5-12 【单变量：观测均值的两两比较】子对话框

⑤点击【单变量】对话框中"选项(O)"，如图5-13所示。将左栏中"样品"选入右栏中，勾选中"描述统计"(以便计算出样品平均值)，然后点击【继续】返回到【单变量】对话框。

⑥点击【确定】，完成设置，输出统计分析结果，整理见表5-28、表5-29。

(2)结果分析

由表5-28可知，样品的 $P<0.01$，表明5个酒样的香气强度有极显著差异，需进一步做多重比较以判断哪些样品之间有显著差异；评价员的 $P=0.145>0.05$，表明10个评价员的评价水平没有显著差异，评价水平一致。Student-Newman-Keuls法多重比较结果见表5-29，

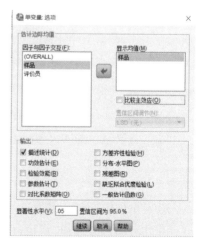

图5-13 【单变量：选项】子对话框

平均值在同一列的样品没有显著差异，在不同列的表明样品间有显著差异，可以看出样品 A、B 的平均值在同一列，表明二者香气强度没有显著差异，其余样品的平均值分别位于不同列，说明彼此之间的香气强度有显著差异，样品 C 的平均值最大（11.5），表明其香气强度最大，样品 E 香气强度最小。

表 5-28　方差分析表

变异来源	平方和	自由度	均方	F 值	显著性概率
样品	125.28	4	31.320	39.259	<0.01
评价员	11.68	9	1.298	1.627	0.145
误差	28.72	36	0.798		
总和	165.68	49			

表 5-29　Student-Newman-Keuls 法多重比较输出结果

样品	N	子　集			
		1	2	3	4
E	10	6.8			
D	10		7.9		
A	10			8.9	
B	10			9.5	
C	10				11.5
显著性概率		1.000	1.000	0.142	1.000

【例 5-19】用 SPSS 软件对【例 5-14】平衡不完全随机区组设计评分检验的试验结果进行方差分析。

在 SPSS 软件数据编辑窗口按要求输入表 5-21 数据，没有评价数据的以空格显示，如图 5-14 所示；后续操作、设置等与随机区组设计试验资料的方差分析过程相同。

图 5-14　平衡不完全随机区组设计试验资料的 SPSS 数据编辑窗口

SPSS 软件一般线性模型分析结果见表 5-30，由表 5-30 可知，样品的 $P<0.01$，表明 5 个样品的风味强度有极显著差异，需进一步做多重比较分析；评价员的 $P=0.096>0.05$，表明 10 个评价员的评价水平没有显著差异。LSD 法多重比较结果整理如表 5-31 所示，样品 A 的风味强度最大，显著高于其他样品；样品 D 的风味强度最小，与样品 C 没有显著差异；样品 C、E 间差异不显著，但均显著小于样品 B。

表 5-30　方差分析表

变异来源	平方和	自由度	均方	F 值	显著性概率
样品(调整后)	82.267	4	20.567	46.566	<0.01
评价员(调整后)	8.267	9	0.919	2.080	0.096
误差	7.067	16	0.442		
总和	101.867	29			

表 5-31　LSD 法多重比较结果

样品	平均值	5%显著水平
A	6.00	a
B	3.93	b
E	2.00	c
C	1.73	cd
D	1.00	d

思考题

1. 什么是三点检验、二-三点检验、五中取二检验？
2. 简述异同检验及其数据处理。
3. 简述与对照的差异检验及其数据处理。
4. 试比较性质差别检验与总体差别检验的异同。
5. 简述排序检验及其数据处理。
6. 简述评分法及其数据处理。
7. 试述相似性检验与差别检验的异同。
8. 简述无方向性成对比较检验与方向性成对比较检验的差异。在实践中如何确定使用哪种检验方法？

第 *6* 章

描述性分析检验

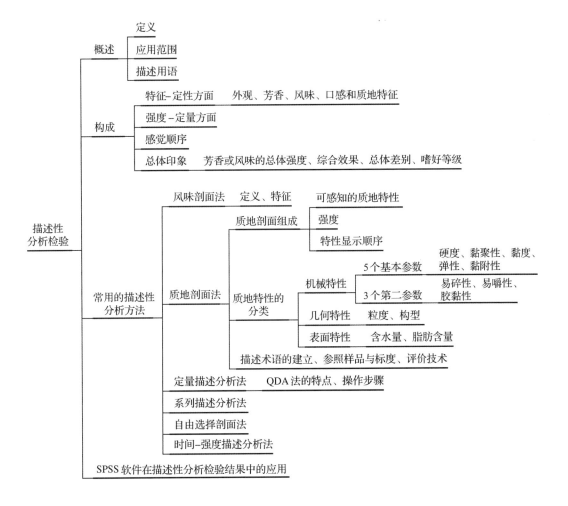

6.1 概述

6.1.1 定义

描述性分析检验(descriptive analysis evaluation)是感官评价员根据感官所能感知到的食品各项感官特征,用专业术语形成对产品的客观描述。描述性分析检验是感官检验中最复杂的一种方法,也是最全面、信息量最大的感官评价方法,是感官科学家常用的分析检验工具,所采用的感官评价原则和方法是与差别检验完全不同的。

通过描述性分析可以获得关于产品的完整感官特征描述,从而帮助感官人员判断产品基本成分和生产过程的变化,以决定哪个感官特征比较重要或可以接受。描述性分析不能选用消费者作为感官评价员,评价员应经过培训训练达到描述性分析的一致性和重复性。

描述性分析检验要求评价产品的所有感官特性,包括:外观色泽、嗅闻的气味特征;品尝后口中的风味特征(包括味觉、嗅觉及口腔的冷、热、收敛等知觉和余味);产品的组织特性及质地特性(包括机械特性——硬度、凝聚度、黏度、附着度和弹性5个基本特征及碎裂度、固体食物咀嚼度、半固体食物胶黏度3个从属特性);产品的几何特性(包括产品颗粒、形态及方向特性,是否有平滑感、层状感、丝状感、粗粒感等,以及反映油、水含量的油感、湿润感等特性)。

通常,描述性分析检验需要5~100名经过训练的评价员组成评价小组对产品感官特性进行识别、定性、定量描述。评价小组必须能够感知并且描述所识别样品的定性感官属性。把这些定性的描述结合起来定义产品,并且能反映出产品和其他样品在外观、芳香、风味、质地和声音等属性上的差异。除此之外,评价小组还必须能够区分出样品间属性强度或量上的差异,并且定义出每种属性数量上的大小程度。

6.1.2 应用范围

描述性分析检验适用于一个或多个样品,可以同时评价一个或多个感官指标。通过描述性分析可以获得对食品的芳香、风味、口感、质地、外观特征等属性的详细描述,广泛应用于产品研发、生产及销售中。应用范围包括:①在新产品开发中用于定义目标产品的感官属性;②质量管理/控制或研发部门用于定义质量控制标准或规范;③在消费者评价前用于评定产品属性,有助于消费者问卷调查中属性的选择和调查结果的解释;④有助于追踪产品感官属性随时间的变化(如货架期、包装等);⑤可以与仪器、化学、物理属性联系起来描述产品的感官属性。

6.1.3 描述用语

描述性分析检验要求使用语言准确地描述样品感官性状,要求评价员具有较高的文学造诣、对语言的含义有准确理解和恰当使用的能力。

常用的语言分为日常语言、词汇语言和科学语言3类。日常语言(即口语)是日常谈话所用的,其可能会由于文化背景和地理区域的不同而有所差异。词汇语言(即书面语)

是词典中的语言，这种语言在日常谈话中也可以使用，但是几乎没有人会在谈话中使用原始的词汇语言。在书面材料中，最好用词汇语言来表示。科学语言是为了科学的目的而特别创造的，是被非常精确地定义了的术语，即专业术语，也就是与特定的科学学科有关的"行话"。如白酒品评时，所使用的表示香气和滋味程度的规范术语如下：

- 表示香气程度的术语：无香气、似有香气、微有香气、香气不足、清雅、细腻、醇正、浓郁、暴香、放香、喷香、入口香、回香、余香、悠长、绵长、协调、完满、浮香、芳香、陈酒香、异香、焦香、香韵、异气、刺激性气味、臭气等。
- 表示滋味程度的术语：浓淡、醇和、醇厚、香醇甜净、绵软、清冽、粗糙、燥辣、粗暴、后味、余味、回味、回甜、甜净、甜绵、醇甜、甘冽、干爽、邪味、异味、尾子不净等。

要进行精确的风味描述，感官评价员必须经过一定的训练，以使所有评价员都能使用精确的、特定的、相同的概念，采用仔细筛选过的科学语言，清楚地把这种概念表达出来，并能够与其他人进行准确交流。表 6-1 是质地描述用语举例，以及与大众用语的比较。

表 6-1 质地描述用语和大众用语对比表

质地类别	主用语	副用语	大众用语
机械特性	硬度		软、韧、硬
	凝结度		易碎、嘎崩碎、酥碎
		脆度	嫩、嚼劲、难嚼
		咀嚼度	
		胶黏度	松酥、糊状、胶黏
	黏度		稀、稠
	弹性		酥软、弹
	黏着性		胶黏
几何特性	物质大小性状		沙状、粒状、块状等
	物质构型特征		纤维状、空胞状、晶状等
其他特性	水分含量		干、湿润、潮湿、水样
	脂肪含量	油状	油性
		脂状	油腻性

6.2 描述性分析的构成

描述性分析可以对产品提供完整的定性和定量感官特征描述。定性方面包括外观、气味、风味、质地和有别于其他产品的性质等所有特性；定量方面就是表达每个感官特性的程度或强度。描述性分析主要包括以下 4 个方面。

6.2.1 特征——定性方面

定义产品的感官参数，主要涉及属性、特征、描述术语、描述符等各类术语。对不同产品的定性描述如下所示：

①外观特征 颜色,不同波长光刺激人眼视网膜而产生的样品特性,如色彩、亮度、纯度和均匀性等;表面质地,产品表面特性,如光泽度、光滑度/粗糙度、干燥/湿润、软/硬度等;大小和形状,产品的尺寸和几何特征,如大的、小的、圆的、方的、不规则的等;颗粒间的相互作用,如黏性、结块、松散等;透明度,如浑浊的、澄清的、透明的、有颗粒的等。

②芳香特征 挥发性成分刺激鼻腔嗅细胞而产生的感觉。嗅觉,如芳香、水果香、花香味、臭味等;鼻腔感觉,如清凉、辛辣等。

③风味特征 香气,口腔中的产品逸出的挥发性成分引起的鼻腔嗅觉感受,如香草味、水果味、花香味、巧克力味、酸败味等;味觉,可溶性呈味物质溶解在口腔中刺激味蕾引起的感觉,如甜、酸、苦、咸等;口腔感觉,如热、凉、辣、涩、金属味等。

④口感和质地特征 力学属性,产品对作用力的反应,如黏的、胶黏的、易碎的、塑性的、弹性的、软的、硬的、稀的、稠的等;几何属性,颗粒大小、形状及其在产品中的排列,如颗粒状、蜂窝状、结晶状、薄片状、纤维状等;脂肪/湿润属性,产品中脂肪、水分的含量及其存在状态,如油滑的、多脂的、腻的、多汁的、潮湿的、干燥的等。

6.2.2 强度——定量方面

表达每种感官特征的程度,是按一定的测量尺度(标度)对样品进行评分的。定量分析的有效性和可靠性依赖于两个方面:①评分尺度的选择,评分尺度要足够宽,能包括感官性质的所有强度范围,同时又方便描述样品间的微小差异;②所有评价员需经过完整的训练,以便在整个评价中对所有样品均能保证一致性使用评分尺度。

描述性分析中常用的标度有类项标度、线性标度和量值估计3种,详见2.4。

6.2.3 感觉顺序

在感官品评中,除了考虑食品的感官特性和特性强度外,评价员有时还需要感知各样品间某些感官特性表现出来的顺序。食品的感官特性表现顺序是由于品评过程中咀嚼、呼吸、唾液分泌、舌头的运动及吞咽过程而引起的。例如,在质地剖面分析中,人们早就认识到了食物分解的不同阶段,将其分为咀嚼前、咬第一口、咀嚼和剩余阶段、吞咽阶段等不同阶段。当然,由于化学因素(气味和风味)的存在,样品的化学组成和某些物理性质(温度、体积、浓度)可能会改变某些感官特性被识别的顺序。在有些产品中,感官特性出现的顺序能够表明该产品中含有的气味和风味及其强度情况。例如,葡萄酒品评员常常讨论葡萄酒怎样"在杯中打开",他们认识到酒的风味是随酒瓶打开后葡萄酒暴露在空气中的时间而变化的,由此绘制的时间-强度感官剖面可以反映出产品感官吸引力的重要方面。通常,能维持长时间风味的葡萄酒是人们所希望的,但在口腔中有过长维持时间的强烈甜味剂不太受消费者欢迎。

按顺序出现的感官特性也包括后/余味和后/余感,就是产品被品尝或触摸之后仍然留有的感觉,也是产品重要的感官性质,在产品的感官检验中具有重要的意义。例如,漱口液或口香糖的残留清爽感就是人们想要的品质;相反,如果可乐饮料有金属残余味则表明可能存在包装污染或某种特殊甜味剂有问题。

6.2.4　总体印象

评价员除了对产品的性质进行定性、定量区别和描述外，通常还会对产品的总体印象进行综合评定。对产品综合评定通常包括 4 个方面。

（1）芳香或风味的总体强度

对所有芳香和风味成分总体感觉的评价，包括嗅觉、味觉和触觉上的感知。这种评价对于确定和评估产品中芳香和风味有多少传递给消费者是非常重要的，因为通常消费者可能并不理解接受过培训的评价员使用的那些用来描述芳香和风味的词汇，但他们可以给出自己认为的产品芳香或风味强度。对于产品质地，通常不使用"总体质地"来评定，而是对质地给予细化。

（2）综合效果

所谓综合效果是指一种产品中几种不同的风味物质互相作用和平衡而产生的独特风味。例如，咖啡香气是由几百种物质构成。对于产品的综合效果评价，通常只有级别较高的评价员才能完成，因为这种评价要求评价员要有对各种风味物质在体系中的存在、在混合体系当中的相对强度以及它们在体系当中的协调有着全面、综合的理解。一个训练有素的评价员常常需要评估产品中各种不同风味特征以怎样的比例或程度配比更适合产品需求。这种评估有一半是靠经验或直觉来完成的。

（3）总体差别

在某些产品的感官评价中，评价关键是确定样品与标样或对照之间是否存在差别。当然，描述性分析也可以提供产品间的差别详细信息，如哪些感官特性之间存在差别、差别大小如何等，这在产品研发和市场开拓中具有重要意义。

（4）嗜好等级

在描述性分析完成后，可以尝试让评价员按照对产品的接受程度进行分级。但在很多情况下，是不允许这种尝试的。因为经过培训的评价员已不再是普通消费者，其个人喜好不再代表任何消费人群，没有太大的实际意义。

6.3　常用的描述性分析方法

描述性分析的方法很多，通常根据定性描述和定量描述来分类，定性描述有风味剖面法，定量描述有质地剖面法、定量描述分析法、系列描述分析法、自由选择剖面法、时间-强度描述分析法等。

6.3.1　风味剖面法

风味剖面法（flavor profile，FP）是最早的定性描述分析方法。这个方法是 20 世纪 40 年代末至 50 年代初，由 Arthur D. Little 有限公司的 Loren Sjostrom、Stanley Cairncross 和 Jean Caul 等人发展、建立起来的。经过多年的改进完善，目前，风味剖面法成为正式的定性描述分析方法，最新的风味剖面法称为剖面特征分析（profile attribute analysis，PAA）。它是由 4~6 名经过训练的评价员组成评价小组，对产品能够被感知到的芳香和风味感官特性、强度、感知顺序、余味和滞留度以及综合印象进行描述、讨论，最终达成一致意见后，由评价小组组长总结并形成书面报告。

风味剖面法是一种一致性技术，用于描述产品的词汇和对产品本身的评价是通过评价小组成员达成一致意见后获得的。风味剖面法考虑了一个食品系统中所有的风味，以及其中个人可品评感觉到的风味。这个剖面描述了所有的风味和风味特征，并评估了这些特征的强度和整体的综合印象。

风味剖面法可用于识别或描述某一特定样品或多个样品的特性指标，或将感受到的特性指标建立一个序列，常用于质量控制、产品在贮存期间的变化或描述已经确定的差异检测，也可用于培训评价员。

参与风味剖面法的评价员要进行培训，其目的是增强他们对产品风味特征强度的识别和鉴定能力，提高对风味描述术语的熟悉程度，从而保证试验结果的重复性。培训时，要提供评价员足够的产品参照样品及单一成分参照样品，使用合适的参比标准，以提高他们对描述词汇选择和理解的准确度。评价员品尝样品后，将感知到的所有风味特征，按照香气、风味、口感、余味和(或)滞留度分别记录，几次之后进行讨论，对形成的描述词汇进行改进，使评价小组成员对确定的特性特征和强度达成一致的认识，最后形成一份供正式试验使用的带有定义的描述词汇表及相应的强度参比标准。

试验产品评价时，由训练过的评价员单独品评，按顺序记录样品的特性特征和感觉顺序，用同一标度去记录强度、余味和(或)滞留度，然后进行综合印象评估。最初风味强度的评估按照表6-2形式进行，所使用的标度主要是数字和符号，产品的最终描述由一系列数字和符号来表示的，不能进行统计分析，所以为定性描述分析。

表 6-2　风味剖面法的最初强度评估方法

评估用符号	代表意义
0	不存在
)(	处于阈值水平(刚好能感觉到)
1	轻微
2	中等
3	强烈

通常用风味剖面法评价时，试验组织者要准确地选取样品的感官特性指标并确定适合的描述术语，制订指标检查表，选择非常了解产品特性、受过专门训练的评价员和专家组成5名或5名以上的评价小组进行评价试验，根据指标表中所列术语进行评价。

例如，在黄油的评价试验中，可使用以下描述特征的术语：

①外观　一般、深、苍白、暗状、油斑、白斑、褐色、斑纹、波动(色泽有变化)、有杂色。

②口感　黏稠、粗糙、细腻、油腻、润滑、酥、脆。

③组织规则　一般、黏性、油腻、厚重、薄弱、易碎、断向粗糙、裂缝、不规则、粉状感、有孔、油脂析出、有线散现象。

④组织结构　致密、松散、厚重、不规则、蜂窝状、层状、疏松。

随着数值标度的引入，人们开始使用7点或10点风味剖面强度标度，也有使用15点或更多点的标度方法，风味剖面被重新命名为剖面特征分析。由剖面特征分析得到的数值可计算平均数，也可进行统计分析。

评价员独立对样品逐一评价，记录特性的强度和出现顺序。当每个评价员完成评价后，评价结果交给评价小组组长，由组长组织大家讨论最后达成一致性的结论（即风味剖面），从而形成对产品风味特性的一致描述，主要包括样品所有的香气、风味特性、强度、出现顺序、余味以及综合印象。风味剖面分析评价结果的报告可以表格或图表示，图形常用扇形、半圆形、圆形和蜘蛛网形等。

这种方法的不足之处是评价小组的意见可能被小组当中地位较高的人或具有"说了算"地位的人所左右，而其他人员的意见不被重视或得不到体现。

【例 6-1】 盒装即食早餐的感官评价。

①产品介绍　由某公司生产的即食早餐盒，内有面食、荤食和调味品的混合物，用开水或牛奶冲调，焖放数分钟后即可食用。

②评价目的　由本公司开发的早餐盒欲投放市场，希望了解产品有无竞争力。

③评价项目与强度标准　评价项目与强度标准见表 6-3。

表 6-3　即食早餐盒评价项目与强度标准

项　目	强　度	项　目	强　度
主要风味		混杂味	
颜色		细腻味	
咸味	1……………9	油味	1……………9
洋葱味	（弱）　　（强）	粉粒状感	（弱）　　（强）
鱼腥味		多汁性	
甜味		拌匀度	

④评价与记录　将样品编码后随机呈送给评价员，一般第一个样品为对照样品，每位评价员独立进行样品品评，根据表 6-3 的评定项目和强度标准，在表 6-4 中记录下每个样品的感官特征强度。

表 6-4　描述性评价记录表

样品名称：_____　　　　　　评价员姓名：_____

检验日期：____年____月____日

序号	得分＼项目＼样品号	主要风味	颜色	咸味	洋葱味	鱼腥味	甜味	混杂味	细腻味	油味	粉粒状感	多汁性	拌匀度	综合评价
1	（对照样品）													
2														
3														
4														

⑤结果分析　在所有评价员的评价全部完成后，在组长的主持下进行讨论，然后得出综合结论。综合结论描述依据是按照某描述词汇出现频率的多寡及特征强度，一般要求言简意赅，字斟句酌，力求符合实际。

【**例6-2**】调味番茄酱风味剖面检验报告。

①调味番茄酱风味特性特征评价结果见表6-5所列。

表6-5 调味番茄酱风味特性特征评价结果(5点法)

特性特征(感觉顺序)	强度(数字评估)
	检验日期: 年 月 日
番 茄	4
肉 桂	1
丁 香	3
甜 度	2
胡 椒	1
余 味	无
滞留度	相当长
综合印象	2

②将表6-5的数字评估转换为图形标度,如图6-1所示。线的长度表示每种特性的强度,顺时针方向或上下方向表示特性感觉的顺序。

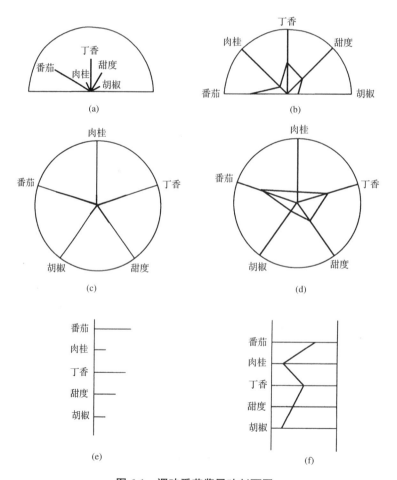

图6-1 调味番茄酱风味剖面图

(a)扇形图 (b)半圆形图 (c)圆形图(放射线状) (d)圆形图(网状)

(e)直线形评估图 (f)直线形评估图(连线状)

【**例 6-3**】番茄味膨化薯片风味特性评价。

①用 5 点数字标度法的感觉特性特征强度见表 6-6 所列。

表 6-6 薯片评价结果

特性特征(感觉顺序)	强度	特性特征(感觉顺序)	强度
脆度	4	鲜番茄味	3
咸味	2	生淀粉味	2
甜味	3.5	综合印象	4

②将表 6-6 的评分结果转换为图线剖面标度,如图 6-2 所示。

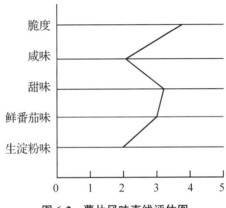

图 6-2 薯片风味直线评估图

③将表 6-6 评分结果转换为圆形剖面标度,如图 6-3 所示。

图 6-3 薯片风味圆形评估图

④将表 6-6 的综合印象评分结果标记在下面的 10cm 线上:

⑤将表 6-6 中 5 点标度评分结果转换为 9 点标度:

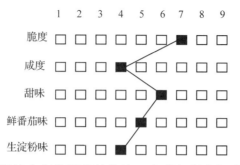

⑥将表 6-6 中 5 点标度综合印象评分转换为 7 点喜好程度标度：

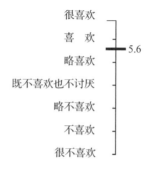

6.3.2　质地剖面法

质地剖面法（texture profile，TP）是通过系统分类、描述产品所有的质地特性（机械的、几何的和表面的）以建立产品的质地剖面。它是在风味剖面法的基础上，由通用食品研究中心（General Food Research Center）的"产品评价和质地技术组"于 20 世纪 60 年代创立的。1963 年，Brandt 及其同事对质地剖面法做了定义：从机械、几何、脂肪和水分特性方面对食品质地进行的感官分析，描述从咬第一口到咀嚼完成的全过程中所感受到的以上特性强度及其呈现顺序。Szczesniak 等创立了质地特性分类系统，将消费者常用的质地描述词汇和产品流变学特性联系起来，将产品能被感知的质地特性分为 3 类，即机械特性、几何特性和其他特性，建立了质地剖面的基础。1975 年，Civille 和 Liska 将质地剖面法定义为：这是一种感官分析方法，它根据食品的机械、几何、脂肪和水分特征，每个特征表现的程度以及从咬第一口到咀嚼完成的全过程中呈现的顺序等情况，对食品的综合质地进行分析。

此法可在再现的过程中评价样品的各种不同特性，并且用适宜的标度刻画特性强度。本法可以单独或全面评价气味、风味、外貌和质地，适用于食品（固体、半固体、液体）或非食品类产品（如化妆品）的感官评价，尤其适用于固体食品。

6.3.2.1　质地剖面的组成

根据产品（食品或非食品）的类型，质地剖面一般包含以下方面：

①可感知的质地特性　如机械的、几何的或其他特性。

②强度　如可感知产品特性的程度。

③特性显示顺序

- 咀嚼前或没有咀嚼时，通过视觉或触觉(皮肤/手、嘴唇)感知到的所有几何的、水分和脂肪特性;
- 咬第一口或初始阶段，在口腔中感知到的机械、几何特性，以及水分和脂肪特性;
- 咀嚼阶段或第二阶段，即在咀嚼和/或吸收期间，由口腔中的触觉感受器感知到的特性;
- 剩余阶段或第三阶段，在咀嚼和/或吸收期间产生的变化，如破碎的速率和类型等;
- 吞咽阶段，对吞咽的难易程度及口腔中残留物进行描述。

6.3.2.2 质地特性的分类

(1)机械特性

半固体和固体食品的机械特性，可以划分为 5 个基本参数和 3 个第二参数(表 6-7)。

表 6-7 机械质地特性的定义和评价方法

特 性		定 义	评价方法
基本参数	硬度	与使产品变形或穿透产品所需的力有关的机械质地特性; 在口腔中它是通过牙齿间(固体)或舌头与上腭间(半固体)对于产品的压迫而感知	将样品放在臼齿间或舌头与上腭间并均匀咀嚼，评价压迫食品所需的力量
	黏聚性	与物质断裂前的变形程度有关的机械质地特性	将样品放在臼齿间压迫它并评价在样品断裂前的变形量
	黏度	与抗流动性有关的机械质地特性，黏度与下面所需力量有关:用舌头将勺中液体吸进口腔中或将液体铺开的力量	将一装有样品的勺放在嘴前，用舌头将液体吸进口腔里，评价用平稳速率吸液体所需的力量
	弹性	与快速恢复变形和恢复程度有关的机械质地特性	将样品放在臼齿间(固体)或舌头与上腭间(半固体)并进行局部压迫，取消压迫并评价样品恢复变形的速度和程度
	黏附性	与移动沾在物质上材料所需力量有关的机械质地特性	将样品放在舌头上，贴上腭，移动舌头，评价用舌头移动样品所需力量
第二参数	易碎性	与黏聚性和粉碎产品所需力量有关的机械质地特性	将样品放在臼齿间并均匀地咬直至将样品咬碎，评价粉碎食品并使之离开牙齿所需力量
	易嚼性	与黏聚性和咀嚼固体产品至可被吞咽所需时间的特性有关的机械质地特性	将样品放在口腔中每秒钟咀嚼一次，所用力量与用 0.5s 内咬穿一块口香糖所需力量相同，评价当可将样品吞咽时所咀嚼次数或能量
	胶黏性	与柔软产品的黏聚性有关的机械质地特性，在口腔中它与将产品分散至可吞咽状态所需力量有关	将样品放在口腔中并在舌头与上腭间摆弄，评价分散食品所需要力量

①与 5 个基本参数有关的一些形容词

硬度——常使用软、硬、坚硬等形容词。

黏聚性——常使用与易碎性有关的形容词：已碎的、易碎的、破碎的、易裂的、脆的、有硬壳等；常使用与易嚼性有关的形容词：嫩的、老的、可嚼的；常使用与胶黏性有关的形容词：松脆的、粉状的、糊状的、胶状等。

黏度——常使用流动的、稀的、黏的等形容词。

弹性——常使用有弹性的、可塑的、可延展的、弹性状的、有韧性的等形容词。

黏附性——常使用黏的、胶性的、胶黏的等形容词。

②第二参数与5个基本参数的关系

易碎性——与硬度和黏聚性有关，在脆的产品中黏聚性较低而硬度可高低不等。

易嚼性——与硬度、黏聚性和弹性有关。

胶黏性——与半固体的(硬度较低)硬度、黏聚性有关。

(2)几何特性

产品的几何特性是由位于皮肤(主要在舌头上)、嘴和咽喉上的触觉接受器来感知的。这些特性也可通过产品的外观看出。

①粒度　是与感知到的与产品微粒的尺寸和形状有关的几何质地特性。类似于说明机械特性的方法，可利用参照样来说明与产品微粒的尺寸和形状有关的特性，如光滑的、白垩质的、粒状的、沙粒状的、粗粒状的等术语构成了一个尺寸递增的微粒标度。

②构型　是与感知到的与产品微粒形状和排列有关的几何质地特性。与产品微粒的排列有关的特性体现产品紧密的组织结构。

不同的术语与一定的构型相符合，如：

- "纤维状的"即指长的微粒在同一方向排列(如芹菜茎)；
- "蜂窝状的"即指由球卵型微粒构成的紧密组织结构，或由充满气体的气室群构成的结构(如蛋清糊)；
- "晶状的"即指棱形微粒(如晶体糖)；
- "膨胀的"即指外壳较硬的充满大量不均匀气室的产品(如爆米花、奶油面包)；
- "充气的"即指一些相对较小的均匀的小气孔并通常有柔软的气室外壳(如聚氨酯泡沫、蛋糖霜、果汁糖等)。

表6-8列出了适用于产品几何特性的参照样品。

表6-8　产品几何特性的参照样品

与微粒尺寸和形状有关的特性	参照样品	与方向有关的特性	参照样品
粉末状的	特级细砂糖	薄层状的	烹调好的黑线鳕鱼
白垩质的	牙膏	纤维状的	芹菜茎、芦笋、鸡胸肉
粗粉状的	粗面粉	浆状的	桃肉
沙粒状的	梨肉、细沙	蜂窝状的	橘子
粒状的	烹调好的麦片	充气的	三明治面包
粗粒状的	干酪	膨胀的	爆米花、奶油面包
颗粒状的	鱼子酱、木薯淀粉	晶状的	砂糖

(3)表面特性

表面特性与口感好坏有关，与口腔内或皮肤上触觉接受器感知的产品含水量和脂肪含量有关，也与产品的润滑特性有关。

①含水量　是一种表面质地特性，是对产品吸收或释放水分的感觉。用于描述含水量的常用术语不但要反映所感知产品水分的总量，而且要反映释放或是吸收的类型、速率及方式。这些常用术语包括干燥的(如干燥的饼干)、潮湿的(如苹果)、湿的(如荸荠、贻贝)、多汁的(如橘子)。

②脂肪含量　是一种表面质地特性，它与所感知的产品中脂肪的数量和质量有关。与黏口性和几何特性有关的脂肪总量及其熔点与脂肪含量一样重要。

建立起第二参数，如"油性的""脂性的"和"多脂的"等以区别这些特性：

- "油性的"反映了脂肪浸泡和流动的感觉(如法式调味色拉)；
- "脂性的"反映了脂肪渗出的感觉(如腊肉、炸马铃薯片)；
- "多脂的"反映了产品中脂肪含量高但没有脂肪渗出的感觉(如猪油、牛羊脂)。

6.3.2.3　质地剖面描述术语的建立

质地剖面描述术语由评价小组通过对一系列代表全部质地变化的特殊产品的样品进行评价而得到。在培训开始阶段，应提供给评价员一系列范围较广的简明扼要的术语，以确保评价员能尽量描述产品的单一特性。最后，评价员将适用于样品质地评价的术语列出一个表格，在评价小组组长的指导下讨论并编制大家可共同接受的术语定义和术语表。

6.3.2.4　参照样品与标度

质地剖面分析时，参照样品的选择应尽量选用大家熟知的产品，尽量避免使用特别术语及实验室内制备的样品，并尝试选用一些市场上的知名产品，所选市场产品应具有特定特性强度要求，并且各批次具有特性强度的再现性，一般避免选用水果和蔬菜，因为其质地变化受各种因素(如成熟度)影响较大。参照样品应在尺寸、外形、温度和形态等方面标准化。另外，许多产品的质地特性与其贮存环境的湿度有关(如饼干、马铃薯片)，在这种情况下有必要控制检验时空气湿度和检验前限定样品以使检验在相同条件下进行。

标度应包含所评价产品所有质地特性的强度范围。基于产品质地特性的分类，目前已建立一标准比率标度以提供评价产品质地的机械特性的定量方法，详见 GB/T 16860—1997。

6.3.2.5　评价技术

在建立标准的评价技术时，要考虑产品正常消费的一般方式，包括：

①食物放入口腔中的方式　如用前齿咬、用嘴唇从勺中舔、整个放入口腔中。

②弄碎食品的方式　如只用牙齿嚼、在舌头或上腭间摆弄、用牙咬碎一部分然后用舌头摆弄并弄碎其他部分。

③吞咽前所处状态　如食品通常是液体、半固体，还是作为唾液中微粒被吞咽。

所使用的评价技术应尽可能与食物通常的食用条件相符合。一般使用类属标度、线性标度或比率标度来进行质地剖面评价。

图 6-4 是质地评价过程。

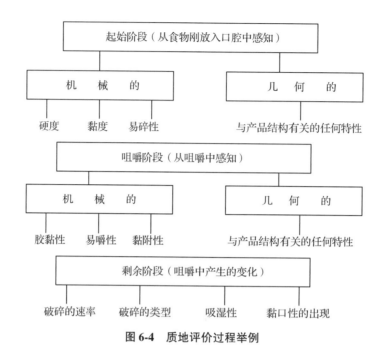

图6-4 质地评价过程举例

评价员培训结束后，评价小组使用建立的标度和评价技术对产品进行评价。获得试验结果有以下两种方式：一种是和风味剖面法一样，先由评价员单独评价样品，然后集体讨论产品特性，与参照样品相比给出相应的特征值，并达成最终的一致结果；另一种是后来质地剖面法发展形成的，在培训结束后形成大家一致认可的描述词汇及其对描述词汇的定义供正式试验使用，正式评价时由每个评价员单独评价，最后通过统计分析得出结果。

【例6-4】乳清分离蛋白乳液凝胶感官质地的评定。

为评价凝胶类型和葵花籽油添加量对乳清分离蛋白乳液凝胶的感官质地特性的影响，筛选11名师生组成评价小组，用能代表所有试验样品的系列乳清蛋白凝胶对其进行10次培训。首先由每个评价员对所提供的系列样品进行品尝，根据自己的感觉列出一份质地特性描述词汇表，然后大家一起讨论形成一份完整的质地剖面词汇表，并对每种质地特性进行定义，见表6-9所列。

表6-9 乳清分离蛋白乳液凝胶的感官质地特性描述词汇及定义

质地特性	定　义
表面光滑度	在咀嚼之前舌头感受到的样品光滑程度
表面滑度	在咀嚼之前舌头感受到样品滑溜溜的程度
弹性	样品在舌头和上腭之间受到局部挤压之后恢复到原来形状的程度
可压缩性	样品受到舌头和上腭之间的挤压发生破裂之前变形的程度
硬度	用臼齿将样品咬断所需的力

（续）

质地特性	定　义
释水性	用臼齿咬第一口时样品中水分释放的程度
易碎性	用臼齿咬第一口时样品破裂成碎片的程度
颗粒大小	咀嚼 8~10 次之后样品颗粒的大小
颗粒大小分布	咀嚼 8~10 次之后样品颗粒大小分布的均匀程度
颗粒形状	咀嚼 8~10 次之后，不规则形状样品颗粒的存在程度
光滑度	咀嚼 8~10 次之后样品团的光滑程度
食物团的黏聚性	咀嚼过程中，食物团聚在一起的程度
样品破裂速度	样品破裂成越来越小颗粒的速度
粗糙感	咀嚼过程中，感觉到样品"发渣"的程度
黏附性	咀嚼过程中样品黏牙的程度
水分含量	完全咀嚼后，口腔中的水分含量
咀嚼次数	样品能够被吞咽前需要咀嚼的次数
咀嚼时间	样品能够被吞咽前需要咀嚼的时间

注：摘自 Gwartney E A，Larick D K，Foegeding E A，2004.

培训过的评价员采用 15cm 直线标度（0 为没有，15 为非常大）对 16 种凝胶样品的质地特性独立进行评价，试验重复 3 次。待品评结束后，将直线标度上标记的刻度转化为具体数值，然后进行方差分析（ANOVA），用最小显著差数法（LSD 法）确定不同样品间在各感官质地特性上的差异性，结果见表 6-10。将评价员对各凝胶样品评价的平均分数做主成分分析（principal component analysis，PCA），结果见表 6-11、表 6-12 和图 6-5。

由表 6-10 可以看出，不同凝胶间的每个感官质地特性存在显著差异（$P < 0.05$）。由主成分分析表 6-11 可以看出前两个主成分的累计贡献率达到 98.42%，几乎完全代表了 18 个感官质地指标的信息，因此提取前两个主成分进行解释分析。由表 6-12 分析，第一主成分（PC1）代表了数据变异的 79.1%，以表面光滑度、表面滑度、弹性、释水性、易碎性、颗粒大小、颗粒分布、颗粒形状、光滑度、黏聚性、破裂速度、粗糙感、黏附性、水分含量影响为主；第二主成分（PC2）代表了变异的 19.3%，主要受可压缩性、硬度、咀嚼次数和咀嚼时间影响。由图 6-5 可以看出 PC1 可将线型凝胶和颗粒型凝胶明显分开。颗粒型凝胶有高的黏聚性、易碎性、黏附性、破裂速度、颗粒分布、释水性和粗糙感；与此相反，线型凝胶有高的表面光滑度、表面滑度、弹性、可压缩性、颗粒大小、颗粒形状、光滑度和水分含量。在蛋白质含量不变的条件下，通过添加氯化钙可以明显改变凝胶结构特性。PC2 可根据凝胶中脂肪含量将样品分开，高葵花籽油含量的凝胶样品质地结构更为紧密，吞咽前需要更长时间、更多次的咀嚼。

表6-10　16种乳清分离蛋白乳液凝胶感官质地剖面分析结果[①]

样品[②]	第一阶段（样品破裂前）				第一阶段（咬第一口）							第二阶段（咀嚼阶段）				第三阶段（吞咽前）		
	表面光滑度	表面滑度	弹性	可压缩性	硬度	释水性	易碎性	颗粒大小	颗粒分布	颗粒形状	光滑度	黏聚性	破裂速度	粗糙感	黏附性	水分含量	咀嚼次数	咀嚼时间
S/0%	12.1^a	12.4^a	11.2^{ab}	10.6^a	3.4^g	1.2^{de}	0.8^g	11.2^a	2.6^{ef}	9.1^c	11.5^a	1.9^c	2.2^{ef}	0.7^{ef}	0.8^{cd}	9.0^{ab}	18.5^{fg}	11.2^{fgh}
S/0.5%	12.3^a	12.1^{ab}	11.7^a	11.3^a	3.9^g	1.1^e	0.6^g	10.9^{ab}	2.9^{ef}	9.2^c	11.5^a	1.3^c	2.7^e	0.2^f	0.3^d	9.0^{ab}	18.9^f	11.1^{ghi}
S/1%	12.1^a	12.1^{ab}	11.5^a	10.9^a	4.4^g	1.4^{de}	0.6^g	10.9^{ab}	3.2^e	9.8^c	11.2^a	1.9^c	2.1^{ef}	0.2^f	0.3^d	9.2^a	19.1^f	11.5^{efg}
S/2.5%	12.2^a	11.8^{ab}	11.0^{ab}	10.6^a	5.3^e	2.2^d	0.9^g	10.5^b	2.9^{ef}	10.0^{bc}	11.1^a	1.2^c	2.3^{ef}	0.3^f	0.5^{cd}	8.8^{abc}	19.6^{ef}	11.5^{efg}
S/5%	11.8^a	11.4^b	11.2^{ab}	10.2^a	6.9^d	1.6^{de}	0.9^g	10.7^{ab}	2.3^{ef}	10.6^{ab}	10.7^a	1.5^c	1.8^f	0.3^f	0.6^{cd}	8.6^{abc}	20.9^{de}	12.3^{def}
S/10%	10.5^b	9.8^c	10.3^{bc}	7.2^b	7.8^c	2.1^d	2.0^f	10.9^{ab}	2.4^{ef}	11.0^a	9.7^b	2.0^c	1.8^f	0.6^f	0.8^{cd}	8.2^{bc}	22.1^{cd}	12.9^{bcd}
S/15%	10.7^b	8.8^d	9.6^c	6.1^c	9.1^b	2.0^{de}	2.0^f	10.6^{ab}	3.0^e	10.6^{ab}	8.7^b	1.5^c	1.9^{ef}	1.0^{ef}	0.9^c	8.1^{bc}	23.2^{bc}	13.5^{bc}
S/20%	8.9^c	8.4^d	6.8^d	4.3^e	11.0^a	1.7^{de}	2.9^e	10.6^{ab}	2.0^f	11.2^a	8.1^b	1.7^c	1.6^f	1.5^e	1.2^c	7.9^c	25.7^a	15.1^a
P/0%	5.4^{de}	3.6^e	2.3^e	5.8^{cd}	1.2^h	9.5^a	10.6^a	1.2^{fg}	11.3^a	1.4^f	5.3^d	10.5^a	11.7^a	8.4^a	9.3^b	5.6^d	15.2^i	9.4^j
P/0.5%	4.8^e	3.6^e	2.2^e	5.9^{cd}	1.7^h	9.6^a	10.2^{ab}	0.8^g	11.8^a	1.0^f	5.1^d	9.9^a	11.4^a	8.2^d	9.1^b	5.4^d	16.4^{hi}	10.1^{ij}
P/1%	5.9^d	3.9^e	2.4^e	4.9^d	2.1^h	9.7^a	9.4^a	1.5^{ef}	11.1^{ab}	1.6^{ef}	4.7^{de}	10.4^a	11.1^{ab}	8.6^{cd}	9.4^b	5.4^d	17.3^{gh}	10.8^{hij}
P/2.5%	3.5^f	2.3^f	2.7^e	6.1^c	1.8^h	9.9^a	9.9^{abc}	0.9^g	11.5^a	1.0^f	3.9^e	10.0^a	11.2^a	8.7^c	10.7^a	5.5^d	17.1^{gh}	10.6^{hij}
P/5%	3.2^f	2.2^f	2.4^e	5.1^{cd}	2.0^h	8.9^a	10.7^a	0.8^g	11.4^a	1.6^{ef}	4.3^{de}	10.4^a	11.5^a	9.2^{ab}	10.7^a	5.1^{cd}	15.5^{hi}	10.3^{hij}
P/10%	1.9^g	1.3^{gh}	2.6^e	4.0^{ef}	4.9^e	7.2^b	9.8^{bc}	1.9^{ef}	10.4^{bc}	2.3^e	2.1^f	10.4^a	10.6^b	9.6^{ab}	10.7^a	4.2^{ef}	19.9^{ef}	12.5^{cde}
P/15%	1.3^g	0.7^h	2.2^e	2.9^{ef}	7.6^{cd}	5.4^c	9.3^{cd}	2.6^d	9.6^{cd}	2.5^e	2.1^f	9.7^a	9.4^c	9.9^a	10.9^a	3.4^f	21.7^d	13.7^b
P/20%	2.8^f	1.8^g	2.9^e	2.4^f	10.5^a	4.7^c	8.6^d	4.5^c	8.8^d	3.8^d	2.3^f	8.4^b	7.4^d	9.0^{bcd}	9.5^b	4.2^{ef}	24.4^{ab}	15.7^a

注：①表中结果为11名评价员对每个凝胶样品的质地特性评价结果的平均值。同一列字母不同表示有显著差异（$P<0.05$）。

②S、P分别代表线型凝胶、颗粒型凝胶，其中线型凝胶：蛋白含量12%，NaCl 25mmol/L，不加 $CaCl_2$；颗粒型凝胶：蛋白含量12%，NaCl 25mmol/L，加 $CaCl_2$ 10mmol/L；0~20%代表葵花籽油的加量。

表 6-11 特征值及贡献率

主成分	特征值	贡献率/%	累计贡献率/%	主成分	特征值	贡献率/%	累计贡献率/%
1	14.24	79.12	79.12	9	0.01	0.04	99.95
2	3.47	19.30	98.42	10	0.00	0.02	99.97
3	0.16	0.89	99.31	11	0.00	0.01	99.98
4	0.04	0.22	99.52	12	0.00	0.01	99.99
5	0.03	0.15	99.67	13	0.00	0.01	100.00
6	0.02	0.11	99.77	14	0.00	0.00	100.00
7	0.01	0.08	99.85	15	0.00	0.00	100.00
8	0.01	0.05	99.91				

表 6-12 前两个主成分特征向量

特性	主成分1(PC1)	主成分2(PC2)	特性	主成分1(PC1)	主成分2(PC2)
表面光滑度	**0.251**	−0.148	颗粒形状	**0.259**	0.089
表面滑度	**0.255**	−0.139	光滑度	**0.248**	−0.184
弹性	**0.259**	−0.079	黏聚性	**−0.264**	−0.028
可压缩性	0.199	**−0.331**	破裂速度	**−0.260**	−0.097
硬度	0.109	**0.485**	粗糙感	**−0.263**	0.052
释水性	**−0.248**	−0.141	黏附性	**−0.263**	0.029
易碎性	**−0.264**	0.011	水分含量	**0.250**	−0.157
颗粒大小	**0.263**	0.060	咀嚼次数	0.116	**0.479**
颗粒分布	**−0.261**	−0.076	咀嚼时间	0.063	**0.517**

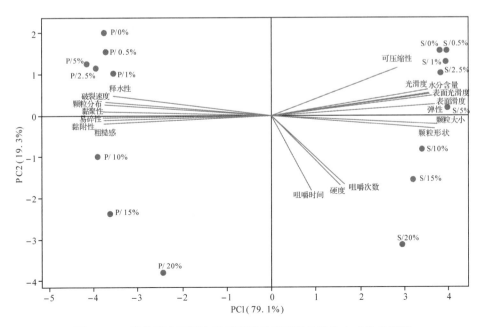

图 6-5 16 种乳清分离蛋白乳液凝胶的感官质地特性主成分分析图

6.3.3　定量描述分析法

定量描述分析法（quantitative descriptive analysis，QDA）是在风味剖面法、质地剖面法基础上发展起来的一种描述分析方法。这是在20世纪70年代发展起来的分析技术，它克服了风味剖面法和质地剖面法的一些缺点，如提供的是定性信息，使用的描述词汇都是学术词汇，结果不做统计分析等。定量描述分析是由10~12名经过筛选和培训的评价员组成评价小组，对产品能被感知到的所有感官特征、特征强度、出现顺序、余味和滞留度以及综合印象等使用非线性结构的标度进行描述，描述分析结果通常通过统计分析得出结论，并绘制感官剖面图（蜘蛛网图）。

6.3.3.1　QDA法的特点

与风味剖面法不同，QDA法是一种独立方法，数据不是通过一致性讨论而产生的，即组织者一般不参加评价，评价小组意见也不需要一致。评价员在小组内讨论产品特征，然后单独记录他们的感觉，同时使用非线性结构的标度来描述评估特性的强度，由评价小组负责人汇总和分析这些单一结果。

与风味剖面法一样，QDA法也已经广泛地应用于食品感官评价，尤其对质量控制、质量分析、确定产品之间差异的性质、新产品研制、产品品质的改良等最为有效，并且可以提供与仪器检验数据对比的感官数据，提供产品特征的持久记录。

QDA法可在简单描述分析所确定的词汇中选择适当的词汇，定量描述样品的整个感官印象，可单独或结合地用于评价气味、风味、外观和质地。

6.3.3.2　操作步骤

①了解相关类似产品的情况，建立描述的最佳方法和统一评价识别的目标，同时，确定参比样品（纯化合物或具有独特性质的天然产品）和规定描述特性的词汇。

②成立评价小组，对规定的感官特性特征的认识达到一致，并根据检验的目的设计出检验记录表。要记录的检验内容一般包括：

- 感觉顺序的确定：即记录显现和察觉到各感官特性所出现的先后顺序。
- 食品感官特性的评价：即用叙词或相关的术语规定感觉到的特性。
- 特性强度评价：即对所感觉到的每种感官特性的强度作出评估。
- 余味和滞留度的测定：余味是指样品被吞下（或吐出后），出现的与原来不同的特性特征。滞留度是指样品已经被吞下（或吐出）后，继续感觉到的特性特征。在某些情况下，可要求评价员评价余味，并测定其强度，或者测定滞留度的强度和持续时间。
- 综合印象的评估：指对产品的总体、全面的评估，考虑到特性特征的适应性、强度、相同背景特征的混合等，综合印象通常在3点或4点标度上评估。例如，0表示"差"、1表示"中"，2表示"良"，3表示"优"。在独立方法中，每个评价员分别评价综合印象，然后计算其平均值。在一致方法中，评价小组对一个综合印象取得一致性意见。

③根据所设计好的检验表格，评价员即可独立进行评价试验，按照感觉顺序，用同一标度测定每种特性强度、余味、滞留度及综合印象，记录评价结果。

④检验结束，由评价小组负责人收集评价员的评价结果，计算出各个特性特征强度

(或喜好度)的平均值,并用表格或图形表示。QDA 法和风味剖面法一般都附有图形,如扇形图、棒形图、圆形图和蜘蛛网图等。

当有数个样品进行比较时,可利用综合印象的评价结果得出样品间差别的大小及方向;也可以利用各特性特征的评价结果,用适宜的方法(如成对 t 检验、方差分析、主成分分析、因子分析、聚类分析等)进行分析,以得出样品之间差别的性质和大小等。例如,对 A、B 两个品牌橘子果冻进行感官评价,定量描述分析结果见表 6-13 所列,由此可绘制感官剖面图——蜘蛛网图或星图(spider graph or star diagram),如图 6-6 所示。可以看出两个品牌橘子果冻在色泽、硬度以及甜味上有显著或极显著差异,其余感官特性的差异不显著。

表 6-13　两个品牌橘子果冻定量描述分析结果

特　性	品牌 A	品牌 B	P
橘子色泽	10.2	7.9	0.011
橘子香气	7.6	6.9	0.325
硬度	9.6	6.6	0.001
酸味	8.6	6.9	0.072
橘子风味	7.6	6.9	0.494
异味	4.3	4.8	0.464
甜味	7.1	9.6	<0.001
破损率	5.1	6.1	0.242

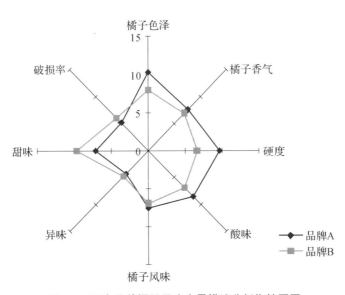

图 6-6　两个品牌橘子果冻定量描述分析蜘蛛网图

【例 6-5】超巴氏杀菌奶感官特性定量描述分析。

由来自康奈尔大学(Cornell University)食品科学系的 12 名教工和研究生组成评价小组,对不同超巴氏杀菌奶(UP milk)的感官特性进行评价(表 6-14)。用表 6-15 中的评估参照物和不同脂肪含量、不同新鲜度、含/不含乳糖的超巴氏杀菌奶对评价员进行数次培训，使各评价员熟悉评价方法，掌握标度的使用以确保评价结果的一致性。超巴氏杀菌奶感官特性分析时所用描述词汇见表 6-16。除黏度特性外，其他所有感官特性使用 0~10 线性标度进行评定，其中 0 代表"没有感觉"，10 代表"感觉十分明显"；综合质量等级用 1~10 等级尺度评定，<6 为"差"，6~7 为"相对好"，8~10 为"好"。

表 6-14　超巴氏杀菌奶产品及编号

样品编号	超巴氏杀菌奶产品			
	工厂代码	脂肪水平	规格	其他
1NFQ100LR	1	脱脂	1/4 加仑①	100%降乳糖
1LF70LR	1	低脂	1/4 加仑	70%降乳糖
1RFHP	1	部分脱脂	1/16 加仑	
1RFQ	1	部分脱脂	1/4 加仑	
1RFHG	1	部分脱脂	1/2 加仑	
2NFQ	2	脱脂	1/4 加仑	强化(脱脂炼乳)
2RFHP	2	部分脱脂	1/16 加仑	
2FFHG	2	全脂	1/2 加仑	
2FFP	2	全脂	1/8 加仑	

注：①1 加仑=3.78L。摘自 Chapman K W, Lawless H T, Boo K J, 2001.

表 6-15　超巴氏杀菌奶感官特性分析培训中使用的参照物

特　性	参照物	评分
强蒸煮味	24h 内传统的巴氏杀菌奶	8.0
极强蒸煮味	48h 内超巴氏杀菌奶	10.0
极强焦糖味	甜炼乳、焦糖	10.0
谷物牛奶	有葡萄、坚果、麦片的牛奶	5.5
微甜	4%葡萄糖	3.7
十分甜	10%葡萄糖	10.0
中等黏度	2%牛奶	5.5
十分干	康科德葡萄(Concord grapes)	10.0

表 6-16　超巴氏杀菌奶感官特性定量描述分析词汇

气　味	滋味	质地	后味
蒸煮气味	蒸煮味	黏度	发干
焦糖气味	甜味	干的	金属味
谷物/麦芽香味	焦糖味	乳白色	苦味
其他	苦味		柔和
	金属味		其他
	其他		

正式试验时，将 6℃ 存放的所有样品拿出，倒置反转数次使其混匀，取 60mL 牛奶样品倒入已编码的 148mL 的塑料杯中，用适当的塑料盖封好放在室温下，待样品温度恢复到 15℃ 后，将其一并随机呈送给评价员在单独的品评室内品评，按照评价标度对每种样品的各感官特性打分。品评结束后，将评价员的评价结果进行汇总，按照完全随机区组试验数据进行方差分析，用 Tukey 法多重比较确定各样品在各感官特性间的差异性，结果见表 6-17。

表 6-17　超巴氏杀菌奶 6℃存放（60±1）d 的感官特性评价结果

特性	1NFQ100LR	1LF70LR	1RFHP	1RFQ	1RFHG	2NFQ	2RFHP	2FFHG	2FFP
综合质量等级	6.5[b]	6.9[ab]	7.6[ab]	7.4[ab]	6.9[ab]	6.6[b]	6.2[b]	7.3[ab]	7.7[a]
蒸煮气味	4.2[ab]	5.3[ab]	4.8[ab]	5.8[a]	6.0[a]	4.3[ab]	3.5[b]	4.9[b]	4.2[ab]
焦糖气味	2.0[ab]	2.0[ab]	2.2[ab]	1.5[ab]	2.0[ab]	0.4[b]	1.0[ab]	1.3[ab]	1.2[ab]
谷物/麦芽香味	0.7[a]	1.0[a]	0.8[a]	0.9[a]	1.3[a]	0.6[a]	0.2[a]	0.8[a]	0.3[a]
蒸煮味	4.7[ab]	4.7[ab]	5.2[ab]	6.3[a]	5.9[a]	3.5[b]	4.5[ab]	4.7[ab]	4.4[ab]
甜味	4.4[a]	3.7[a]	1.3[b]	1.5[b]	1.1[b]	1.0[b]	0.6[b]	1.0[b]	1.3[b]
焦糖味	1.4[ab]	1.7[a]	1.1[ab]	0.9[ab]	1.3[ab]	0.5[b]	0.6[b]	0.9[ab]	0.8[ab]
苦味	0.4[ab]	0.4[ab]	0.2[b]	0.1[b]	0.8[ab]	1.0[ab]	1.2[ab]	0.4[ab]	0.1b
金属味	0.9[a]	0.7[a]	0.3[a]	0.5[a]	0.5[a]	0.6[a]	0.3[a]	0.3[a]	0.1[a]
黏度	2.6[b]	3.1[ab]	3.8[ab]	3.5[ab]	4.5[a]	2.3[b]	3.1[ab]	5.0[a]	4.3[a]
干燥质地	2.6[a]	2.3[a]	2.9[a]	2.7[a]	2.5[a]	2.0[a]	2.8[a]	2.1[a]	2.2[a]
乳白色	0.4[a]	0.6[a]	0.9[a]	0.7[a]	0.5[a]	0.5[a]	0.5[a]	0.5[a]	0.3[a]
干燥后味	3.0[a]	3.1[a]	3.5[a]	3.4[a]	3.6[a]	2.5[a]	2.9[a]	3.0[a]	2.8[a]
金属后味	0.6[a]	0.4[a]	0.5[a]	0.6[a]	0.8[a]	0.5[a]	0.3[a]	0.3[a]	0.3[a]
后苦味	0.2[b]	0.3[ab]	0.2[b]	0.1[b]	0.7[ab]	0.7[ab]	1.8[a]	0.3[ab]	0.9[ab]
柔和后味	2.7[b]	3.0[b]	3.3[b]	2.9[b]	3.4[b]	2.7[b]	3.7[a]	3.0[b]	3.0[b]

注：数值为 12 名评价员的平均值，同一行不同字母表示差异显著（$P < 0.05$）。

综合质量等级：用 1~10 等级尺度评定，<6 为"差"，6~7 为"相对好"，8~10 为"好"

特性强度：用 0~10 线性标度评定，0 为"没有感觉"，10 为"感觉十分明显"。

黏度评价参考：无脂 HTST 奶的黏度为 0，含 1%脂肪 HTST 奶的黏度为 2.75，含 2%脂肪的 HTST 奶的黏度为 5.5，HTST 全奶的黏度为 8.9。

由 Tukey 多重比较结果可以看出超巴氏杀菌奶之间在综合质量等级、蒸煮气味、焦糖气味、蒸煮味、甜味、焦糖味、苦味、黏度、后苦味和柔和后味等特性上存在显著差异，而在谷物/麦芽香味、金属味、干燥质地、乳白色、干燥后味、金属后味上差异不显著。降乳糖超巴氏杀菌奶和普通超巴氏杀菌奶(无乳糖减少)在甜味上的差别最大。

为建立超巴氏杀菌奶感官特性可视性剖面或"指纹"，将各样品每个特性平均强度值连接而形成感官剖面蜘蛛网图。图 6-7 为样品 1RFHP 在 6℃ 贮藏 2d、29d、61d 的感官剖面图，可以看出，"蒸煮气味"和"蒸煮味"是该类产品最突出的特性，而这些特性的感知强度会随着贮藏时间的延长而下降，"焦糖气味""焦糖味"和"谷物/麦芽香味"会随贮藏

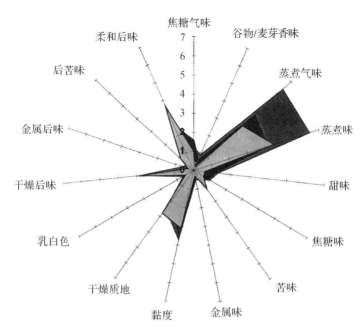

图 6-7　部分脱脂奶(样品 1RFHP)在 6℃贮藏 2d、29d、61d 的感官剖面图

注：深灰色区域为 2d，黑色区域为 29d，浅灰色区域为 61d

时间延长而消散。贮藏 61d 后，产品的"苦味""干燥质地""后苦味"和"柔和后味"特性变得明显，这些特性的出现导致了产品综合质量等级的下降。

为简化超巴氏杀菌奶的感官特性指标，选择蒸煮气味、焦糖气味、谷物/麦芽香味、蒸煮味、甜味、苦味、干燥质地、柔和后味等指标做主成分分析，结果见表6-18、图6-8。

表 6-18　主成分分析的特征向量、特征值及方差贡献率

特　　性	主成分 1	主成分 2	主成分 3	主成分 4	主成分 5	主成分 6	主成分 7	主成分 8
蒸煮气味	**0.449**	-0.067	-0.465	-0.004	0.055	0.145	0.586	0.458
焦糖气味	**0.463**	0.042	0.335	0.199	-0.467	-0.247	-0.352	0.479
谷物/麦芽香味	**0.440**	-0.103	-0.374	0.378	-0.036	-0.383	-0.076	-0.599
蒸煮味	**0.464**	0.242	-0.104	-0.244	0.378	0.487	-0.521	-0.059
甜味	0.188	-0.412	**0.513**	0.457	0.121	0.483	0.219	-0.167
苦味	-0.300	0.295	-0.225	**0.728**	0.326	0.034	-0.194	0.312
干燥质地	0.224	**0.479**	0.455	-0.050	0.484	-0.403	0.334	-0.046
柔和后味	0.003	**0.662**	0.001	0.131	-0.528	0.369	0.241	-0.265
特征值	3.46	2.01	1.30	0.78	0.31	0.11	0.03	0.00
方差贡献率/%	43.20	25.17	16.28	9.76	3.89	1.33	0.34	0.02
累计贡献率/%	43.20	68.37	84.65	94.41	98.30	99.63	99.98	100.00

注：Minitab 软件主成分分析结果。

从主成分分析结果可以看出，前 4 个主成分的累积贡献率达到 94.41%，说明前 4 个主成分几乎包含了全部指标信息，所以提取前 4 个主成分进行分析解释。第一主成分在蒸煮气味、焦糖气味、谷物/麦芽香味、蒸煮味属性上有大的载荷，反映了"蒸煮特性"；第二主成分在干燥质地、柔和后味上有大的载荷，反映了"后味质地特性"；第三主成分在甜味上有大的正载荷；第四主成分反映了苦味的影响。以第一主成分、第二主成分为轴绘制散点图，如图 6-8 所示，可以看出第一主成分将两个工厂的超巴氏杀菌奶完全分开，同一厂的超巴氏杀菌奶质量更为类似。来自工厂 1 的两个降乳糖奶（1NFQ100LR 和 1LF70LR）比其他超巴氏杀菌奶更甜。相同脂肪含量的超巴氏杀菌奶感官特性彼此接近。来自工厂 2 的低脂奶 2RFHP 因为有高的苦味而不同于其他样品，综合质量等级最低。

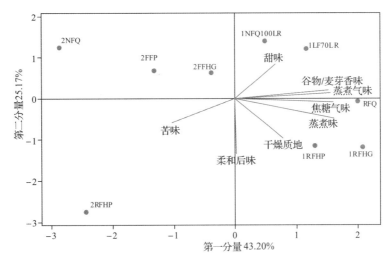

图 6-8 感官特性与产品关系分布主成分分析图

为了更清晰地说明因子与各感官特性指标之间的关系，采用方差最大旋转法进行因子分析（factor analysis，FA），结果见表 6-19。

表 6-19 方差最大旋转法因子载荷阵

特 性	因子 1	因子 2	因子 3	因子 4
蒸煮气味	**0.971**	0.013	0.034	−0.208
焦糖气味	0.497	−0.539	**−0.567**	−0.252
谷物/麦芽香味	**0.964**	0.021	−0.231	0.032
蒸煮味	**0.702**	−0.547	0.091	−0.35
甜味	0.038	0.082	**−0.969**	−0.146
苦味	−0.186	0.003	0.191	**0.946**
干燥质地	0.004	**−0.942**	−0.101	−0.092
柔和后味	−0.003	**−0.758**	0.389	0.413
方差	2.646	2.0594	1.5212	1.3261
方差贡献率/%	33.1	25.7	19.0	16.6

由表 6-19 可以看出因子 1 完全与蒸煮气味、谷物/麦芽香味和蒸煮味有关，所以命名为"蒸煮因子"；因子 2 在干燥质地和柔和后味上有大的负载荷，命名为"后味质地因子"；

因子 3 与焦糖气味和甜味有大的负相关,命名为"甜味因子";因子 4 几乎完全由苦味影响,命名为"苦味因子"。

6.3.4 系列描述分析法

系列描述分析法(spectrum descriptive analysis)是由 Civille 于 20 世纪 70 年代创立的一种描述性分析方法,是描述性分析方法的进一步扩展(Civille 和 Lyon,1996)。其主要特征是不必由评价员制订评定产品感官特征的描述词汇,而是使用"词典"中的标准术语、标准标度来描述和评价特定产品。系列描述分析法的描述词汇是经过预先挑选,并且保留相同的、用于同一类项中的所有产品。此外,用多重参比物确定标度值,通常是从 0 到 15,使其标度标准化,其目的是使结果更趋于一致,通过这种方法得到的结果不会因试验地点和试验时间的变化而改变,从而增强了其实用性。

与 QDA 相比,系列描述分析法中对评价员的训练更为广泛,同时评价小组组长更具有指令作用。根据试验目的,评价小组组长需要给评价员提供可用于描述和产品相联系的感官词汇表(感官系列中称为"词典"),同时也要提供产品成分的相关信息,使评价员对所选词汇的含义有明确的理解。例如,颜色描述的评价员要对颜色的强度、色彩和纯度有所了解,涉及口感、手感和纤维质地评定的评价员要求对这些感觉产生的原理有所了解,化学感应方面的评价员要求能够识别出由于成分和加工过程的变化而引起的化学感应的变化。通过训练,最终目的是在给定的范围内建立一个"专家型评价小组",他们可以在理解产品感官特性间潜在技术差别的基础上,使用一系列具体的描述符。

评价员使用数字化的强度标准,通常为 15 点标度。与质地剖面法相同,它是由一系列参比点固定标度值来代表标度上的不同强度。在训练结束后,所有评价员必须以一致的形式使用标度对样品感官特性进行评分,各评价员单独评价样品,然后对结果进行统计分析。

与 QDA 法相比,系列描述分析法具有明显的优点,所有评价员按照相同的方式使用描述符标度,因此该评分具有绝对的意义,所得结果不会因试验地点和试验时间的变化而改变,平均评分可用于决定一个具有特定特征强度的样品是否符合可接受性的标准,这对于希望在常规质量保证操作中使用描述分析方法的组织来说具有重要意义。

系列描述分析法的不利之处在于训练一个系列描述分析的评价小组需要耗费很长的时间,评价小组的组成和维持也非常困难。评价员必须面对大量样品,理解所用描述产品的词汇含义,掌握产品基本的技术细节,同时也要对感官感知的心理学和生理学有一定的了解。除此之外,他们必须广泛与别人进行相互"调整",以确保所有评价员都以相同的方式使用标度。事实上,由于个体生理差异上的存在,如特定的嗅觉缺失、对组分的敏感性不同等,会导致评价员中意见的不完全一致。

系列描述分析法的数据分析和 QDA 相似,已成功地用于如肉、鲶鱼、花生、面条、面包、奶酪等各种各样产品的评价中。

6.3.5 自由选择剖面法

自由选择剖面法(free choice profiling,FCP)是由英国感官科学家在 20 世纪 80 年代创立的一种描述性分析方法。这种方法和上述其他的描述分析方法有许多相似之处,但它也具有两个明显不同于其他方法的特征。其一,FCP 允许每位评价员创造和使用他/她自己个人喜好的描述术语单，而不需要通过广泛训练评价员形成一致性的词汇描述表。每个评价员可以用不同的方法评价样品，可以触摸、品赏或闻，可以评价样品的外形、色泽、表面光滑程度或其他特征。每个感觉用评价员自己发明的术语来评估。在正式试验时，评价员单独评定样品，自始至终使用自己的词汇表，在一个标度上对样品进行评估。其二，该数据采用广义普洛克鲁斯忒斯分析法（generalized procrustes analysis，GPA）来进行数据处理。普洛克鲁斯忒斯分析通常在一个二维或三维的空间中，为每个独立的评价员提供一个所得数据的一致图形。因此，有可能获得一个三维以上空间的普洛克鲁斯忒斯解答，但这些结果通常很难解释。在某种意义上，普洛克鲁斯忒斯分析也可以从独立的评价员处得到强制适合单一一致空间的数据矩阵。通过这个方法，每个评价员的数据转化成单个的空间排列，然后各个评价员的排列数据通过普洛克鲁斯忒斯分析，匹配成一个一致的排列，这个一致性排列可以用单个描述词汇的术语来说明，同时，感官科学家也可以测定不同评价员使用的不同术语的内部发生联系。总的来说，FCP 分析中，各评价员使用的描述词汇很不一致，常用的方差分析、主成分分析等统计分析方法是不能使用的。FCP 分析的主要优点是可以使用未接受过培训的评价员，可以节省人员筛选和培训的时间，加快试验速度，减少花费。但是，有关 FCP 分析中描述词汇的解释、评价问题需要加以解决。

FCP 已被用于如葡萄酒、咖啡、乳酪制品、威士忌、黑加仑饮料、食用肉、麦芽和贮藏啤酒等食品的分析评价中。

6.3.6　时间–强度描述分析法

某些产品感官特性的感知强度在较长或较短期间内会随时间而变化，则可采用时间–强度描述分析法（time-intensity descriptive analysis），以时间为 x 轴，强度为 y 轴，制作时间–强度曲线来描述产品特性。例如，研究跟踪口香糖在数分钟的某些味道和/或质地属性的变化，食品甜味、苦味的感觉强度变化，品酒、品茶时味觉、嗅觉感觉强度的变化等，均可使用铅笔和纸、滚动图表记录器或计算机系统来记录。图 6-9 为品茶时的味觉响应时间–强度的变化关系。

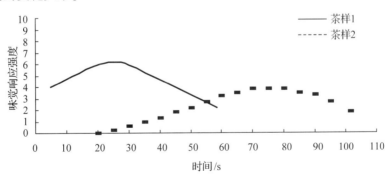

图 6-9　品茶时的味觉响应时间–强度的关系曲线

时间–强度描述分析包括监视特殊感官特性和它们的强度随时间的变化情况。感官评价时样品的呈送方式、数量、在嘴中停留时间、咀嚼、吐或吞咽方式需要明确界定。产品评估和响应记录（数据录入）需要提前制订好程序，分析时评价小组成员不应看到不断变化的响应曲线，因为这可能会导致主观上的偏见。评价小组成员可能需要几次培训，学习所有的程序，以确保时间-强度描述分析的开展。

除此之外，还有剖面属性分析法(profile attribution analysis)、定量风味剖面法(quantitative flavor profile)、动态风味剖面法(dynamic flavor profile)等。总之，描述性分析检验是重要的感官评价方法，通过此法可以定性、定量、全面地反映产品的感官性质。在使用时，可以只使用其中一种，也可以根据需要选择几种方法结合使用。

6.4 SPSS软件在描述性分析检验结果中的应用

相比其他感官评价方法，描述性分析检验相对复杂，试验指标多，数据处理会用到成对 t 检验、方差分析、多重比较、多元统计分析(如主成分分析、因子分析、聚类分析、判别分析、神经网络分析)等。本节重点围绕主成分分析、因子分析用例题说明操作。

【例6-6】以【例6-5】超巴氏杀菌奶感官特性定量描述分析试验数据资料为例，用SPSS软件作主成分分析、因子分析。

在不同样品多重比较的基础上，结合专业知识选择蒸煮气味、焦糖气味、谷物/麦芽香味、蒸煮味、甜味、苦味、干燥质地、柔和后味等感官特性指标做主成分分析。

(1)操作步骤

①打开SPSS软件，在数据编辑窗口按要求格式将不同样品各指标平均值输入，如图6-10所示(SPSS软件中主成分分析、因子分析在同一模块)。

图6-10 SPSS软件因子分析数据编辑窗口

②点击"分析→降维→因子"，进入【因子分析】对话框，如图6-11(a)所示；将8个特性指标变量一并选入"变量"框，如图6-11(b)所示。

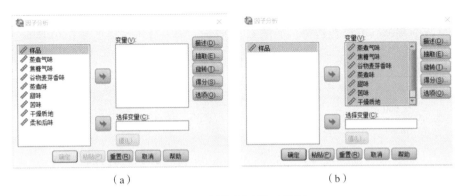

（a）　　　　　　　　　　（b）

图 6-11　【因子分析】对话框

③依次点击"描述""提取""旋转"，打开相应子对话框，如图 6-12 所示。在【描述】子对话框中选中"系数""显著性水平""KMO 和巴特利特球形度检验"，在【提取】子对话框中选中"主成分"，【提取】处选择"因子的固定数目"输入"8"（进行主成分分析时，这个数要设置为分析变量的指标个数），在【旋转】子对话框中选中"无"（主成分分析时），然后点击【继续】，返回到【因子分析】主对话框。

图 6-12　【主成分分析】参数设置子对话框

④点击【因子分析】主对话框中的【确定】，得到 SPSS 软件的主成分分析结果，见表 6-20、表 6-21 所列。

（2）结果分析

由表 6-20 相关系数分析结果可以看出，蒸煮气味与谷物/麦芽香味极显著相关、与蒸煮味显著相关，其他指标之间也存在一定的相关性（若大部分相关系数小于 0.3，则不适合作因子分析）。KMO（Kaiser-Meyer-Olkin）检验的 KMO = 0.26，巴特利特（Bartlett）球度检验的 $\chi^2 = 51.09$，对应显著性概率 $P = 0.005 < 0.05$，表明 8 个变量指标之间有较强的相关关系，适合做主成分分析（一般要求 KMO > 0.7，或 Bartlett 球度检验的显著性 $P < 0.05$）。主成分分析的特征向量、特征值及方差贡献率见表 6-21。SPSS 软件主成分分析的特征向量结果与其他软件的分析结果不同，这与其不同的表达有关，实质是一致的。前 4 个主成分的累计贡献率达到 94.41%，所以"提取"前 4 个因子进一步分析解释。为进一步清晰说明

因子与各感官特性指标之间的关系，做因子分析，操作过程仅在因子分析的"提取""旋转"子对话框中调整一下参数设置，如图6-13所示。因子分析结果见表6-19所列。

表6-20　相关系数与显著性

特　　性	蒸煮气味	焦糖气味	谷物/麦芽味	蒸煮味	甜味	苦味	干燥质地	柔和后味
蒸煮气味	1.000							
焦糖气味	0.491	1.000						
谷物/麦芽香味	0.913**	0.605	1.000					
蒸煮味	0.756*	0.617	0.610	1.000				
甜味	0.049	0.528	0.236	-0.019	1.000			
苦味	-0.367	-0.486	-0.197	-0.403	-0.318	1.000		
干燥质地	0.015	0.527	0.015	0.572	0.034	-0.064	1.000	
柔和后味	-0.085	0.148	-0.104	0.257	-0.499	0.410	0.543	1.000

注：＊表示显著相关；＊＊表示极显著相关。

表6-21　主成分分析的特征向量、特征值及方差贡献率

特　　性	主成分1	主成分2	主成分3	主成分4	主成分5	主成分6	主成分7	主成分8
蒸煮气味	**0.834**	-0.096	-0.531	-0.003	0.031	0.047	0.097	0.020
焦糖气味	**0.861**	0.06	0.383	0.176	-0.261	-0.081	-0.058	0.020
谷物/麦芽香味	**0.817**	-0.147	-0.427	0.334	-0.02	-0.125	-0.013	-0.026
蒸煮味	**0.863**	0.343	-0.118	-0.216	0.211	0.159	-0.086	-0.003
甜味	0.350	-0.584	**0.585**	0.403	0.067	0.158	0.036	-0.007
苦味	-0.557	0.418	-0.257	**0.643**	0.182	0.011	-0.032	0.013
干燥质地	0.417	**0.679**	0.519	-0.044	0.27	-0.132	0.055	-0.002
柔和后味	0.006	**0.940**	0.001	0.116	-0.295	0.121	0.04	-0.011
特征值	3.46	2.01	1.30	0.78	0.31	0.11	0.03	0.00
方差贡献率/%	43.20	25.17	16.28	9.76	3.89	1.33	0.34	0.02
累计贡献率/%	43.20	68.37	84.65	94.41	98.30	99.63	99.98	100.00

注：SPSS软件主成分分析结果。

图6-13　"因子分析"参数设置子对话框

思考题

1. 为什么描述性分析检验要采用专门的描述语言？
2. 描述性分析检验由哪几部分构成？
3. 简述风味剖面法、质地剖面法、定量描述分析法的概念。
4. 什么是 QDA 法及 QDA 图？

第 7 章

情感检验

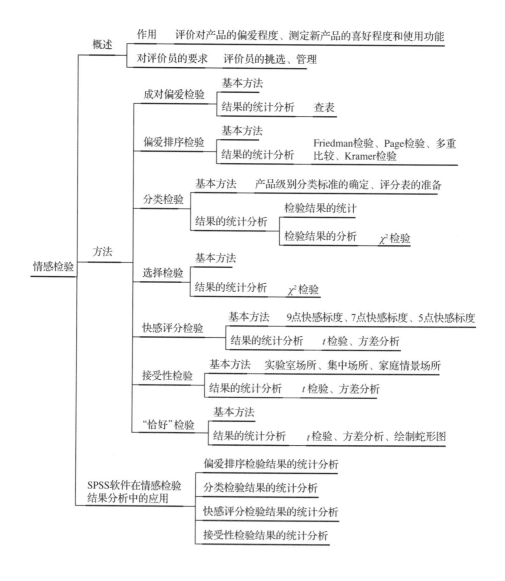

在食品感官评价中，情感检验（affective test）主要用于比较不同样品间感官质量的差异及消费者对样品的喜好程度的差异。其主要目的是评价当前消费者或潜在消费者对一种产品或一种产品的某个特征的感受，包括偏爱检验和接受性检验或喜好检验。偏爱检验要求评价员在多个样品中挑选出喜好的样品或对样品进行评分，比较样品质量的优劣；接受性检验要求评价员在一个标度上评估他们对产品的喜爱程度，并不一定要与另外的产品进行比较。

7.1 情感检验概述

7.1.1 情感检验的作用

情感检验在食品感官评价中具有重要意义，情感检验通常是伴随着差别检验和描述性分析检验进行，但有时也会独立进行。情感检验方法在新产品的研究开发、市场研究等方面应用广泛，如在市场研究中，感官检验涉及产品的可接受性、偏爱程度。检验的结果对不同部门或人员有不一样的意义。在选择情感检验方法时要明确检验的目的意义，怎样实施、谁将参加以及检验的结果如何使用等问题。情感检验的作用主要体现在下面三个方面。

（1）评价对产品的偏爱程度

偏爱是评价员对产品吸引力大小的比较，通过对两个或多个产品的比较，判断产品被偏爱的程度。偏爱可以直接被测量，即直接评价两个产品或多个产品中的哪个被偏爱；也可以通过间接测量完成，即对产品进行评分，通过评分的高低来确定产品感官质量的优劣。

（2）测定新产品的喜好程度

在新产品正式上市前需要通过感官评价来评估消费者对产品的喜爱程度。这些信息是必需的，因为正式生产一个产品要投入大量资金购买设备、组织生产、进行销售和广告宣传等。如果我们在一个不受消费者欢迎的产品上做大量投入，就会造成很大的浪费。情感检验中的接受性检验为我们提供的产品感官质量信息对市场销售有很好的指导作用。

（3）测定产品的使用功能

在新产品的研究开发过程中一般会开发出多个产品，这就需要借助感官评价中的情感检验来确定哪个产品或哪些产品更容易被消费者接受，也就是说，哪个产品最能满足市场需求，具有较好的使用功能。

随着情感检验的深入研究和发展，构建更加优良的感官评价体系，围绕传统食品、现代食品、未来食品的研发，践行大食物观，必将推动中国式食品的多元化发展。

7.1.2 情感检验对评价员的要求

7.1.2.1 评价员的挑选

参加情感检验的评价员可以是企业的员工、具有代表性的消费者、企业附近地区的居民等。不同类型的评价员有其自身的特点，选择时应根据具体的条件灵活掌握。最实用的方法是利用员工作为情感检验的评价员，这样不仅方便组织，而且很经济，但员工往往会不由自主地对产品有一些偏见，这样就会影响结果的真实性。选用有代表性的消费者作为情感检验的评价员取得的检验结果最具有代表性，因为他们的感觉代表了消费者对产品的感受，但要组织有代表性的消费者参加感官评价有时难度很大，而且需要一定的费用，成本相对较高。为了在获得理想的感官评价结果的同时，又能方便、经济地组织感官评价，利用当地居民代替员工作为感官评价员已成为情感检验评价员选择的趋势，一方面当地居民能够代表消费者对产品的感受；另一方面当地居民离公司较近，便于组织和实施。

一般来说，参加感官评价的人员数量相对较少，所以选择合适的评价员是很重要的。首先，评价员应喜爱所评价的产品；其次，如果在检验中使用了等级标度法，评价员应能有效地区分产品之间的差异。当用消费者作为评价员时，还应考虑人口统计学、心理学及评价员的生活方式等。

7.1.2.2 评价员的管理

对经常进行感官评价的公司来说，应当建立一套评价员的管理制度，为主要的评价员建立起相应的档案，并定期更新档案中的内容。对评价员的管理应注意以下三点。

(1)评价结果的收集整理

每次检验完成后，收集所有评价员的结果并与总体的评价结果比较分析，将分析的结果记录到评价员的档案中作为以后参加感官评价的依据。

(2)确定评价员参加感官评价的频率

对于员工，应控制参加评价的频率，在每个月中相同的评价不能超过 2 次或 3 次。如果参加感官评价太频繁，评价员得出的结论会具有某些倾向性。例如，在感官评价检验中会出现检验结果整体下降或现在的产品的评分高于过去所做检验的评分。这时就要求评价员间隔一个月或两个月不做类似的感官评价。具体的评价频率必须以产品为基础。在实际工作中，我们可以通过挑选足够多的评价员轮换进行感官评价，这样每位评价员参加的评价频率就会下降很多，但这样对评价员的需求量就会大幅增加。

(3)利用员工作为评价员时要保证结果的公正性

在制订感官评价计划中，怎样确保员工评价结果的有效性是重要的一环。员工往往对本公司的产品会比较熟悉，评价时能够很容易分辨出产品的异同，而且评价的结果也会出现一定的倾向性。在试验设计时要充分考虑这些因素，做到产品编号的随机化，在试验过程中尽可能避免评价员提前知道所评价产品的品牌、外包装等方面信息。

7.2 情感检验的方法

食品感官评价中的情感检验主要有两大类型，一类是偏爱检验，评价员可以在一个或多个产品中挑选出喜欢或偏爱的产品，主要有成对偏爱检验、偏爱排序检验、分类检验和选择检验；另一类是接受性检验，评价员在一个特定的标度上评估他们对产品的喜爱程度，主要有快感评分检验、接受性检验和"恰好"检验等。

7.2.1　成对偏爱检验

7.2.1.1　成对偏爱检验的基本方法

评价员比较两个样品，品尝后指出更喜欢哪个样品的方法就是成对偏爱检验（paired-preference test）。在进行成对偏爱检验时通常要求评价员给予明确肯定的回答，但有时为了获得某些信息，也可使用无偏爱的回答选项。在进行成对偏爱检验时，只要求评价员回答一个问题，就是记录样品整体的感官反应，不单独评价产品的单个感官质量特性。

在很多情况下，感官评价组织者为了获得更多的信息，往往在进行差别检验后再要求评价员指出对样品的偏爱，实际上这样做是不科学的。首先，两种方法选择的评价员是不同的，差别检验的评价员要按感官灵敏度进行挑选；而偏爱检验的评价员是产品的使用者即消费者。其次，两种方法的要求不同，差别检验要求评价员评价样品的差异，而偏爱检验只要求对样品的整体进行偏爱评价，如果进行差别检验后再进行偏爱检验，差别检验的结果会影响到偏爱检验的结果。

7.2.1.2　成对偏爱检验的评价单

在成对偏爱检验中，评价员会收到两个 3 位随机数字编码的样品，这两个样品被同时呈送给评价员，要求评价员评价后指出更偏爱哪个样品。为了简化数据的统计分析，通常要求评价员评价后必须作出选择，但有时为了获得更多信息也会允许有无偏爱的选择出现。两种情况下的评价单设计是不同的，见表 7-1、表 7-2 所列。

表 7-1　成对偏爱检验评价单（必选）

成对偏爱检验（必选）
样品：纯牛奶
姓名：＿＿＿＿＿＿＿＿＿＿　　　　　　　　　　　　　　日期：＿＿＿＿＿＿＿
请在开始前用清水嗽口，然后按从左至右的顺序品尝两个编码的样品，您可以重复饮用所要评价的样品，品尝后用圆圈圈上您所偏爱的样品编码。
652　　　　　835
谢谢您的参与！请将评价单交给组织者。

表 7-2　允许无偏爱选项的偏爱检验评价单

成对偏爱检验（允许无偏爱）
样品：纯牛奶
姓名：＿＿＿＿＿＿＿＿＿＿　　　　　　　　　　　　　　日期：＿＿＿＿＿＿＿
请在开始前用清水嗽口，然后按从左至右的顺序品尝两个编码的样品，您可以重复饮用所要评价的样品，品尝后用圆圈圈上您所偏爱的样品编码，如果两个样品中您实在分不出偏爱哪个，请您圈上无偏爱选项。
652　　　　　　　　835
无偏爱
谢谢您的参与！请将评价单交给组织者。

如果在成对偏爱检验中允许有无偏爱选择，结果分析时可根据情况选择以下3种不同的方法进行处理：第一种方法是除去检验结果中无偏爱选项的评价员后再进行分析，这样就减少了评价员数量，检验可信度随之会降低；第二种方法是把选择无偏爱的评价员人数平分，分别加到两个样品的结果中，然后进行分析；第三种方法是将无偏爱选项的评价员人数按比例分配到相应的样品中。

7.2.1.3 成对偏爱检验结果的统计分析

在成对偏爱检验中，如果不允许无偏爱选择，则一个特定产品的选择是两者中选一个。无差异假设是当评价员对一个产品的偏爱没有超过另一个产品时，评价员选择每个产品次数是相同的，也就是说评价员偏爱每一种样品的概率是相同的，即选择样品A的概率等于选择样品B的概率。在实际的研究中，研究人员并不知道哪个样品会被消费者更多地偏爱。成对偏爱检验有差异的假设是如果评价员对一个样品的偏爱程度超过对另一个样品的偏爱，则受偏爱较多的样品被选择的机会要多于另一个样品。对于偏爱检验结果的分析是基于统计学中的二项分布。

在偏爱检验中，通过二项分布可以帮助感官评价研究人员测定研究的结论是否仅仅是由于偶然因素引起，还是评价小组对一个样品的偏爱真的超过了另一个样品。二项分布的原理和概率计算见有关概率论与数理统计教材。在排除偶然性因素后样品有显著性偏爱的概率可用下列公式计算：

$$P = \frac{N!}{(N-X)!\ X!} \cdot \left(\frac{1}{2}\right)^{X} \cdot \left(\frac{1}{2}\right)^{N-X}$$

式中：N——有效评价员总数；

X——最受偏爱产品的评价员数；

P——对最受偏爱产品作出偏爱选择数目的概率。

上述公式的计算十分复杂，因此已有研究人员计算出了正确评估的数目以及它们发生的概率，给出了统计显著性的最小值(附表13)。在实际分析时，只要统计出被多数评价员偏爱样品的评价员数量，然后与附表13中的数据进行比较，如果实际评价员的数量大于或等于表中对应的显著性水平下的数值，则表明两个样品被偏爱的程度有显著差异。

【例7-1】在一个成对偏爱检验中，有A、B两个样品，共有40名评价员参与评价。评价结果有25位评价员偏爱A，有15位评价员偏爱B。判断评价员对A、B两个样品的偏爱是否有显著差异。

根据已知，有40名评价员参与成对偏爱检验，查附表13可以看出，在显著性水平0.05时，样品差异显著的最小判断数为27。偏爱检验的试验数值为25，小于这一数值，因此评价小组对A样品的偏爱没有超对样品B的偏爱。也就是说，两个样品的偏爱程度没有显著差异。

如果在检验中允许有无偏爱的选项，则需要对无偏爱选项按照前面描述的方法进行处理后再进行分析。

【例7-2】在一个成对偏爱检验中，有A、B两个样品，共有40名评价员参与评价。评价的结果有20位评价员偏爱A，有10位评价员偏爱B，有10位评价员选择无偏爱选项。判断评价员对A、B两个样品的偏爱是否有显著差异。

根据上述结果，需要对无偏爱选项的数据进行处理，处理的方法有以下 3 种：

①去掉无偏爱选项，然后进行分析。上述结果去掉无偏爱选项后，检验的结果变为：偏爱 A 的评价员为 20 位，偏爱 B 的评价员为 10 位，总的有效评价员为 30 位。查附表 13 可看出，在显著性水平 5% 时，样品差异显著的最小判断数为 21，检验的结果为 20，表明两个样品的偏爱程度没有显著差异。

②将无偏爱的选择评价评分加在两个样品的结果中，然后进行分析。上述结果按照这样处理后变为：偏爱 A 的评价员为 25 位，偏爱 B 的评价员为 15 位，结果与【例 7-1】的结果相同。

③将无偏爱选项的评价员按比例分配到样品中。上述结果中，在作出偏爱的评价员中偏爱 A 的比例为 2/3，偏爱 B 的比例为 1/3，计算时将无偏爱选项的数量按上述的比例加入两个样品中，这样偏爱 A 的评价员就变为 27，而偏爱 B 的人数为 23。根据附表 13 的数据，在显著性水平 5% 时，样品差异显著的最小判断数为 27。修正后的数值正好等于这一数值，结果表明 A、B 两个样品的偏爱程度有显著差异。

从结果分析来看，对无偏爱选项数据的处理不同，得出的结论会有所差异。因此，在实际的偏爱检验中，除非有特别的需要，最好要求评价员必须作出选择，这样得出的结论更为可靠一些。

7.2.2　偏爱排序检验

7.2.2.1　偏爱排序检验的基本方法

偏爱排序检验（preference ranking test）是指在感官检验中要求评价员根据指定的感官特性按照强度或按照偏爱或喜欢样品的程度对样品进行排序的一种检验方法。排序检验只能排出样品的顺序，不能评价样品间差异的大小。在新产品的研究开发过程中，需要确定由于不同的原料、工艺条件、贮藏方法等对产品质量的影响，偏爱排序检验法就是一种较理想的方法。另外，生产或开发出的产品需要与竞争对手的产品进行比较，也可以用这种方法进行。偏爱排序检验只能按一种特性或对样品的偏爱程度进行排序，如要比较样品的不同特性，则需要按不同的特性安排不同的排序检验。

检验前由感官评价组织者根据检验目的选择检验方法，制订试验的具体方案；明确需要排序的感官特性；指出排列的顺序是由弱到强还是由强到弱；明确样品的处理方法及保存方法；指明品尝时应注意的事项；指明对评价员的要求及培训方法，要使评价员对需要评价的指标和要求有一致的理解。

检验时每个评价员以事先确定的顺序评价编码的样品，并初步确定样品的顺序，然后整理比较，再作出进一步的调整，最后确定整个样品系列的强弱顺序。对于不同的样品，一般不能排为同一次序。如果排列有重复，则在结果分析时应对重复排列的数据进行处理。

7.2.2.2　偏爱排序检验的评价单

制订的偏爱排序检验评价单要求给评价员的指令简单扼要，能够很好地被理解，表 7-3 是对产品喜好程度进行排序时的评价单示例。

表 7-3 对样品喜好程度进行排序的评价单

偏爱排序检验(喜好程度)

产品名称：草莓味酸牛奶

评价员姓名：＿＿＿＿＿＿＿ 日期：＿＿＿＿＿＿＿＿

品尝前请用清水嗽口，然后按样品摆放的顺序从左至右品尝 4 个样品，如果需要可重复品尝，请按最喜欢到最不喜欢的顺序排列样品，使用 1~4 的数值表示样品的顺序，其中：1＝最喜欢，4＝最不喜欢。

品尝的结果：

样品编码	排列顺序(1~4，不允许相同)
107	（ ）
078	（ ）
348	（ ）
478	（ ）

谢谢您的参与！

7.2.2.3 偏爱排序检验结果的统计分析

品尝完成后收集每位评价员的评分表，将评分表中的样品编码进行解码，变为每个样品的排序结果，按表 7-4 的格式进行整理。表 7-4 中所列出的是 6 位评价员对 4 种草莓酸牛奶(分别用 A、B、C、D 表示)喜爱程度排序结果，1~4 的顺序表示喜好程度的顺序，其中，1 表示最喜欢，4 表示最不喜欢。

表 7-4 偏爱排序检验结果

评价员	1	2	3	4
1	A	C	D	B
2	C	D	A	B
3	A	D	B	C
4	C	A	B	D
5	A	B	D	C
6	C	A	D	B

偏爱排序检验法得到的结果可以用 Friedman 秩和检验或 Page 检验对样品之间喜好程度进行显著性分析。

(1)Friedman 秩和检验

采用 Friedman 秩和检验对排序检验的结果进行分析时，先计算每个样品的秩次和，再计算统计量 F 值，最后将计算出的 F 值与附表 7 中的临界值进行比较，判断样品间的差异显著性。具体方法参见 5.2.2.1 中排序检验结果的统计分析方法。

①计算样品秩次和 以表 7-4 中 4 种草莓酸牛奶喜好程度排序结果为例进行分析。先将上述排序结果转换为秩次，即将排列第一位的转换为数值 1，排列第二位的转换为数值 2，依此类推。上述的排序结果转化为秩次结果，见表 7-5。

表 7-5　排序检验秩次和计算表

评价员	A	B	C	D	合计
1	1	4	2	3	10
2	3	4	1	2	10
3	1	3	4	2	10
4	2	3	1	4	10
5	1	2	4	3	10
6	2	4	1	3	10
秩次和(R_i)	10	20	13	17	60

②计算统计量 F　由 F 计算公式

$$F = \frac{12}{bt(t+1)} \sum_{i=1}^{t} R_i^2 - 3b(t+1)$$

式中：b——评价员数量；

　　　t——样品数量；

　　　R_i——样品的秩次和。

可以计算出 F 值

$$F = \frac{12}{6 \times 4(4+1)}(10^2 + 20^2 + 13^2 + 17^2) - 3 \times 6(4+1) = 5.8$$

③结果分析　计算出 F 值后，与附表 7 中的相应临界值进行比较，如果计算的 F 值大于或等于临界值，则可判断样品之间有显著差异；若小于临界值，则可据此判断样品之间没有显著差异。

在样品数(t)为 4，评价员(b)为 6，显著性水平为 0.05 时，查附表 7 得 F 临界值为 7.6；由表 7-5 中的数据计算出的 F 值为 5.8，小于 F 临界值(7.6)，表明评价员对 4 种草莓酸牛奶的偏爱喜欢程度没有显著差异。

（2）Page 检验

在食品生产中产品会因为配方、热处理的温度、贮藏温度和时间等的不同而有自然的顺序，在这种情况下，为了检验该因素效应，可以采用 Page 检验。Page 检验也是一种秩次和检验，在产品有自然顺序的情况下，Page 检验比 Friedman 检验更有效。

检验时先用下列公式计算统计量：

$$L = R_1 + 2R_2 + \cdots + tR_i$$

式中：L——Page 检验统计量；

　　　R_i——样品的秩次和。

若计算出的 L 值大于或等于表 7-6 中的相应临界值，则说明样品间有显著性的差异。

对表 7-5 中的排序结果用 Page 检验，先计算 L 值：

$$L = 10 + 2 \times 20 + 3 \times 13 + 4 \times 17 = 157$$

查表 7-6，在显著性水平为 0.05，样品数为 4 时，L 临界值为 163，而计算的 L 值(157)小于 L 临界值(163)，表明评价员对 4 种草莓酸牛奶的喜好程度差异不显著。从分析的结果来看，Page 检验和 Friedman 秩和检验结果是一致的。

表 7-6　Page 检验临界值表

评价员数量	显著性水平 α=0.05					显著性水平 α=0.01				
	3	4	5	6	7	3	4	5	6	7
2	28	58	103	166	252	—	60	106	173	261
3	41	84	150	244	370	42	87	155	252	382
4	54	111	197	321	487	55	114	204	331	501
5	66	137	244	397	603	68	141	251	409	620
6	79	163	291	474	719	81	167	299	486	737
7	91	189	338	550	835	93	193	346	563	855
8	104	214	384	625	950	106	220	393	640	972
9	116	240	431	701	1 065	119	246	441	717	1 088
10	128	266	477	777	1 180	131	272	487	793	1 205
11	141	292	523	852	1 295	144	298	534	869	1 321
12	153	317	570	928	1 410	156	324	584	946	1 437
13	165	343	615	1 003	1 525	169	350	628	1 022	1 553
14	178	368	661	1 078	1 639	181	376	674	1 098	1 668
15	190	394	707	1 153	1 754	194	402	721	1 174	1 784
16	202	420	754	1 228	1 868	206	427	767	1 249	1 899
17	215	445	800	1 303	1 982	218	453	814	1 325	2 014
18	227	471	846	1 378	2 097	231	479	860	1 401	2 130
19	239	496	891	1 453	2 217	243	505	906	1 476	2 245
20	251	522	937	1 528	2 325	256	531	953	1 552	2 360

若评价员人数 b 或样品数 t 超过表 7-6 范围，可用统计量 L' 做检验：

$$L' = \frac{12L - 3bt(t+1)^2}{t(t+1)\sqrt{b(t-1)}}$$

在显著性水平 $\alpha=0.05$，$L' \geq 1.65$；显著性水平 $\alpha=0.01$，$L' \geq 2.33$，表明样品之间有显著差异。否则，表明样品之间无显著差异。

（3）多重比较

当检验的样品通过 Friedman 秩和检验或 Page 检验后发现样品间有显著性差异，再采用最小显著差数法（LSD 法）或最小显著极差法（LSR 法）比较哪些样品间有差异，具体方法参见 5.2.2.1。

（4）Kramer 检验

Kramer 检验是一种顺位检验法，通常先计算每个样品的秩次和，然后查顺位检验法检验表进行判断分析（附表 14）。Kramer 检验时，先通过上段来检验样品间是否有显著差异，将每个样品的秩次和与上段的最大值和最小值相比较。若每个样品的秩次和都在上段的范围内，则样品间没有显著差异；若有样品的秩次和大于或等于上段的最大值或小于等于上段的最小值，则样品间有显著差异；然后通过下段检验样品间的差异程度，若样品的秩次和处于下段范围内，表明样品间没有差异，可将其分为一组；样品秩次和在下段范围之外的可分为不同的两组，即在上限之外和下限之外的样品分别分为一组。

表 7-7 是评价员为 6、样品数为 4 的 Kramer 检验显著性临界值。以表 7-5 的结果为例，在 0.05 的显著性水平下，上段的值为 9~21，而上述样品 A、样品 B、样品 C 和样品 D 的秩次和都在上段范围内，因此评价员对 4 种草莓酸牛奶的喜好程度没有显著差异。

表 7-7　Kramer 检验显著性检验表

	显著性水平 $\alpha = 0.05$	显著性水平 $\alpha = 0.01$
上段	9~21	8~22
下段	11~19	9~21

【例 7-3】 6 位评价员对 A、B、C、D 4 种饮料的甜味排序。1~4 的顺序表示甜味强度的顺序，其中，1 表示甜味最弱，4 表示甜味最强。排序结果见表 7-8。

表 7-8　评价员品评的排序结果

评价员	秩 次			
	1	2	3	4
1	A	B	C	D
2	B　=　C		A	D
3	A	B　=　C　=　D		
4	A	B	D	C
5	A	B	C	D
6	A	C	B	D

由表 7-8 可以看出，有相同秩次出现，此时需取平均秩次，表 7-9 所列为 4 种饮料甜味的排序次序。若采用 Friedman 秩和检验，由于出现了等秩次排序，计算统计量 F 时要给予校正，具体方法参见 5.2.2.1。

表 7-9　饮料甜味的排序检验秩次和计算表

评价员	A	B	C	D	合计
1	1	2	3	4	10
2	3	1.5	1.5	4	10
3	1	3	3	3	10
4	1	2	4	3	10
5	1	2	3	4	10
6	1	3	2	4	10
秩次和(R_i)	8	13.5	16.5	22	60

现采用 Kramer 检验进行分析,可以看出,样品 A 的秩次和最小 $R_A = 8$,样品 D 的秩次和最大 $R_D = 22$,与表 7-7 上段临界值比较,正好在 0.01 显著水平的临界点上,表明 4 种饮料的甜味在 0.01 水平上有显著差异;再用下段临界值进行多重比较,可以看出 $R_A <$ 9,$R_D > 21$,R_B、R_C 在 9~21 区间内,所以 A、B、C、D 按甜味强度可划分为 3 个组,D̲ 、B̲C̲ 、A̲。即在 0.01 的显著水平上,D 样品最甜,C、B 样品次之,甜度上无显著差异,A 样品最不甜。

7.2.3 分类检验

7.2.3.1 分类检验的基本方法

分类检验(grading test)是在确定产品类别标准的情况下,要求评价员在品尝样品后,将样品划分为相应类别的检验方法。在评定样品的质量时,有时对样品进行评分会比较困难,这时可采用分类检验评价出样品的差异,得出样品的级别、好坏,也可鉴定出样品是否存在缺陷。

(1)产品级别分类标准的确定

在确定采用分类检验后应确定将产品划分的类别数量,并制订出每一类别的标准。不同的产品,分类的方法不同,分类的标准也不一样。

(2)评分表的准备

在分类检验的评分表中,要给评价员指明产品分类的数量及分类的标准。然后,将样品用 3 位随机数字进行编码处理。

7.2.3.2 分类检验结果的统计分析

(1)检验结果的统计

在所有评价员完成评价任务后,由组织者将每位评价员的结果统计在类似表 7-10 的表格中,这样就可直观地看出每个样品各级别的评价员数量,结果的分析就是基于每一个样品各级别的频数。

表 7-10 分类检验结果统计

样品	一级	二级	三级	合计(R_i)
1				(R_1)
2				(R_2)
3				(R_3)
4				(R_4)
合计(C_j)	(C_1)	(C_2)	(C_3)	(n)

(2)检验结果的分析

分类检验结果的分析采用卡方(χ^2)检验以判断样品组别间的差异性。表 7-10 数据格式属于 $R \times C$ 列联表格式,其中 R 为样品数(行数),C 为分类(组别)数(列数)。统计每个样品通过检验后分属每一级别的评价员的数量,然后用 χ^2 检验比较两种或多种产品不同级别的评价员数量,从而得出每个样品应属的级别,并判断样品间的感官质量是否有差异。

【例 7-4】现有 4 种不同工艺生产的同类型的果汁饮料，根据不同的质量标准分为 3 级，拟通过分类检验对 4 种产品的质量进行检验，据此判断不同的加工方法对产品质量是否有明显的影响。4 种产品分别用 1、2、3、4 表示，试验挑选了 28 位评价员，检验的结果见表 7-11，试判断 4 种产品的感官质量是否有明显的差异。

表 7-11　分类检验结果

样品	一级	二级	三级	合计(R_i)
1	8	12	8	28
2	12	10	6	28
3	13	11	4	28
4	7	9	12	28
合计(C_j)	40	42	30	112

①计算各级别的期望值(E)　E 用下面的公式计算：

$$E = \frac{该等级的次数}{总人次} \times 评价员的数量$$

根据上述公式计算出各级别的期望值：

$$E_1 = \frac{40}{112} \times 28 = 10，同理，可计算 E_2 = 10.5，E_3 = 7.5$$

②计算每个样品相应级别的实际值(Q)与期望值(E)之差，结果列入表 7-12。

表 7-12　各级别实际值与期望值之差

样品	一级	二级	三级
1	−2	1.5	0.5
2	2	−0.5	−1.5
3	3	0.5	−3.5
4	−3	−1.5	4.5

③计算 χ^2 值　χ^2 值用下列公式计算：

$$\chi^2 = \sum_{i=1}^{t}\sum_{j=1}^{m}\frac{(Q_{ij}-E_{ij})^2}{E_{ij}} = \frac{(-2)^2}{10} + \frac{2^2}{10} + \frac{3^2}{10} + \frac{(-3)^2}{10} + \cdots + \frac{4.5^2}{7.5} = 7.75$$

④结果判断　根据计算结果，查附表 6 中的 χ^2 临界值。如果计算出的 χ^2 值大于或等于相应显著性水平下的 χ^2 值，则表明样品间有显著差异，然后根据检验的情况对产品进行分级。

本例中，自由度 $df=$ 样品自由度($R-1$)×级别自由度($C-1$) = $(4-1) \times (3-1) = 6$，查 χ^2 分布表，得临界值 $\chi^2_{0.05(6)} = 12.59$，可以看出计算的 χ^2(7.75)小于 χ^2 临界值，因此可以推断这 4 种果汁饮料的感官质量没有显著差异。

对于 $R \times C$ 列联表数据进行检验也可以用下列公式直接计算 χ^2 值：

$$\chi^2 = n\left(\sum \frac{a_{ij}^2}{R_i C_j} - 1 \right) \quad (i=1,2,\cdots,R; j=1,2,\cdots,C)$$

式中：R——样品数；

$\quad\quad C$——类别数；

$\quad\quad a_{ij}$——第 i 样品第 j 级别对应的评价员数量。

将表 7-11 试验数据按上述公式直接计算，得

$$\chi^2 = 112 \times \left[\left(\frac{8^2}{28 \times 40} + \frac{12^2}{28 \times 42} + \frac{8^2}{28 \times 30} + \cdots + \frac{12^2}{28 \times 12} \right) - 1 \right] = 7.75$$

7.2.4 选择检验

7.2.4.1 选择检验的基本方法

在生产工艺优化、新产品开发等过程中，通常需要进行偏爱性调查，对产品的喜好度进行评价，选择检验(selection test)也是常用的一种方法。选择检验是在 3 个及 3 个以上的样品中，选择出一个最喜欢或最不喜欢样品的一种检验方法，也称为嗜好检验。

选择检验试验简单易懂，技术要求低，常用于嗜好调查，不适用于一些味道很浓或延缓时间较长的样品。采用这种方法在做品尝试验时，品尝前后需要彻底清洁口腔，不能留有残留物和残留味。

选择检验评价员无须经过培训，一般人员要求 5 人以上，多则可达 100 人以上。试验时将样品以 3 个随机数字进行编码，已随机顺序提供给评价员。

7.2.4.2 选择检验的评价单

常用的选择检验评价单设计见表 7-13。

表 7-13 选择检验评价单

选择检验
姓 名：_____　　日 期：_____
试验说明：
1. 从左向右依次品尝样品。
2. 品尝之后，请在你最喜欢的样品编号上画圈。
256　　　　　　　　　387　　　　　　　　583

7.2.4.3 选择检验的统计分析

选择检验主要用于分析两种情况：第一种是多个样品间是否存在差异；第二种是多数人认为最好的样品与其他样品间是否存在差异。

①分析多个样品间有无差异时，根据 χ^2 检验来判断结果，其 χ_0^2 统计量计算公式为

$$\chi_0^2 = \sum_{i=1}^{m} \frac{\left(x_i - \frac{n}{m} \right)^2}{\frac{n}{m}}$$

式中：m——样品数；

n——有效评价人数;

x_i——m 个样品中最喜好其中某个样品的人数。

查 χ^2 分布表得 $\chi^2_{\alpha(df)}$,其中 $df=m-1$。若 $\chi^2_0 \geq \chi^2_{\alpha(df)}$,说明 m 个样品在 α 水平上存在显著差异;若 $\chi^2_0 < \chi^2_{\alpha(df)}$,表明评价员对 m 个样品的嗜好不存在显著差异。

②分析被多数人判断为最好的样品与其他样品之间有无差异,亦根据 χ^2 检验来判断结果,其 χ^2_0 统计量计算公式为

$$\chi^2_0 = \left(x_i - \frac{n}{m}\right)^2 \frac{m^2}{(m-1)n}$$

查 χ^2 分布表得 $\chi^2_{\alpha(df)}$,其中 $df=1$,当 $\chi^2_0 \geq \chi^2_{\alpha(df)}$,说明多数人判断为最好的样品与其他样品之间在 α 水平上存在显著差异。反之,无显著差异。

【例 7-5】现有健康的消费者 98 名,对 5 种凉茶进行选择检验,调查问卷如表 7-14 所示,评定结果统计表见表 7-15,试分析 5 种凉茶间是否存在差异,样品 Y 与其他样品是否存在差异,样品 Y 与样品 A 是否存在显著差异。

对 98 名消费者简单介绍评价对象与评价方法,不经培训直接进行评价。5 种凉茶,其中 1 种为自制的样品 Y,4 种为市售的凉茶产品 A、B、C、D,按照 3 位随机数字编码。样品分装至透明的一次性饮水杯,各 30mL。样品在品评前于室温(20~25℃)下放置并平衡至室温,品尝前需漱口,且每品尝一个样品后需充分漱口润洗。为更好地进行区分,可将 30mL 样品都饮用完,且最少品尝量不低于 5mL。

表 7-14　选择检验调查问卷

样品类型:凉茶	
性别:　　　　年龄:　　　　日期:	
试验指令: 　　请从左至右依次品尝凉茶样品,品尝后在你最喜欢的样品编号后的相对位置打√,品尝前后需充分漱口润洗。	
样品编号	
284	
662	
581	
324	
185	
备注:	

表 7-15　选择检验结果

样品	Y	A	B	C	D	合计
评价员数量	15	29	14	22	18	98

①分析 5 种凉茶间是否存在差异　假如消费者对 5 种凉茶的喜好没有显著差异,那么选择每种凉茶的消费者人数应该相等,所以由下式计算:

$$\chi_0^2 = \sum_{i=1}^{m} \frac{\left(x_i - \dfrac{n}{m}\right)^2}{\dfrac{n}{m}} = \frac{m}{n} \sum_{i=1}^{m} \left(x_i - \frac{n}{m}\right)^2$$

$$= \frac{5}{98} \times \left[\left(15-\frac{98}{5}\right)^2 + \left(29-\frac{98}{5}\right)^2 + \left(14+\frac{98}{5}\right)^2 + \left(22-\frac{98}{5}\right)^2 + \left(18-\frac{98}{5}\right)^2\right] = 7.61$$

由于 $df = 5-1 = 4$，查 χ_0^2 分布表得，$\chi_{0.05(4)}^2 = 9.49$。可以看出，计算的 $\chi_0^2 = 7.61$，小于 χ^2 临近值(9.49)，说明 5 种凉茶在 0.05 显著水平不存在显著差异。

②分析样品 Y 与其他样品是否存在差异　由下式计算：

$$\chi_0^2 = \left(x_i - \frac{n}{m}\right)^2 \frac{m^2}{(m-1)n} = \left(15-\frac{98}{5}\right)^2 \frac{5^2}{(5-1) \times 98} = 1.35$$

可以看出，计算的 $\chi_0^2 = 1.35$，小于 χ^2 临近值(9.49)，说明样品 Y 与其他样品在 0.05 显著水平上不存在显著差异。

③分析样品 Y 与样品 A 是否存在差异　由比较评价结果可以看出，样品 Y 有 15 人选择，样品 A 有 29 人选择，故对样品 Y 与样品 A 进行比较分析，此时样品数 $m=2$，n 为选择样品 Y 的人数与样品 A 人数的总和($n = 15+29 = 44$)，所以由下式计算：

$$\chi_0^2 = \left(x_i - \frac{n}{m}\right)^2 \frac{m^2}{(m-1)n} = \left(15-\frac{44}{5}\right)^2 \frac{2^2}{(2-1) \times 44} = 4.45$$

由于 $df = 2-1 = 1$，查 χ_0^2 分布表得，$\chi_{0.05(1)}^2 = 3.84$。可以看出，计算的 $\chi_0^2 = 4.45$，大于 χ^2 临界值(3.84)，说明样品 Y 与样品 A 在 0.05 显著水平存在显著差异。

7.2.5 快感评分检验

7.2.5.1 快感评分检验的基本方法

快感评分检验(hedonic scale test)是要求评价员将样品的品质特性以特定标度的形式来进行评价的一种方法。采用的标度形式可以是 9 点快感标度、7 点快感标度或 5 点快感标度。标度的类型可根据评价员的类型灵活运用，有经验的评价员可采用较复杂或评价指标较细的标度，如 9 点快感标度；如果评价员是没有经验的普通消费者，则尽量选择区分度大一些的评价标度，如 5 点快感标度。标度也可以采用线性标度，然后将线性标度转换为评分。

快感评分检验可同时评价一个或多个产品的一个或多个感官质量指标的强度及其差异。在新产品的研究开发过程中可用这种方法来评价不同配方、不同工艺开发出来的产品质量的好坏，也可以对市场上不同企业间已有产品质量进行比较。可以评价某个或几个质量指标(如食品的甜度、酸度、风味等)，也可评价产品整体的质量指标(产品的综合评价、产品的可接受性等)。

7.2.5.2 快感评分检验的评价单

在给评价员准备评分表时要明确采用标度的类型，使评价员对标度上的点的具体含义有相同或相近的理解，以便于检验的结果能够反映产品真实的感官质量上的差异。表 7-16 是某牛奶公司评价 3 种不同杀菌方式生产的牛奶风味是否有差异时采用的评价单。

表 7-16　快感评分检验评价单

快感评分检验
样品：纯牛奶
姓名：_____　　　　　　　　　　　　　　　　日期：_____
请在品尝前用清水漱口，在您面前有 3 个 3 位数字编码的牛奶样品，请您依次品尝，然后对每个样品的总体风味进行评价。评价时按下面的 5 点标度进行（分别是：风味很好、风味好、风味一般、风味差、风味很差）。在每个编码的样品下写出您的评价结果。
评价的标度：风味很好
风味好
风味一般
风味差
风味很差
评级的结果：　　样品编码：　　　473　　　076　　　822
风味评价结果　（　　　）（　　　）（　　　）
谢谢您的参与！

7.2.5.3　快感评分检验结果的统计分析

快感评分检验结果采用参数检验法进行统计分析，根据检验样品的多少统计分析可选择 t 检验或方差分析。如果只有两个样品进行比较，则采用 t 检验；如果检验的样品超过两个，则需要采用方差分析。下面通过一个具体的例子来说明。

【例 7-6】某牛奶生产企业要比较用 3 种不同杀菌方式生产的牛奶风味的差异，决定采用快感评分检验来比较。3 种牛奶分别是巴氏杀菌的鲜牛奶（A）、超巴氏杀菌的鲜牛奶（B）和超高温灭菌的纯牛奶（C）。有 16 位评价员参与每个样品的评价，评价结果见表 7-17。试对检验结果进行分析，判断 3 种不同杀菌方式生产的牛奶风味是否有差异。

表 7-17　评分检验结果

牛奶样品	风味很好	风味好	风味一般	风味差	风味很差
A	5	6	3	2	0
B	4	4	6	1	1
C	1	3	6	4	2

①将评价结果转化为评分　转换的方法主要有两种：一种是采用 1~5 的数字；另一种是采用正负数字，即风味很好为 +2，风味好为 +1，风味一般为 0，风味差为 -1，风味很差为 -2。本例采用第二种转换方法，转换的结果见表 7-18。

表 7-18　快感评分检验结果

样品	+2	+1	0	-1	-2	总分	平均值
A	5	6	3	2	0	14	0.875
B	4	4	6	1	1	9	0.563
C	1	3	6	4	2	-3	-0.188

②计算平方和　根据表 7-18 中的结果计算样品得分、总和(T)，然后计算总平方和(SS_T)、样品平方和(SS_t)和误差平方和(SS_e)。

以 a 表示样品数，b 表示参与样品评价的评价员数，x_{ij} 表示各评分值，CT 为矫正数，T_i 为第 i 个样品评分和(i=1，2，3 分别代表 A、B、C)，T 表示所有样品评分总和。

$$T = \sum_{i=1}^{a} T_i = \sum_{i=1}^{3} T_i = T_1 + T_2 + T_3 = T_A + T_B + T_C = 14 + 9 + (-3) = 20$$

$$CT = \frac{T^2}{ab} = \frac{20^2}{3 \times 16} = 8.333$$

$$SS_T = \sum_{i=1}^{a} \sum_{j=1}^{b} x_{ij}^2 - CT = \sum_{i=1}^{3} \sum_{j=1}^{16} x_{ij}^2 - CT$$
$$= 5 \times (+2)^2 + 6 \times (+1)^2 + \cdots + 2 \times (-2)^2 - 8.333 = 63.667$$

$$SS_t = \frac{1}{b} \sum_{i=1}^{a} T_i^2 - CT = \frac{1}{16} \sum_{i=1}^{3} T_i^2 - CT = \frac{1}{16}[14^2 + 9^2 + (-3)^2] - 8.333 = 9.542$$

$$SS_e = SS_T - SS_t = 63.667 - 9.542 = 54.125$$

③计算自由度　总自由度 $df_T = ab-1 = 3 \times 16-1 = 48-1 = 47$，样品自由度 $df_t = a-1 = 3-1 = 2$，误差自由度 $df_e = df_T - df_t = 47-2 = 45$。

④计算方差　样品方差 $MS_t = \dfrac{SS_t}{df_t} = \dfrac{9.542}{2} = 4.771$，误差方差 $MS_e = \dfrac{SS_e}{df_e} = \dfrac{54.125}{45} = 1.203$。

⑤计算 F 值　$F = 4.771/1.203 = 3.97$。

由 $df_t = 2$、$df_e = 45$，查附表 3 得 F 临界值 $F_{0.05(2,45)} = 3.20$。可以看出，计算的 F 值(3.97)大于 F 临界值，由此可判断 3 种杀菌方式生产的牛奶风味有显著差异。

⑥多重比较　采用最小显著差数法(LSD 法)以判断哪些样品间有显著差异，哪些样品间没有显著差异。

计算样品间比较的临界值 LSD_α：

$$LSD_{0.05} = t_{0.05(df_e)} \sqrt{\frac{2MS_e}{n}} = t_{0.05(45)} \times \sqrt{\frac{2MS_e}{b}} = 2.01 \times \sqrt{\frac{2 \times 1.203}{16}} = 0.779$$

式中：n——重复数；

b——每个样品被评价的重复数。

LSD 法多重比较结果如下：

产品	A	B	C
平均值	0.875[a]	0.563[ab]	-0.188[b]

3 种杀菌方式生产的牛奶除 A、C 样品间风味有显著差异外，其余两两差异不显著，A 的风味最好，C 的风味最差。

此例不考虑评价员个体间的品评差异性，所以每个样品相当于重复评价了 16 次，也可以将表 7-18 结果整理成单因素试验资料数据格式(表 7-19)，然后采用统计软件直接进行统计分析(参见【例 7-13】)。

表 7-19 单因素试验资料数据格式

样品	重复数															
	1	2	3	4	5	6	7	8	9	10	11	12	13	14	15	16
A	2	2	2	2	2	1	1	1	1	1	1	0	0	0	−1	−1
B	2	2	2	2	1	1	1	1	0	0	0	0	0	0	−1	−2
C	2	1	1	1	0	0	0	0	0	0	−1	−1	−1	−1	−2	−2

【例 7-7】我国酿造食醋有上千年历史，对世界食醋酿造有着深远的影响意义。现有 10 位评价员对两种食醋的风味进行了评分检验，采用 9 点快感标度进行评分，评价结果见表 7-20，分析这两种食醋的风味是否有显著性差异。

表 7-20 两种食醋风味的评分检验结果

评价员		1	2	3	4	5	6	7	8	9	10	合计	平均
样品	A	8	7	7	8	6	7	7	8	6	7	71	7.1
	B	6	7	6	7	6	6	7	7	7	7	66	6.6
评分差	d	2	0	1	1	0	1	0	1	−1	0	5	0.5
	d^2	4	0	1	1	0	1	0	1	1	0	9	

由于本例只有两个样品，考虑到评价员个体间的品评差异性对试验结果的影响，因此采用成对 t 检验进行分析。计算公式如下：

$$t = \frac{\bar{d}}{s_d / \sqrt{n}}$$

式中：$\bar{d}$——差数平均数，$\bar{d} = 0.5$；

s_d——差数标准差；

n——评价员数，$n = 10$。

$$s_d = \sqrt{\frac{\sum (d - \bar{d})^2}{n - 1}} = \sqrt{\frac{\sum d^2 - (\sum d)^2 / n}{n - 1}} = \sqrt{\frac{9 - \frac{5^2}{10}}{10 - 1}} = 0.85$$

$$t = \frac{0.5}{0.85 / \sqrt{10}} = 1.86$$

$$df = n - 1 = 10 - 1 = 9$$

查附表 2 得 $t_{0.05(9)} = 2.262$，可以看出计算的 $t = 1.86$，小于 t 临界值，所以可推断两种食醋的风味没有显著性差异。

7.2.6 接受性检验

7.2.6.1 接受性检验的基本方法

接受性检验（acceptance test）是感官检验中一种很重要的方法，主要用于检验消费者对产品的接受程度，既可检验新产品的市场反应，也可通过这种方法比较消费者对不同公司产品的接受程度。通过接受性检验获得的信息可直接作为企业经营决策的重要依据,较其他消费者检验提供更多的信息。

接受性检验根据试验进行的场所不同分为实验室场所、集中场所和家庭情景场所的接受性检验3种主要类型。在某种程度上实验室场所和集中场所比较相近,评价员都集中在一起进行感官评价,而家庭情景场所的检验差别就比较大,每个家庭的情况不同,检验的时间也不一样,因此得到的结果会有所差异。不同类型的接受性检验之间的检验程序、控制的程序和检验的环境是不一样的。不同类型的接受性检验的特征见表7-21。

表 7-21　不同接受性检验类型的特征

项　　目	实验室场所	集中场所	家庭情景场所
评价员类型	员工或当地居民	普通消费者	员工或普通消费者
评价员数量	25~50 个	100 个以上	50~100 个
样品数量	少于 6 个	最多 5 个或 6 个	1~2 个
检验类型	偏爱,接受性	偏爱,接受性	偏爱,接受性
优点	条件可控,反馈迅速,评价员有经验,费用少	评价员数量多,没有员工的参与	环境接近食用环境,结果反映了家庭成员的意见
缺点	过于熟悉产品,信息有限,不利于产品的开发	可控性差,没有指导,要求评价员较多	可控性较差,花费较高

7.2.6.2　接受性检验的评价单

在进行接受性检验时,评价员通常采用9点快感标度来对产品的喜好程度进行评价。对于儿童评价员则可以用儿童快感标度。表7-22是9点快感标度的评价单。

表 7-22　接受性检验评价单

接受性检验
接受性检验
产品名称:香肠　　　　　　　　　　　　　　　　　　　　日期:＿＿＿＿＿＿
评价员姓名:＿＿＿＿＿＿＿
请在开始前用清水嗽口,如果需要您可以在检验中的任何时间再嗽口。请仔细品尝所呈送给您的样品,确认下面对产品总体质量的描述中哪个最适合描述您的感受,请将相应的样品编码写在相应的位置。
样品:392　917　679
评价结果:□ 非常喜欢
□ 很喜欢
□ 喜欢
□ 稍喜欢
□ 一般(既不喜欢,也不厌恶)
□ 稍不喜欢
□ 不喜欢
□ 很不喜欢
□ 非常不喜欢
谢谢您的参与!试验中如有任何问题,请与组织者联系。

7.2.6.3　接受性检验结果的统计分析

接受性检验的结果分析与快感评分检验的结果分析方法相同。首先将快感标度转换为数值，然后进行统计分析，分析方法为 t 检验或方差分析。下面通过实例来说明接受性检验结果的统计分析。

【例 7-8】某食品公司研发人员开发了一种饼干产品(A)，为了了解消费者对这种饼干是否喜欢，从市场上购买了两种同类型的产品(分别用 B、C 表示)，挑选了 16 位评价员采用 7 点快感标度对 3 种样品的喜好程度进行评价。7 点快感标度评分为：+3 表示非常喜欢；+2 表示很喜欢；+1 表示喜欢；0 表示一般；-1 表示不喜欢；-2 表示很不喜欢；-3 表示非常不喜欢。评价结果见表 7-23，试比较消费时 3 种饼干的可接受性是否有差异。

表 7-23　接受性检验结果

饼干	+3	+2	+1	0	-1	-2	-3	总分	平均值
A	2	5	7	0	1	0	1	19	1.19
B	1	2	1	5	4	2	1	-3	-0.19
C	2	4	5	3	0	1	1	14	0.88

对接受性检验结果的方差分析方法与快感评分检验结果的方差分析方法是相同的。先计算出每个样品的得分，然后计算样品平方和、误差平方和，最后计算出方差、F 值。

①计算每个样品的得分　样品 A 的得分 $T_A = 2\times(+3)+5\times(+2)+7\times(+1)+0\times(0)+1\times(-1)+0\times(-2)+1\times(-3)=19$；同理，可计算 $T_B=-3$，$T_C=14$。

样品得分总和 $T=T_A+T_B+T_C=19+(-3)+14=30$

②计算平方和

$$CT=\frac{T^2}{ab}=\frac{30^2}{3\times16}=18.75$$

$$SS_T=\sum_{i=1}^{a}\sum_{j=1}^{b}x_{ij}^2-CT=\sum_{i=1}^{3}\sum_{j=1}^{16}x_{ij}^2-18.75=127.25$$

$$SS_t=\frac{1}{b}\sum_{i=1}^{a}T_i^2-CT=\frac{1}{16}\sum_{i=1}^{3}T_i^2-CT=\frac{1}{16}\left[19^2+(-3)^2+14^2\right]-18.75=16.625$$

$$SS_e=SS_T-SS_t=127.25-16.625=110.625$$

③计算自由度　总自由度 $df_T=ab-1=3\times16-1=48-1=47$，样品自由度 $df_t=a-1=3-1=2$，误差自由度 $df_e=47-2=45$。

④计算方差　样品方差 $MS_t=16.625/2=8.313$，误差方差 $MS_e=110.625/45=2.458$。

⑤计算 F 值　$F=8.313/2.458=3.382$。

由附表 3 查得 F 临界值 $F_{0.05(2,45)}=3.20$，可以看出计算的 F 值大于 F 临界值，由此可推断消费者对 3 种饼干的可接受性有显著差异。

⑥多重比较　采用最小显著差数法(LSD 法)进行多重比较。

计算样品间比较的临界值 LSD_α：

$$LSD_{0.05}=t_{0.05(dfe)}\sqrt{\frac{2MS_e}{n}}=t_{0.05(45)}\times\sqrt{\frac{2MS_e}{b}}=2.01\times\sqrt{\frac{2\times2.458}{16}}=1.114$$

LSD 法多重比较结果如下:

产品	A	B	C
均值	1.19[a]	−0.19[b]	0.88[ab]

可以看出,消费者对 3 种饼干的喜好程度有显著差异,其中 A 样品的可接受度最高,但与 C 样品没有显著差异,B 样品的可接受度最低,但与 A 样品差异显著,与 C 样品没有显著差异。

【例 7-9】由 31 位消费者组成评价小组,采用 9 点快感标度对新开发的脱脂干酪进行质地硬度和总体喜爱程度的评价。其中,15 位消费者评价对照样品,16 位消费者评价新产品,评价结果见表 7-24。

表 7-24 脱脂干酪的接受性检验结果

评价员	对照干酪		评价员	脱脂干酪	
	坚硬程度	喜爱程度		坚硬程度	喜爱程度
1	4	7	16	8	4
2	8	8	17	6	6
3	7	6	18	8	5
4	6	8	19	6	7
5	6	8	20	8	6
6	3	6	21	7	3
7	5	7	22	7	5
8	6	7	23	3	7
9	7	6	24	7	5
10	8	9	25	8	2
11	9	8	26	3	3
12	7	9	27	7	3
13	4	5	28	6	3
14	5	3	29	7	4
15	6	8	30	6	6
			31	7	4
$\bar{x}$	6.067	7.000		6.500	4.563
$\sum x$	91	105		104	73
$\sum x^2$	591	771		712	369
n	15	15		16	16

此例数据资料属于成组试验设计资料,应进行成组 t 检验分析。

即
$$t = \frac{\bar{x}_1 - \bar{x}_2}{s_{\bar{x}_1 - \bar{x}_2}}$$

$$S_{\bar{x}_1 - \bar{x}_2} = \sqrt{\frac{\sum (x_1 - \bar{x}_1)^2 + \sum (x_2 - \bar{x}_2)^2}{(n_1 - 1) + (n_2 - 1)} \times \left(\frac{1}{n_1} + \frac{1}{n_2}\right)}$$

式中：$S_{\bar{x}_1 - \bar{x}_2}$——平均数差异标准误；

n_1、n_2——两样本的含量。

$$df = (n_1 - 1) + (n_2 - 1)$$

对本例"质地硬度"分析：

$$t = \frac{\bar{x}_1 - \bar{x}_2}{s_{\bar{x}_1 - \bar{x}_2}} = \frac{\bar{x}_1 - \bar{x}_2}{\sqrt{\dfrac{\sum (x_1 - \bar{x}_1)^2 + \sum (x_2 - \bar{x}_2)^2}{(n_1 - 1) + (n_2 - 1)} \times \left(\dfrac{1}{n_1} + \dfrac{1}{n_2}\right)}}$$

$$= \frac{\bar{x}_1 - \bar{x}_2}{\sqrt{\dfrac{\left(\sum x_1^2 - \dfrac{\left(\sum x_1\right)^2}{n_1}\right) + \left(\sum x_2^2 - \dfrac{\left(\sum x_2\right)^2}{n_2}\right)}{(n_1 - 1) + (n_2 - 1)} \times \left(\dfrac{1}{n_1} + \dfrac{1}{n_2}\right)}}$$

$$= \frac{6.067 - 6.500}{\sqrt{\dfrac{\left(591 - \dfrac{91^2}{15}\right) + \left(712 - \dfrac{104^2}{16}\right)}{(15 - 1) + (16 - 1)} \times \left(\dfrac{1}{15} + \dfrac{1}{16}\right)}} = -0.749$$

同理，对"喜爱程度"分析：

$$t = \frac{7.000 - 4.563}{\sqrt{\dfrac{\left(771 - \dfrac{105^2}{15}\right) + \left(369 - \dfrac{73^2}{16}\right)}{(15 - 1) + (16 - 1)} \times \left(\dfrac{1}{15} + \dfrac{1}{16}\right)}} = 4.306$$

$$df = (n_1 - 1) + (n_2 - 1) = (15 - 1) + (16 - 1) = 14 + 15 = 29$$

查 t 分布表，$t_{0.05(29)} = 2.045$，可以看出，质地硬度的 $|t|$ 值小于 $t_{0.05(29)}$，喜爱程度的 $|t|$ 值大于 $t_{0.05(29)}$，所以，对照干酪与脱脂干酪在质地硬度上无显著差异；而消费者对其喜爱程度上差异显著，消费者更喜爱对照样品。

7.2.7　"恰好"检验

7.2.7.1　"恰好"检验的基本方法

产品测试研究中，经常需要消费者对产品的感官属性进行评价，而人们通常对感官属性有一个最佳的适应点。例如，香味的浓淡程度，并不是香味越浓越好；甜味，也不是越甜越好。针对这种情况，我们通常采用"恰好"（just-about-right，JAR）检验。

这种检验的提问方式可为：请问你认为该产品气味的浓淡程度如何？请用 1~5 分来评价，1 分表示太淡，5 分表示太浓，3 分表示正好。在这种方式下，评价得分并非越高越好,而是越靠近 3 分越好。

例如,消费者依次对随机编码的样品进行接受性检验,并将样品的编码填入表 7-25 的相应位置,工作人员将文字标度转化为相应的数字进行统计分析。采用 5 点标度法进行检验,1 为过少/弱,3 为恰好,5 为过多/强。

表 7-25 "恰好"检验最适度标度表

	过少	有点少	恰好	有点多	过多
指标 1					
指标 2					
指标 3					
指标 4					

7.2.7.2 "恰好"检验结果的统计分析

对"恰好"检验数据进行蛇形图分析,此方法较为简单,它能够直观地反映出被检验样品各指标属性偏离"最适度"(3 分)的程度。将样品的"恰好"检验结果转化为数字后,通过 Excel 作蛇形图分析,几条折线代表几种样品,样品各指标属性为横坐标,消费者给出的某种样品对应指标属性的"恰好"检验平均分为纵坐标。数据点越靠近横坐标表明该指标的"最适度"越好,数据点在横坐标以上表明该指标属性的适合度处于"最适度"偏高的位置上,反之偏低。

【例 7-10】我国是大豆的故乡,豆腐干是非物质文化遗产工艺传承出的珍馐好物。现有 100 名消费者,请采用 7 点快感标度对 3 种豆腐干样品的总体喜好程度进行评价。7 点快感标度评分如下:+3 表示非常喜欢;+2 表示很喜欢;+1 表示喜欢;0 表示一般;−1 表示不喜欢;−2 表示很不喜欢;−3 表示非常不喜欢。评价结果见表 7-26。

表 7-26 接受性检验结果

样品(豆腐干)	+3	+2	+1	0	−1	−2	−3	总分	平均值
A	24	21	19	10	6	13	7	80	0.80
B	19	7	21	25	14	9	5	45	0.45
C	25	14	15	13	17	10	6	63	0.63

首先根据接受性检验结果,计算每个样品的得分,样品 A 的得分 $T_A = 24 \times (+3) + 21 \times (+2) + 19 \times (+1) + 10 \times (0) + 6 \times (-1) + 13 \times (-2) + 7 \times (-3) = 80$;同理,可计算 $T_B = 45$,$T_C = 63$。可以看出,样品 A 的得分高于样品 B 和样品 C,样品 B 的得分最低。说明样品 A 较受消费者喜爱,样品 C 次之,样品 B 较不受消费者喜爱。

随后消费者采用 5 点标度法从香味、硬度、咸味、油性 4 个方面分别对 3 种豆腐干样品进行"恰好"检验,标度形式如下:1 为太淡了,2 为有点淡,3 为正好,4 为有点重,5 为太重了。消费者品尝后将样品的编码填入表 7-27 相应的位置,并将文字标度转化为相应的数字进行统计分析。

表 7-27　"恰好"检验最适度标度表

特性	太淡了	有点淡	正好	有点重	太重了
香味		C		A　B	
硬度		A　C		B	
咸味		A　B		C	
油性				A　B　C	

　　将 3 种豆腐干样品的"恰好"检验结果转化为数字后，绘制蛇形图，结果如图 7-1 所示。由图 7-1 可以看出，样品 B 豆腐干除咸味适合度处于"正好"和"有点淡"之间外，其香味、硬度、油性均处于"正好"与"有点重"之间；样品 A 豆腐干各个指标属性间的平衡度较差，香味、油性适合度比"最适度"偏高，而硬度、咸味适合度则比"最适度"偏低；样品 C 豆腐干各个指标属性间的平衡度也较差，香味、硬度适合度比"最适度"偏低，而咸味、油性适合度则比"最适度"偏高。

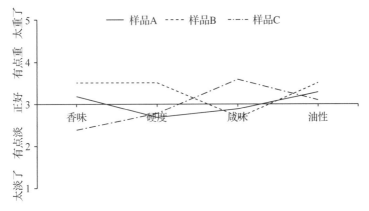

图 7-1　"恰好"检验数据蛇形图

　　综上，在新产品的研究开发过程的不同阶段，经常要对开发出的产品进行接受性检验，有时是同时开发的产品之间进行比较，有时是本企业开发的产品与竞争对手产品间的比较。在新产品上市之前多要对产品的接受性进行检验。为了使检验的结果可靠，必须本着实事求是的科学态度选择正确的方法、挑选合适的评价员、采用正确的统计分析方法，从而得出可信可靠的评价，进而树牢食品从业者的职业道德和诚信意识。

7.3　SPSS 软件在情感检验结果分析中的应用

7.3.1　偏爱排序检验结果的统计分析

　　【例 7-11】以【例 7-3】偏爱排序检验结果为例，用 SPSS 软件进行 Friedman 秩和检验分析。

　　(1)操作步骤

　　①首先将各评价员的偏爱排序检验结果转化为秩次，见表 7-9 所列。

②打开 SPSS 软件，在 SPSS 数据编辑窗口按要求输入表7-9数据(注意评价结果设置为度量数据)。选中"分析→非参数检验→相关样本(也可选择"旧对话框→K 个相关样本")"(图7-2)，弹出【多个相关样本检验】对话框，如图7-3所示。

③在【多个相关样本检验】对话框中，点击【字段】，将左边需分析的样品"A、B、C、D"一并选入右边"检验字段"栏中；点击【设置】，选择"自定义检验"中的"Friedman 按秩二因素 ANOVA"，如图7-3所示；单击【运行】，输出多个相关样本的 Friedman 检验的汇总结果。

④双击检验汇总结果框，可获得 Friedman 秩和检验分析结果；在右边下方"视图"处选择"成对比较"，可获得不同样品之间的多重比较结果。

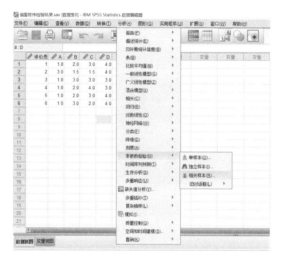

图7-2　偏爱排序检验 SPSS 软件数据编辑窗口

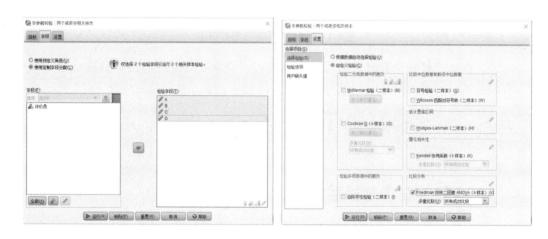

图7-3　【多个相关样本检验】对话框

(2)结果分析

由表7-28可以看出，Friedman 统计量 $\chi^2 = 11.182$，自由度 $df = 3$，显著性概率 $P = 0.011 < 0.05$，表明4个饮料的甜味有显著差异。进一步多重比较可以看出(表7-29)，

D 的甜味最大，与 B、C 差异不显著，与 A 有显著差异；A 的甜味最小，但与 B、C 差异不显著。

表 7-28　相关样本 Friedman 秩和检验结果

Friedman 统计量 χ^2	自由度	渐进显著性
11.182	3	0.011

表 7-29　成对多重比较结果

样本 1-样本 2	平均秩	A	B	C	D
D	3.67	2.34 *	1.42	0.92	
C	2.75	1.42	0.50		
B	2.25	0.92			
A	1.33				

7.3.2　分类检验结果的统计分析

【例 7-12】以【例 7-4】分类检验结果为例，用 SPSS 软件进行列联表 χ^2 检验统计分析。

（1）操作步骤

①打开 SPSS 软件，在数据编辑窗口将表 7-11 试验结果输入，如图 7-4 所示；点击"数据→个案加权"，弹出【个案加权】对话框，选中"个案加权依据"，将左边"结果"选入右边"频率变量"框中，如图 7-4 所示，点击【确定】按钮即可。

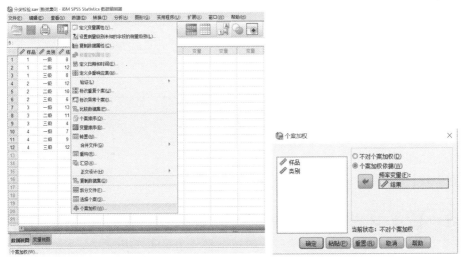

图 7-4　SPSS 数据编辑窗口与【个案加权】对话框

②依次点击"分析→描述统计→交叉表"，打开【交叉表】对话框，如图 7-5 所示。将变量"样品""类别"分别选入"行""列"框中。

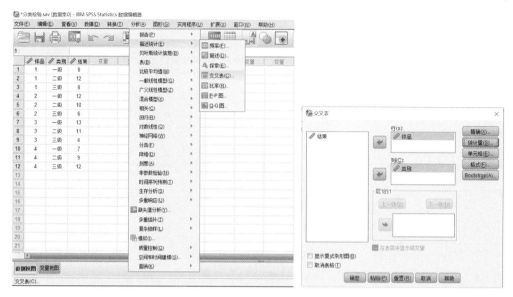

图7-5 【交叉表】对话框

③点击"统计量",弹出的【交叉表:统计量】对话框,选中"卡方",单击【继续】按钮返回【交叉表】主页面。

④点击【确定】输出结果。

(2)结果分析

由表7-30可以看出,本例$\chi^2 = 7.743$,概率$P = 0.258 > 0.05$,表明4种果汁饮料的感官质量没有显著差异。

表7-30 分类检验数据的卡方分析结果

项目	χ^2 值	自由度	显著性概率
Pearson 卡方	7.743[a]	6	0.258
似然比检验	7.717	6	0.260

注:a. 没有单元格的期望计数小于5,最小的期望计数为7.50。

7.3.3 快感评分检验结果的统计分析

【例7-13】以【例7-6】快感评分检验结果为例,用SPSS软件进行单向资料的方差分析。

【例7-6】试验不考虑消费者评价员个体间的品评差异性,所以每个样品相当于重复评价,可以将表7-18的结果整理成单向资料数据格式,见表7-19所列。用SPSS软件进行单向资料方差分析过程如下:

①打开SPSS软件,在数据编辑窗口输入数据(注意定义变量时,"样品"设置为"数值型",用1、2、3分别代表样品A、B、C),如图7-6所示。

图 7-6　SPSS 软件单因素方差分析数据编辑窗口

②点击"分析→比较均值→单因素 ANOVA"，进入【单因素方差分析】对话框，如图 7-7(a)和图 7-7(b)所示。点击【确定】得单因素方差分析初步结果，见表 7-31 所列。由表 7-31 可以看出，样品间的 F 值为 3.967，显著性概率 $P = 0.026 < 0.05$，表明 3 种不同杀菌方式生产的牛奶风味有显著差异。哪个样品和哪个样品有差异，需进一步做多重比较。

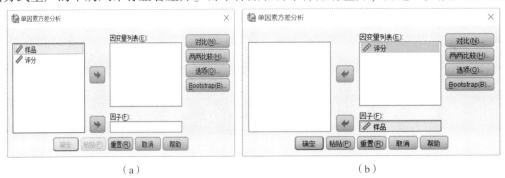

（a）　　　　　　　　　　　　　　　　（b）

图 7-7　【单因素方差分析】对话框

表 7-31　单因素方差分析表

变异来源	平方和	自由度	均方	F 值	显著性概率
样品间	9.542	2	4.771	3.967	0.026
误差	54.125	45	1.203		
总和	63.667	47			

③在【单因素方差分析】对话框中点击"两两比较"，打开【单因素 ANOVA：两两比较】子对话框，如图 7-8 所示。在此对话框中选用"Duncan"进行多重比较，然后点击【继续】返回到【单因素方差分析】对话框。点击【确定】得单因素方差分析最终结果，包括方差分析表、多重比较表等。由多重比较结果(表 7-32)可以看出，样品 A、样品 C 之间有显著

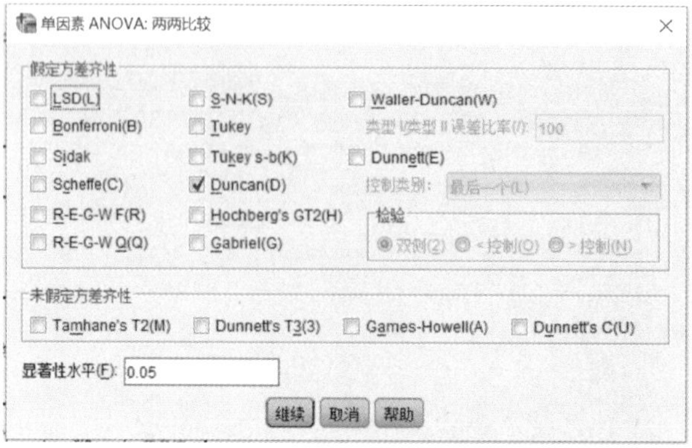

图 7-8 【单变量 ANOVA：两两比较】子对话框

表 7-32　Duncan 多重比较结果

样品	A	B	C
均值	0.88^a	0.56^{ab}	-0.19^b

差异，其余两两之间差异不显著。

【例 7-14】以【例 7-7】成对快感评分检验结果为例，用 SPSS 软件进行成对资料的差异显著性分析。

由于本例考虑到评价员个体间的品评差异性对试验结果的影响，且仅有两个样品，因此做成对 t 检验分析。用 SPSS 软件进行成对资料 t 检验过程如下：

①打开 SPSS 软件，按数据格式要求在 SPSS 软件数据编辑窗口输入数据，如图 7-9 所示。

图 7-9　SPSS 软件成对 t 检验数据编辑窗口

②点击"分析→比较平均值→配对样本 T 检验"，即可打开【配对样本 T 检验】对话框。将"样品 A""样品 B"选入"成对变量"框中，如图 7-10 所示。

③单击【选项】按钮，打开【配对样本 T 检验：选项】对话框，设置检验时采用的置信水平（在 $\alpha = 0.05$ 水平检验，设置置信水平为 95%；如果在 $\alpha = 0.01$ 水平检验，置信水平设置为 99%），如图 7-11 所示。单击【继续】返回【配对样本 T 检验】对话框。

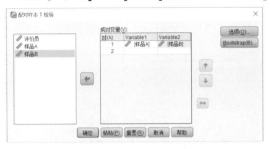

图 7-10　【配对样本 T 检验】对话框

图 7-11　【配对样本 T 检验：选项】窗口

④单击【确定】完成统计分析，结果见表 7-33、表 7-34。

表 7-33　基本统计结果

样品	样本数	平均数	标准差	均数标准误
样品 A	10	7.10	0.738	0.233
样品 B	10	6.60	0.516	0.163

表 7-34　成对样本均值 t 检验结果

差值样本	均值	标准差	标准误	t	自由度	双侧显著性概率
样品 A-样品 B	0.500	0.850	0.269	1.861	9	0.096

由表 7-33 可以看出，两个样品的快感评分基本统计结果，包括样本数、平均数、标准差和标准误。由表 7-34 可以看出，统计量 $t = 1.861$，$P = 0.096 > 0.05$，表明两个样品的快感评分不存在显著差异。

7.3.4　接受性检验结果的统计分析

【例 7-15】以【例 7-9】两个样品的接受性检验结果为例，用 SPSS 软件进行成组资料的差异显著性分析。

由于本例评价员随机分成两组对两个样品进行接受性检验，个体评价员间的品评差异性忽略不考虑，因此做成组资料 t 检验分析，用 SPSS 软件进行成组 t 检验过程如下：

①将表7-24评价结果按数据格式要求输入到SPSS数据编辑窗口中(图7-12),注意定义变量时,"样品"设置为"数值型","1"代表"对照干酪","2"代表"脱脂干酪"。"坚硬程度""喜爱程度"评价指标值以列的形式放置。

②点击"分析→比较平均值→独立样本T检验",即可打开【独立样本T检验】主对话框,如图7-13所示。

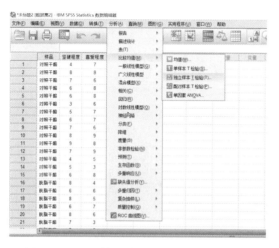

图7-12 SPSS软件成组t检验数据编辑窗口

图7-13 【独立样本T检验】对话框

③将"坚硬程度""喜爱程度"两个指标一并选入"检验变量"框中,将"样品"选入"分组变量"框中,如图7-13所示。单击"定义组",在"定义组"对话框中分别输入"1""2",单击【继续】返回【独立样本T检验】对话框。

④单击"确定"完成分析,分析结果见表7-35、表7-36。

表7-35 基本统计结果

指 标	样品	N	均值	标准差	标准误
坚硬程度	对照干酪	15	6.07	1.668	0.431
	脱脂干酪	16	6.50	1.549	0.387
喜爱程度	对照干酪	15	7.00	1.604	0.414
	脱脂干酪	16	4.56	1.548	0.387

表 7-36　成组资料 t 检验结果

指标		Levene 方差齐性检验		等均值假设的 t 检验		
		F	显著性概率	t	自由度	显著性概率
坚硬程度	假设方差相等	0.179	0.675	-0.750	29	0.459
	假设方差不相等			-0.748	28.442	0.460
喜爱程度	假设方差相等	0.125	0.726	4.306	29	0.000
	假设方差不相等			4.301	28.701	0.000

　　由表 7-35 可以看出两种干酪的坚硬程度、喜爱程度评价的基本统计结果，主要包括观测数个数、平均数、标准差和标准误。由成组资料 Levene 方差齐性检验结果（表 7-36）可以看出，坚硬程度、喜爱程度两个指标的评价结果方差均是齐性的，可以认为两种干酪样本资料所在总体的方差相等，所以采纳假设方差相等行的检验结果。由方差相等行的检验结果可以看出，坚硬程度的 $t = -0.750$，$P = 0.459 > 0.05$；喜爱程度的 $t = 4.306$，$P = 0.000 < 0.01$，表明评价员对两种干酪的坚硬程度评价没有显著差异，而喜爱程度评价存在极显著差异，由均值可以看出评价员更喜爱对照干酪。

　　多样品接受性检验评分结果的统计分析同【例 7-13】。

思考题

　　1. 情感检验的应用范围及目的是什么？

　　2. 情感检验的主要方法有哪些？

　　3. 现有 8 位评价员对 5 种酸奶（分别为 A、B、C、D、E）的喜好程度进行排序，试分析消费者对这 5 种酸奶的喜好程度有没有显著性的差异。使用 1~5 表示喜好程度的顺序，其中，1＝最喜欢，5＝最不喜欢。

评价员	1	2	3	4	5
1	C	A	D	B	E
2	B	C	A	E	D
3	A	B	D	C	E
4	D	B	C	A	E
5	A	B	D	E	C
6	B	A	C	D	E
7	C	B	D	E	A
8	D	C	E	A	B

第 **8** 章

食品感官评价的应用

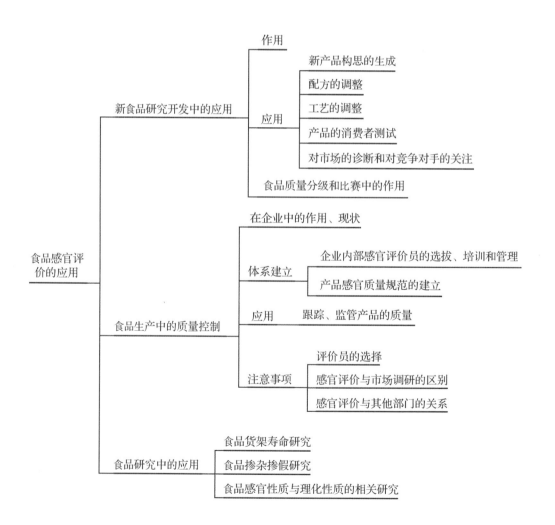

随着人民生活水平的提高，食品不仅是解决温饱问题，还能给人们提供视觉、味觉和嗅觉享受以及精神上的满足。感官评价作为一门应用技术学科，已经被广大食品企业所接受和认可，主要应用于新食品开发、产品质量控制、货架寿命研究及食品掺杂掺假检测等领域。

8.1　新食品研究开发中的应用

随着食品工业的快速发展和消费者主导型市场的转变，食品感官评价变得前所未有的重要。产品研发在每个食品企业中都占据着十分重要的地位。因为只有持续创新，企业才能在竞争日益激烈、变化异常迅速的市场中站稳脚跟，并不断走向成功。新食品可以是概念上的全新，如在糖果领域内功能糖的问世；也可以是在市场上现有产品的基础上口味的创新，如柠檬可乐、香草可乐和咖啡可乐等新口味的推出；或者是生产配方的改变，如零脂肪含量的果粒酸奶；甚至也可以仅仅是包装上的创新。

新产品的开发虽然给企业带来了机遇，但同时也带来了风险。据统计，新产品上市的平均成功概率在5%以下。一旦新产品上市失败，代价是极其惨重的，带给企业常是几百万、几千万甚至上亿元的损失。因此，如何酝酿、开发并成功向市场推出优秀的新产品，并非是件轻而易举的事情。在这里，我们的目的不是探讨如何研发产品，也不是分析导致产品上市成败的原因，而是期望通过这一章节，讨论感官评价这个工具在新产品的研发过程中所起到的作用，以及如何将感官评价技术运用到新产品开发中，从而最大限度地降低新产品上市失败的概率。

8.1.1　感官评价在新产品开发中的作用

一个产品可以依靠大量的广告宣传和促销活动吸引消费者购买，但是如果这个产品从颜色、气味、口感、质地等方面都不符合消费者的需求和要求，消费者将不会重复购买，甚至会劝说他人不要购买。这个简单的道理向我们说明了感官评价在新产品研发中不可忽视的作用。对于企业来说，新产品开发的目的只有一个，即开发出适合于消费者"口味"的新产品。感官评价恰是可以将产品和消费者的需求直接联系起来的一个工具，贯穿于每个研发步骤中，从早期产品概念的确定一直到产品的生产和上市均可发挥重要作用。主要体现在：

- 诊断市场，了解消费者真正的需求和市场趋势——消费者需要的是一个更好的苹果，我们却给了一个更好的橘子？
- 全面掌握新产品的感官属性特征及其市场潜力——消费者需要的更好的苹果是不是应该更甜、更脆？
- 确定产品模型的感官属性是否与其概念产品一致——消费者要求的是一个更甜的苹果，根据我们设计的生产工艺和配方，却生产出了一个更酸的苹果。
- 确定新产品的一系列感官质量参数——我们的新苹果的脆度能保持多长时间，几天还是几个星期，在什么温度下保存？

● 产品上市后,根据消费者对其感官属性优缺点的反馈,确定感官属性的优化方向和程度——我们的苹果应该从哪方面做得更好?

一个新产品的研究开发,涉及研发、市场和生产等多个部门的工作。在一些跨国大型食品公司中常常设立专门的感官评价部门或拥有专业的感官评价工作人员,以协助新产品的开发。感官评价在新产品开发中的作用有以下3个方面:

①感官评价应该在整个研发过程中对各个部门提供全方位的指导,并对不同阶段的各项工作加以协助,以确保新产品的生产配方和工艺与市场的需求相吻合,从而避免新产品开发的盲目性。

②在一个企业中,感官评价承担着数据信息库的作用。它提供的信息与企业的效益息息相关。在新产品研发过程中,决策者们常常需要做策略研究,例如,为了降低成本,如何选择既经济又不会影响产品感官质量的原材料?作为一门定量科学,感官评价通过收集和处理数据,以帮助决策者作出正确的商业决定,降低战略决策的风险。

③通过对食品本身感官特性的解析和消费者的研究,了解消费者对产品喜欢或厌恶的理由,从而为后面的市场营销工作提供重要的理论和实践基础。例如,某公司推出了一款新口味的饮料,通过感官评价测试中的消费者喜好测试,消费者反映刚喝第一口的时候,口味有些古怪,不适应,但是再多喝几口以后,觉得非常可口。公司将收集到的这个信息拟入其产品广告的创意中后,取得了非常好的效果。

8.1.2　感官评价在新产品开发中的应用

在新产品开发中,会运用到所有常用的感官评价方法。在新产品的生产和筛选阶段,只有寻找到正确的研发方向,才能避免以后走弯路。一旦明确了研发方向,接下来需要的是对配方的筛选和调试。当试验样品的数量缩小到一定的范围,此时进行消费者测试,可以验证产品的各项感官性状是否与消费者的需求相吻合,以便及时地调整配方和工艺。一般来说,差别检验和描述性分析检验常用于研发的初期和中期,而消费者的情感检验一般在研发的后期用得更加广泛。

差别检验和描述性分析检验同属于分析范畴的评价方法。差别检验的主要目的是验证产品之间是否存在能被觉察出来的感官区别。与描述性分析检验相比,差别检验更简便易行且能更迅速地解答问题。但是,差别检验只适用于当产品之间的差别非常小的情况,如果样品间的差别明显,那就不必再用差别检验来验证了。而描述性分析检验则是通过对产品本身感官特性的解析和感官性状的量化,不仅告诉我们产品间在哪些感官性状上有区别,而且还可以知道其区别的程度大小。例如,利用描述性分析检验,我们可以知道样品A的水果香味比样品B的强,而且大约是其2倍,这样,研发部门的人员便可根据这个信息在原来的配方基础上进行重新调配。

和分析范畴的评价方法不同,消费者的情感检验不再关心产品本身的感官属性和感官品质,而是期望通过目标消费群的视角去了解产品感官性状的优缺点,消费者对产品的喜好程度及喜好或不喜好产品的理由。

下面我们就以实例的形式进一步探讨常用的感官评价方法是如何解答新产品开发中遇到的问题的。

8.1.2.1　新产品构思的生成

研发新产品的想法可以来自不同的渠道，如从现有产品中提炼和挖掘、消费者反馈、研发部门和企业员工的创新、竞争者和同行业信息、商业展览会、学术会议等。当对要开发的新产品有了一个大致的构思后，下一步就要去定义和评估构思。

在有些食品企业中，其新产品的想法并非源于对消费者需求的分析，而多是来自于企业技术或管理者个人的判断。这些想法也并未在上市前加以验证，这样就容易导致产品定位与消费者需求之间的错位。为了避免这一情况的发生，最普遍采用的方法是焦点小组（focus group）方法。这种方法原本是在市场研究领域内广泛使用的一种方法，感官评价工作人员在他们的工作目录中也加入了这些技巧，以支持新产品的开发。通常是由大约 10个消费者围坐在一起，由专业的主持人引导主题，一起就这个主题展开讨论。主题是多方面的，通常涉及的是产品的想法或其功能特性。利用焦点小组不仅能够定性地探查消费者对新产品想法的反映，还能有效地掌握消费者对未来新产品功能性质的需求和重要感官性状的要求。这是焦点小组方法在感官评价领域中的使用与其在纯市场研究中的区别。

例如，某食品公司打算开发一种介于果汁和果香型矿泉水之间的天然草莓口味的低糖饮料。12 个家庭主妇组成了一个焦点小组，通过讨论使公司对消费者在对这种未来新饮料的颜色、气味、口感、质地、包装瓶的形状、材质和图案的需求和要求上有了一个初步的了解。通过让焦点小组闻 14 个分别装有带着新鲜草莓、草莓味酸奶、草莓软糖、草莓果酱、草莓冰激凌等不同类型草莓样品的封闭软塑料瓶，可以调查出哪种草莓气味与这种饮料价值形象更为匹配。虽然焦点小组这个方法是建立在少量消费者意见的基础之上，观点带有一定的主观性，不具有统计意义，但是它可以为后面的产品设计指明方向。

8.1.2.2　配方的调整

根据定义的新产品构思，研发部门可以根据原料选择不同的生产工艺，开发出多个不同配方的试验样品。在这个阶段，研发部门常需要不停地筛选、调整配方，直到寻找到最佳的产品配方和确定相应的技术要点。这时，描述性分析检验便是一个比较有效的方法。

【例 8-1】天然草莓低糖果酱的开发。

第一步：通过色盲、色弱、感官灵敏度、语言描述能力和标度使用能力等一系列测试，筛选出 12 名态度积极认真的评价员（评价员的性别和年龄在这里不作为筛选的参数）组成评价小组。

第二步：评价小组讨论并确定影响该类产品特性的重要感官指标，然后通过一系列强化训练，使评价员学会正确评价感官指标，并能够区分样品间的感官差异。

第三步：在个体成员和整体评价小组的评价训练结果的重复性和一致性都达到要求后，评价员对开发的 3 个不同配方的样品（359、421 和 682）就感官指标（后味、草莓果香、化学异味、甜度、酸度、颜色深浅、断面的透明度和入口的润滑性）进行正式品评。品评采用 0~20 分的线性标度，分数越高，说明这个感官性状表现得越明显。

结果分析：在这个例子中，因为感官指标和样品数目相对较少，所以利用简单的感官剖面图（雷达图）就可以将数据结果直观地表现出来（图 8-1）。

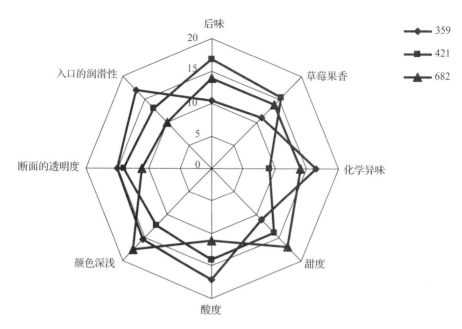

图 8-1　天然草莓低糖果酱感官剖面图

由图 8-1 可以看到样品 359 在入口的润滑性和断面的透明度方面很好，但是口味酸，草莓果香味不仅不突出，相反还有明显的化学异味；样品 421 呈现明显的草莓果香，没有明显的化学异味，但果酱的颜色相对较浅；样品 682 口味甜，但果酱入口的润滑性和断面的透明度较差，并且果酱的颜色过深。通过分析，我们可以看到这 3 个配方还需要在不同的方面做适当的调整以达到目标要求。

8.1.2.3　工艺的调整

企业有的时候也期望能通过更新生产工艺优化产品的感官性状，描述性分析检验非常适用于检验其效果。但如果产品间的区别并不容易被察觉时，一个简单的差别检验会显得更实用一些。

【例 8-2】开发杏仁果汁。

检验目的：企业打算应用一种新工艺使果汁喝起来有一种清爽的感觉。但是这种感觉相对来说很微弱，而且不像其他的感官指标容易描述。由于这种工艺的更替对企业来说将是一笔不小的投资，所以，企业想首先确定这种新工艺是否确实能给消费者带来不同的感觉。此时，选用差别检验中的三点检验法来解决这个问题。

检验步骤：由 24 个评价员组成一个评价小组，将 3 个样品呈现给每个评价员，其中 2 个样品是源于同一个生产工艺，而另外 1 个样品是来自另一个生产工艺。在不告诉评价员任何有关于产品不同之处的情况下，要求每位评价员品尝产品，然后指出哪个样品与其他两个样品不同。

结果分析：我们先假设评价员无法觉察出样品间的差别，评价员作出正确选择的概率应该是低于或等于 1/3，如果高于 1/3，说明人们是能够觉察到产品间的区别。当确定检验显著性水平的最高限度为 5% 的概率时，也就是说，在这个检验中，有 5% 的可能性会将本来消费者觉察不到有区别的产品误认为有区别。通过查三点检验临界值表(附表 8)得出，如果想推翻假设，回答正确的人数应该至少是 13。而在这个感官评价测试中，经统计回答正确的人数是 11，低于临界值 13，因此假设成立。我们得出消费者是不能觉察到替换生产工艺前后产品的区别。很遗憾，企业的这种新工艺，在产品的感官性状上没有达到所期望的不同。通过一个简单的差别检验，使企业避免了盲目性地大笔投资更换工艺。

8.1.2.4　产品的消费者测试

在研发初中期，利用描述性分析检验和差别检验对样品进行筛选。这样，到了研发后期，试验样品的数量已经大大地缩减了。此时，研发部门需要检验的是样品被消费者喜爱的程度，以及喜欢或不喜欢的理由。因为在描述性分析检验中，要求的是评价员在抛开个人口味喜好的情况下，通过接受严格的培训后，准确并详细地描述产品的感官属性，所以他们的意见不能代表消费者群体，特别是目标消费者群体的喜好。另外，如果忽视了对消费者来说极其重要的感官特性，一个在实验室中各项感官品质都非常好的产品也会因此而遭到市场的淘汰。因此，在研发的后期，对消费群体进行产品的喜好测试，可为研发部门提供一个相对冷静的思考和客观的检验机会，同时也起到对未来产品进行上市前风险预测的效果。

【例 8-3】某公司决定在他们开发的奶茶中添加玫瑰口味。产品上市之前，公司决定用消费者测试来检验消费者对产品的喜好程度。

测试目标人群的确定：根据市场部反馈过来的对这款产品市场定位的信息，感官评价工作人员确定了测试目标消费者的特征：

- 100% 的女性消费者；
- 其中 50% 的消费者年龄在 18~30 岁，另外 50% 的消费者年龄在 31~45 岁；
- 饮用奶茶的频率至少每个月 3 次。

测试人群的招募：在设计了筛选问卷后，工作人员通过电话问答的形式筛选了 120 名符合要求的目标消费者。

测试内容：在盲标的基础上品尝产品，要求消费者先在 9 点标度上表明他们对产品的整体、产品的颜色、质地、口味、后味的喜好程度，最后写出对产品喜好或不喜好的理由。

结果分析：收集数据，经过统计学分析，公司发现消费者一致不满意的是产品的口味。原来，不知是什么原因，消费者认为产品特有的玫瑰口味有苦涩感，偏离了他们的口感预期。公司根据感官评价的结果，立即寻找原因，对产品进行技术和工艺上的修改，避免了灾难性的损失。

8.1.2.5　对市场的诊断和对竞争对手的关注

新产品上市后，感官评价部门的工作其实并没有结束，时刻关注产品的销售情况和竞争对手的产品是至关重要的。而通过一个由描述性分析检验得到的感官描述图就可以直观地将竞争对手和自己的产品在感官性状上的区别和相似性呈现得一清二楚。

【例 8-4】以一种富含维生素 C 的橙汁为例。

检验目的：生产商 Q 是第一个推出富含维生素 C 的橙汁产品的公司，虽然后来其他的公司也竞相效仿，但是 Q 的产品的销量始终是最好的。探其原因，其实，就营养成分来说，Q 的产品与其他公司的产品没有任何区别，而唯一的不同是 Q 的橙汁口感好。可是，好景不长，没过多久，市场销售人员纷纷反馈，A 公司的同类橙汁卖得越来越好，大有超越 Q 的趋势。于是 Q 决定首先利用描述性分析检验将自己的产品和所有竞争对手共 6 个产品（Q，A，B，S，R 和 H）就感官性状进行比较。

检验步骤：由评价这类产品有一定经验的 12 名评价员讨论和商定澄汁的表述词汇。通过对评价员每次 1~1.5h 共 10 次的强化培训后进行品评，重复品评 3 次。

结果分析：收集数据，进行主成分分析，结果如图 8-2 所示。

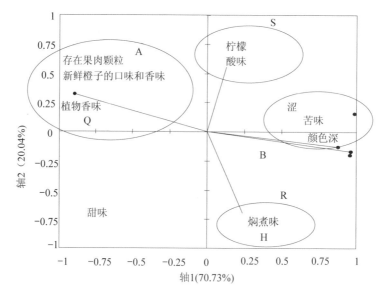

图 8-2 橙汁感官评价结果的主成分分析图

图 8-2 将 6 个产品根据其感官性状的特点(颜色、口味和质地等几个方面)区分开来。轴 1 即主成分 1 将 B 与 Q、A 呈相反方向分开；轴 2 即主成分 2 将 S 远离 H 和 R。首先看 Q 和其重要竞争对手 A 公司的橙汁，可以发现，在图上，这两家公司的橙汁距离很近，说明这两家公司的橙汁在感官特性上具有一定的相似性。橙汁中均含有明显的果肉颗粒、植物香味和新鲜橙子的香味，橙子口味也都很浓郁。

如果再来比较其他公司的橙汁，可以发现，B 的口感偏涩，橙汁的颜色较深，而且喝到口里，会残留苦味；而 S 的柠檬酸味相对明显。和 B、S 不同，R 与 H 中有一种焖煮味道。

为什么 A 橙汁现在卖得越来越好？利用这个感官分析图，要回答这个问题就显得不是那么困难了。以前 Q 橙汁以优质的感官质量取得了市场，而现在 A 橙汁的感官特性与 Q 橙汁越来越相近，如果再加上行之有效的市场促销和广告宣传，侵占 Q 的市场是在所难免的。

感官评价在研发中的应用不仅仅是在以上提到的这几个方面，还可以利用感官评价中的描述性分析检验和差别检验确定一个新食品的感官质量的保质期、保存或食用条件等。另外，既然产品的感官属性可以通过描述性分析检验来解析，通过消费者研究又可以探求消费者对产品的喜好，如果将两个检验方法的数据通过分析软件结合起来，做出一个消费者偏爱图，便可以更直观地把握被消费者喜欢的产品应该具有何种感官特性，即确定消费者的喜好趋势或确定最佳产品。这样，对研发部门来说，寻找改进产品的方向就容易多了。

目前，为了更好地满足企业在研发周期短和研发成本低等方面的要求，越来越多的感官评价专家致力于对新的感官评价方法的研究，如自由选择法（free sorting）、自由选择剖面法（free choice profile）和快速剖面法（flash profile）等，以力求在保证评价效果的同时，缩短对评价小组训练的时间，使感官评价技术更适用于企业的实际需求。

8.1.3　感官评价在食品质量分级和比赛中的作用

随着人们生活水平的不断提高，物质生活极大丰富，面对同种类型的商品，消费者往往有着数种、乃是数百种不同的选择，特别是在食品行业，这一趋势尤为明显。尽管不同的消费者有着不同的嗜好需求，对食品的选择倾向也千差万别，但归结于某一特定类型的产品，往往有具体的技术指标对其质量的优劣进行评判。一方面可以根据国家、行业、企业不同的标准对其进行评定，另一方面也可以通过感官评价分析对其进行衡量。

食品质量分级，特别是工业食品质量分级，对加强食品的质量监督，保护消费者的合法权益和健康，都有着特别的意义。此外，对自身产品等级的正确认识，也有助于企业明确自身的行业定位，提高产品质量，占有更多的市场份额，实现经济效益的最大化。对购买商品等级的清楚了解，也方便消费者了解更多的商品信息，根据自身需要作出适当的选择。质量分级的主要项目包括卫生指标、理化指标、感官指标、标签标准和经济指标五大类，其中感官指标由相关检测中心或行业协会组织全国专家评选。

除了具有行业指导性的食品质量分级，由行业协会或其他权威单位组织的各类食品质量大赛也有着重要的意义。参与质量大赛的产品首先需要符合国家的产品质量要求，是合格、并被允许上市的产品。评审专家依据其质量的优劣对参赛产品进行评价，依据得分高低和排名先后予以优质产品相应的奖项。这一方面有助于建立行业内部形成积极进取、良性竞争的良好氛围，不断提高产品质量，满足消费者的需求，扩大经济效益；另一方面也有助于树立良好消费导向，为消费者的理性消费提供必要的参考，有助于消费市场的成长与完善。不同于其他类型的产品，在卫生、合格等基本要求上，食品的感官质量是消费者最为关心的食品质量要素之一，几乎是许多类型食品在质量大赛中最为核心的衡量要素。也就是说，这类大赛所要评判的关键问题就是食品好不好看、好不好吃、好不好喝、好不好闻。

因为大赛评比的特殊性，其使用的感官评价方法与在产品研发和消费者调查中使用的方法有着极大的不同。第一，评判人员不同，参与评判的不是一般的消费者或企业技术员，而是行业内知名的评审专家，具有较高的理论水平和丰富的实践经验，评判结果具有权威性；第二，评判对象不同，评判的对象不单单是一个企业或少数几个企业的某类或某个产品，大赛本着自愿参赛的原则，一般由企业或经销商提供其质量高、反响好的优质特色产品，参赛产品往往来自不同省份甚至不同国家，数量巨大；第三，评判方法不同，不同于简单的嗜好性评价，专家评价需要对参赛产品感官质量的各个方面进行详细的打分或评价，客观、公正、理性地对参赛产品进行评定，有时甚至需要对获奖产品给予相应的评语。

表 8-1 所列是某国际葡萄酒质量大赛中使用的干红葡萄酒感官评价打分表,评审专家需要从参赛干红葡萄酒产品的外观、香气、口感和整体评价等几方面对每个参赛产品进行逐一的打分,每项感官评价指标又有着更为详细、具体的指标亚项和相应的打分标准。由于食品质量大赛涉及参赛产品是否能够获奖这一关键而敏感的问题,需要评审专家理性、公正、负责地评判,因而往往不使用匿名评分,评审专家需要对每一张评价表签名,有时甚至需要评审小组组长签字进行进一步的确认。打分完毕后,由工作人员对每个产品的得分情况进行详细统计,根据得分对参赛产品依其类别进行排序,再根据参赛产品的数量和各奖项的比例梳理出获奖产品名单。这一过程常常需要第三方,特别是公证机关的见证,保证比赛公平、公正、公开,必要的时候还需要向提出疑问的企业给予必要的反馈。

表 8-1 干红葡萄酒感官评价打分表

干红葡萄酒打分表(百分制)					
样品编号:		评委编号:		品尝时间:	
		极佳 → 不足			
外观 (10%)	澄清透明度	□(5)	□(4)	□(3)	□(2) □(1)
	色度色调	□(5)	□(4)	□(3)	□(2) □(1)
香气 (30%)	优雅细腻度与协调性	□(15)	□(12)	□(9)	□(6) □(3)
	浓郁度	□(5)	□(4)	□(3)	□(2) □(1)
	持续时间	□(5)	□(4)	□(3)	□(2) □(1)
	发展变化、复杂性	□(5)	□(4)	□(3)	□(2) □(1)
口感 (40%)	平衡度、协调性	□(10)	□(8)	□(6)	□(4) □(2)
	酒体、浓郁度	□(10)	□(8)	□(6)	□(4) □(2)
	单宁质感与结构感	□(5)	□(4)	□(3)	□(2) □(1)
	延续性、层次感	□(5)	□(4)	□(3)	□(2) □(1)
	香品质及持续性	□(5)	□(4)	□(3)	□(2) □(1)
	余味	□(5)	□(4)	□(3)	□(2) □(1)
整体评价(协调性与典型性)(20%)		□(20)	□(16)	□(12)	□(8) □(4)
总分	外观 +	香气 +	口感 +	整体 =	
评委签字:			组长签字:		

8.2 食品生产中的质量控制

8.2.1 感官质量控制在企业中的作用及现状

在食品企业中建立的感官质量控制是为了确保食品的质量和风味,更好地满足消费者和市场的需求,是企业中至关重要的产品质量管理监督和保障机制,它与企业的生产、研发、市场、销售等部门有着密切的合作关系。在以消费者为中心的今天,它的职能作用越来越被企业所重视。

产品的感官质量是产品质量的重要组成部分。随着人民生活水平的提高，消费能力的增长，消费者变得越来越"挑剔"，产品的感官属性（如色、香、味、听和触感）越来越成为消费者选择自己满意、喜爱产品的重要指标，它直接或间接地决定消费者的购买意愿。

在企业的生产过程中，产品的感官质量控制是产品质量控制系统中不可缺少的分析评估工具，它可以使企业在整个产品的生命周期中，在从原材料到成品的各个加工环节中跟踪、监管产品的感官质量和品质，对其感官性状（如颜色、气味、口感、质地等）或某一个特殊感官属性（如甜度、酸度、嫩度等）进行评价，准确、客观地了解产品感官属性的优缺点，确定产品的感官质量规范，监管和控制产品的质量，寻找准确、有效的产品改进及研发方向，从而更好地把握消费者的需求，生产出物美质优的产品，提高企业产品的竞争能力。

在我国，感官评价技术在食品质量控制中的应用起步较晚，大多数企业尚未建立感官质量控制系统，特别是一些中小型企业。尽管有些企业建立了质量控制体系，但目前他们所采用的质量控制手段主要是理化指标和仪器的测量分析（如电子鼻、电子舌），他们并不完全信任和接受以"人"作为测量工具的产品感官评价技术。然而迄今为止，现代理化指标和仪器的测量分析不可能完全模拟和替代人的感官系统，而且从消费者的观点出发，仪器不可能发现产品在感官质量上的优缺点，从而决定了仪器分析不可能完全替代感官评价。

在质量控制部门，现代理化指标和仪器的测量分析可以很好地为感官评价结果进行准确有效的认证，反之感官评价也为仪器分析结果提供相应的参考依据，因此这两种测量分析方法是相辅相成、有益补充的，有助于企业及时发现产品感官质量上的问题，及时纠正，确定产品的感官质量规范，建立完善的感官质量控制系统。

现阶段，在我国制约感官质量控制系统在企业建立、发展的因素主要有以下几点：
①现代感官评价技术在企业尚未引起足够的重视。
②国内还尚未建立完善的感官评价标准化技术和应用指南。
③缺少感官评价专业技术人员。
④感官评价标准化技术在企业中的推广和示范力度不够。

加强产品的感官评价技术在企业中的推广和普及，发挥其在质量控制、新产品研发、市场研究领域的重要服务职能作用，是摆在我国食品专业技术人员面前的现实问题。

8.2.2　感官质量控制体系的建立

如何在企业内部建立感官质量控制系统？首先是要引起企业管理决策层的足够重视，在人力、物力和财力上给予大力支持，特别是在感官评价专业人员的引进和培养，感官评价室的建立，企业内部感官评价员的选拔、培训和管理，产品感官质量规范的建立这些方面重点投入。其次是积极协调和促进感官评价部门与企业的生产、研发、市场、销售等各部门的协作关系。

8.2.2.1　企业内部感官评价员的选拔、培训和管理

目前，有很多企业内部还在延续以前的感官质量控制模式，聘请几位老专家或企业部门领导品评产品，并根据他们的评定结果和建议，评判产品的感官质量，改进产品的感官

品质。这一感官质量控制系统存在着一定的风险因素。首先，几位老专家并不能时刻保持良好、敏锐的感官品评能力，感冒、发烧等疾病及个人的习惯爱好都可能影响其评价结果，这就意味着他们的品评结论并不都是客观正确的；其次，由于他们太熟悉自己企业的产品，产品的内部、外部信息会直接影响他们的评价结果；最后，他们的品评结果并不能代表大多数消费者的感官评价，带有一定的局限性——作为老年人他们只能代表广大消费群体中的一部分，此外，还面临着因年老而感官退化等问题。

因此，要客观、准确地进行感官品评，就需要在企业内部建立自己专有的感官评价团队(15~20人)，由感官评价专业技术人员对其进行选拔、培训、测试和管理。企业内部感官评价队伍的建立是企业一项长期的战略投资，也是企业感官质量控制系统的不可或缺的重要组成部分，通过他们，企业能够及时有效地跟踪、监测产品的感官质量，是质量控制部门的有力保障。

企业内部感官评价队伍可以由企业不同部门的人员组成，如行政管理、质量控制、市场、销售等部门，人员的选拔可参考以下条件进行：

- 公司的管理模式；
- 个人的工作时间安排；
- 个人的动机；
- 个人的感官敏感度；
- 个人的鉴别区分、表达和记忆能力。

对于个人感官敏感度和个人的鉴别区分、表达和记忆能力，可以采用以下几个测试对感官评价员进行选拔：

- 视觉测试 (颜色、外观)；
- 嗅觉辨别测试(香气检验)；
- 味觉辨别测试(酸、甜、苦、咸、涩和金属味)；
- 口感质地辨别测试(酥、脆、黏、颗粒感)；
- 触觉辨别测试；
- 鉴别区分、描述、表达和记忆能力测试。

一旦企业内部感官评价队伍组成，就需要对他们进行培训，这是一个相对漫长的过程，根据企业产品属性的不同，一般需要3~6个月的时间。由于人体感官系统的复杂性(如嗅觉)，感官评价员必须经过一个熟悉、培训的过程，才能承担产品的评价工作。在培训阶段中，感官评价专业技术人员要指导评价员从食品的颜色、外观、气味、口感、质地等感官角度客观地评价产品，并教授他们使用适当的词汇术语进行描述，表达各个感官性状，同时向感官评价员提供参照物和品评的方法，培养他们的鉴别、记忆能力，从而提高评价员感官的综合评价能力。

为了客观、准确地描述产品的感官性状，在培训过程中，感官评价员还必须达到以下3个基本要求(Afnor，2002)：

- 理解和正确定性运用感官描述词汇；
- 理解和正确定量运用感官描述词汇；
- 正确使用不同的标度尺进行标志。

感官属性描述词汇的建立主要通过以下两个途径(Actia，1999)：一是参考现有的文献资料；二是建立自己专有的产品描述词汇。后者需要 1~2 个月的时间。通过感官评价专业技术人员和感官评价团队的紧密合作，反复推敲、筛选，并运用统计学方法进行分析论证，争取用最少量的、客观准确的描述词汇，最大限度地描述产品的感官属性。一般来讲，一种产品的感官属性描述词汇大约从十几个到二十几个不等。

在培训过程中，感官评价专业技术人员要定时对感官评价员的品评能力进行分阶段测试和评估，并根据测试结果，及时发现问题，准确、有效地改进他们的品评能力，使他们保持在一个稳定、高效的品评状态。可以从以下 3 个方面考查评价员的感官品评能力：

- 辨别能力（对不同的产品，不同的感官描述词汇，有不同的辨别能力）；
- 重复能力（对相同的产品，相同的感官描述词汇，有同等的评价能力）；
- 准确能力（整个感官评价团队具有相同、正确的评价能力）。

对于感官属性的辨别，以及定性、定量的鉴别和理解，通常采用下列一些感官评价方法来培训感官评价员，评价他们的感官品评能力：

- 浓度逐级递减法：辨别某种香气或口味在溶液中存在或不存在，通过逐级递减它们在溶液中的浓度，提高感官评价员的感官敏感度；
- 三点检验、二-三点检验等差别检验：评估感官评价员的区分辨别能力。

采用循序渐进、由简入繁的方法，训练感官评价员对感官描述词汇的正确识别、理解和记忆的能力，正确使用标度尺，以及准确定量的能力。通常应用排序梯度法、评分法等检验方法，帮助评价员完成从简单到复杂的测试，训练他们正确使用不同的标度尺。图 8-3 和图 8-4 为测试举例。

测试 1：

图 8-3　甜度标度排序

测试 2：

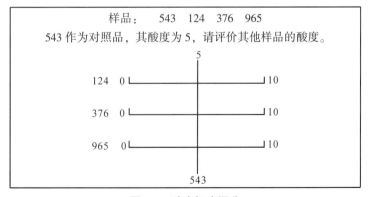

图 8-4　酸度标度评分

在对企业内部感官评价员培训的同时，也要对他们进行系统管理，建立他们的个人感官品评档案，每年进行 2~3 次的感官品评能力测试和评估，所有的评估成绩都应记录在案，并根据他们的测试、评估成绩，有针对性地对他们进行再培训，使每个感官评价员都能够保持良好、稳定的品评能力。为了更好地完成培训工作，在企业内部也要建立感官品评培训样品库（香气样品库、口味样品库和质地样品库等），以及相关的图书、图片资料和产品评价档案，这些资料库的建立是对感官质量控制系统的一个有益补充，能够进一步完善质量控制体系的建设。

下面列举了感官评价员培训时的一次模拟问卷(图8-5)。从香气、口味的辨别和标度尺的使用3个方面进行设计，帮助感官评价员学习、鉴别和记忆香气和口味，以及正确使用标度尺，教授他们如何客观、准确地评价测试样品。根据评价产品感官属性的复杂性和评价员的品评能力，这样的训练可以重复若干次，并逐渐增加训练的难度，同时进行个人感官品评能力的评估，使感官评价员更好地适应感官评价测试，从而提高个人感官品评能力。

评价员：________ 姓名：________ 品评时间：________

测试1： 香气的辨别

样品号	香气名称
821	________
273	________
723	________
114	________
455	________

测试2： 口味的辨别（酸、甜、苦、咸） 请在品评前漱口

样品号	口味名称
281	________
734	________
927	________
423	________
109	________

测试3： 标度尺的使用

1. 甜度样品：920，304，608，125（920作为对照品，它的甜度为5，请评价其他样品的甜度）。

				920					
□	□	□	□	☒	□	□	□	□	□
1	2	3	4	5	6	7	8	9	10

2. 酸度样品：834，155，466，328（834作为对照品，它的酸度为5，请评价其他样品的酸度）。

				834					
□	□	□	□	☒	□	□	□	□	□
1	2	3	4	5	6	7	8	9	10

图8-5 培训感官评价员模拟问卷

8.2.2.2 产品感官质量规范的建立

颜色、气味、口感、质地和声音构成了一个产品的感官属性，食品的生产，从原料、半成品到成品，是一个复杂的加工过程，每个生产环节都具有自己特有的感官性状。感官质量控制部门的首要任务之一就是对产品生产的每一个环节进行感官质量跟踪检测，确保其感官质量，因此必须建立从原料、半成品到成品等各个生产中间环节的感官质量规范，

对各环节中间产品的感官性状（如颜色、气味、口感、质地等）或某一个特殊感官属性（如甜度、酸度、嫩度等）进行评价。

建立产品感官质量规范的同时，还必须考虑到原材料的选择及配送、生产工艺、生产设备、生产环境、贮存条件等相关因素和技术参数，必要时应写入产品感官质量规范中。在产品生产中的每个环节（从原材料、半成品到成品），提供与产品感官质量规范相符的样品标本及理化、仪器测量数据参数，使质量规范真正发挥对产品生产的每个过程进行质量跟踪检测的作用，这样才能够及时发现质量问题，并及时纠正问题，建立一套完善、有效的感官质量控制系统。

产品感官质量规范的建立，需要感官质量控制部门和生产、采购、销售、市场等部门紧密配合，根据各部门反馈的信息和市场的需求，依据国家现行的政策和法规，及时进行更新、修订。

8.2.3　感官质量控制的应用

感官评价在质量控制领域的应用很广泛，它可以及时、有效地跟踪、监管产品的质量。通过感官评价这一科学、客观的技术分析工具，利用企业内部培训的感官评价员队伍和建立的产品感官质量规范，可以进行以下几项工作：

- 产品原料的选择、质量与成本的控制和管理（ISO 11036）；
- 产品感官质量图谱、质量规范的建立和更新；
- 生产工艺、生产设备、贮存条件等因素的变化对产品感官质量的影响的甄别；
- 企业产品与其他竞争产品在感官质量上优缺点的鉴别；
- 产品感官质量稳定性的跟踪测定（ISO 11036）；
- 产品感官质量有效期的确定。

目前主要应用差别检验（如三点检验、二–三点检验、"A"–"非 A"检验）和定量描述性分析检验对产品进行感官评价。以下为这两种检验方法的应用实例。

【例 8-5】某果汁生产企业为了降低橙汁的生产成本，准备选用另一种价格较低的橙子作为生产原料。为验证新选定的橙子作为原材料生产的产品与原产品的口感是否存在显著差异，将这两种橙汁产品进行感官评价（Sauvageot F，Dacremont C，2001）。

在此应用了差别检验中的三点检验，选择 12 名经过训练的感官评价员参与评价，样品为更换原料前后生产的两种橙汁。

通过感官评价，经过统计学分析，表明感官评价员未能察觉到这两种橙汁的总体感官品质存在差异性（5% 的显著性水平）。因此，该生产企业更换了原材料，在不影响产品感官品质的情况下，选用了价格较低的原料，节约了生产成本。

【例 8-6】某香槟酒企业希望通过感官评价了解该企业产品和其他竞争产品的感官属性；了解产品的感官品质是否和各产品的感官风味相符。

企业应用了定量描述性分析检验，15 名经过训练的感官评价员参与评价，共有 5 种香槟酒 HY、BE、UI、CV、NO（其中 3 种为竞争产品：UI、CV、NO），使用 21 个香槟酒特定的感官评价专业描述术语来评价。

通过感官评价员评价，经统计学分析（方差分析和主成分分析），结果如图 8-6、图 8-7 所示，表明：

- 香槟 BE 在感官品质特性上明显区别于其他的香槟酒。BE 具有较强的成熟水果、坚果、烤面包、黄油和焦糖的香气；具有较弱的苹果、青果和鲜果的香气。由于具有特殊的成熟水果、坚果、烤面包、黄油和焦糖的香气，以及回味悠长的口感，因此可定位是一款较成熟的香槟酒。
- 香槟酒 HY、UI、CV 没有显著的感官品质差异。由于具有特殊的苹果、青果、花香、柠檬和鲜果的香气，以及甘甜、香气/口感平衡度适度，是新鲜型香槟酒。
- 这 5 款香槟酒基本上延续了它们的风格，基本符合它们的感官风味。

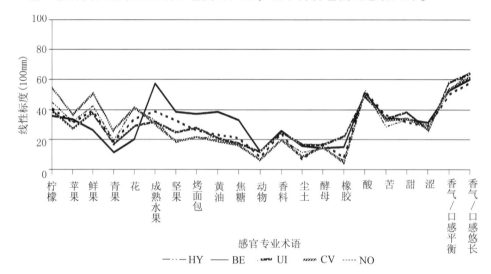

图 8-6　5 种香槟酒的感官品质图谱

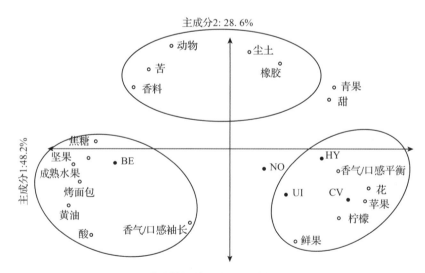

图 8-7　5 种香槟酒的感官品质的主成分分析图

产品质量控制和新产品研发是企业内部两个重要的职能部门，它们之间必须紧密配合、明确分工，生产出高质量的产品，更好地满足消费者的需求。产品研发部门根据市场部反馈的信息，以及企业自身的条件和发展策略，研发新产品，在此期间，研发部门和质量控制部门紧密合作，共同制订新产品的质量规范。当产品进入生产阶段，质量控制部门要定期跟踪检测产品质量，确认产品达到质量规范的要求；如果出现质量问题，及时反馈回研发部门，找出质量问题的来源，及时采取措施(如调整生产工艺或生产设备，更换原材料等)，以改善产品的质量。

8.2.4　感官评价在企业应用中的注意事项

8.2.4.1　评价员的选择

(1)描述性分析检验

在描述性分析检验中，企业既可以挑选公司的职员(如在生产、销售或者质量管理控制等部门工作的员工)组成品评小组，我们称为内部品评小组；也可以通过在消费者群体中广泛招募，经过一系列测试筛选后组成一个外部品评小组。这两类评价小组各有其优点和缺点(表 8-2)，企业可根据自己的实际情况斟酌考虑。

表 8-2　内外部评价小组的优缺点比较

项目	内部评价小组	外部评价小组
成本	间接成本，成本较低(一般不用直接向评价员支付酬金，可以以适当的奖品礼物作为酬谢)	直接成本，成本较高(招募消费者的费用和评价员的酬金)
筛选	选择面比较窄，特别是在一些小型企业，由于受到员工人数的限制，更新评价员较为困难	选择面广，可广泛招募筛选优秀的评价员，对评价员的更新较容易
自由时间	由于工作时间的限制，评价员很难在上班时间根据需要随时去参加品评	充足，只要在招募时商议好评价时间和频率就可保证评价按时正常进行
保密程度	对评价内容和评价结果保密性较高	对评价内容和评价结果保密性较差
管理	方便，评价员流动性不高；但是一旦评价员不符合评价要求，很难在不伤害同事的自尊心和同事之间的关系的情况下，将评价员从评价小组中开除	需要花费更多的时间和精力，而且由于难以控制的因素(搬家、工作调动、生育等)，评价员流动性较高
评价质量	由于评价员对产品的生产工艺、配方比较熟悉，所以评价时容易受这些因素的影响	对评价的产品不带有主观意见

(2)消费者检验

在一些企业中，为了节省开支，在消费者检验中也常常像进行描述性分析检验一样仅仅选用公司的员工或者是在校的学生作为评价员，其实这种做法是不可取的。

与市场调研的方法不同，感官评价应严格避免向消费者透露相关的产品信息，以减少评价员主观因素对产品性能评价的影响。公司的员工由于较最终消费者更熟悉和了解所评价的产品，包括产品的生产工艺和配方，这就导致了他们的意见与未来的产品购买者的喜好之间存在着一定的差异。在校的学生虽然不像公司的员工那样了解要评价的产品，也是真正的消费者，但是在校的学生常常不能代替那些实际购买和食用产品的消费者。例如，想了解消费者对婴幼儿奶粉的喜好，大学生显然是不适合的。或者，一种新型口味的可乐，仅仅在校的学生也是不够的，因为购买和食用这种产品的人群还有年龄在 30 岁以上的。因此，无论是公司的员工或者是单纯的在校学生对产品的喜好意见都不具有代表性。

选择专业的感官评价服务咨询公司代理这类测试，对企业来说不失为一个明智的选择。因为这样的代理公司拥有充足的消费者数据库，能够保证对目标人群的挑选，为企业节省了时间、人力和物力上的花费。

（3）差别检验

在差别检验中，对评价员的要求并不像对描述性分析检验中那么苛刻，检验目的也并不是探寻消费者的喜好意见。所以，对评价员的选择就显得较为容易，而且范围也广得多。但是企业还是应该避免选择产品研究开发、质量控制、销售等部门的职员。招募消费者，只要对其进行适当的训练，以确保消费者理解差别检验的步骤和熟悉要检验的产品即可。

8.2.4.2　感官评价与市场调研的区别

感官评价中的消费者喜好研究与市场调研有很多相似的地方，很多人常常将这两个领域混为一谈。其实，这两者还是有很多区别的。与市场调研最大的区别在于，感官评价是在盲标的基础上进行的，而且在感官评价检验中，消费者的喜好常脱离产品的包装、商标和价格对产品的影响，只是在感官特性上进行判断。感官评价可帮助研发人员在整个研发过程中跟踪产品在感官特性上是否与研发目标一致。而市场调研则是帮助企业了解市场的变化和趋势，帮助企业了解产品的包装、商标、价格等商业因素是否与吸引消费者的目的一致。可以说感官评价与市场调研的作用是相辅相成的，二者对一个企业的经济发展都是缺一不可的。

8.2.4.3　感官评价与其他部门的关系

在整个研发过程中，感官评价工作人员应与所有参与新产品开发的部门呈现一种共生的关系。感官评价工作人员应该在第一时间加入产品的研发团队中，即当研发部门和市场部商讨准备开发一个新产品，并决定一起协作时，感官评价工作人员就应该立即加入这个工作团队了，并在整个研发过程中，与团队及时地进行信息的沟通和交流。因为只有在清楚地掌握产品开发的背景和意图时，感官评价人员才可以正确地设计出在每一个研发步骤所需的感官测试，从而更好地向团队提供有效的信息。例如，感官评价工作人员需要根据开发计划尽早确定是否需要启动一个评价小组，使其不会因为对评价员的训练时间需求而延误开发进程。另外，感官评价工作人员最好不要让研发部和市场部的人员过多介入感官评价的工作。由于这些部门是新产品研发的核心部门，这也就限制了他们对感官评价测试客观地思考和设计。

开发一个满足潜在购买者需求的产品对一个食品企业的生存和发展是至关重要的。一套完善的感官评价体系不仅可以确保产品满足消费者期望，从而提高产品上市的成功率，而且在产品上市后，监控产品的市场走向，对优化和改善产品都起着不可忽视的作用。

当然，再完美的感官评价检验也不能保证产品在市场上一定会成功。但是随着人们生活水平的提高，消费者对产品感官质量的要求也变得越来越高和越来越挑剔。如果产品的感官性状与消费者需求不吻合，产品是肯定不能在市场上取得成功的。

另外，对于一个感官评价工作人员，仅仅通晓每个感官评价方法的理论知识和组织感官测试是远远不能满足食品企业的需求的。每一个常用的感官测试都只能回答一个特定的问题。因此，感官评价工作人员应能够根据评价的目的，或者说产品开发中所遇到的实际问题适时、快速和正确地选择感官评价方法，分析及解释数据。并且，需要有能力归纳总结来源于不同评价测试的数据结果，为产品研发部和市场部提供最完备的信息。为了做到这一点，与企业其他部门紧密联系、信息沟通的能力也应成为感官评价工作人员必须具备的基本能力之一。

8.3　食品研究中的应用

8.3.1　食品货架寿命研究中的应用

食品货架寿命是指食品在生产和包装后，在指定的贮藏条件下能保持其安全性并适于食用的期限，也在此期间，食品能保持其应有的感官、理化、功能性、微生物等特征，当它按推荐的条件贮藏时，能保持标签标明的营养价值。消费者和生产者均关注食品的货架寿命，消费者关心食品购买后能存放多久，生产者关心商品在货架上能放多久，关系到商品的利润。在我国，食品的货架寿命一般也指食品的保质期。目前，食品货架寿命检测常采用理化分析和微生物检测两种技术手段。但这两种方法只能反映在一定贮藏期限和条件下食品的理化性质和微生物指标，不能反映消费者期望的产品质量特性诉求。在产品理化和微生物指标达标的情况下，也可能存在产品感官特性不能满足消费者要求的现象。食品感官分析在检验时可以迅速、准确地对食品的品质作出判断，以确保食品的质量安全。因此，采用感官评价对食品的货架寿命进行研究和预测具有重要的实践意义。

国家市场监督管理总局和感官分析标准化技术委员会于 2020 年 3 月发布了食品货架期评估的国家标准，即《感官分析　食品货架期评估（测评和确定）》（GB/T38493—2020）。标准中规定了食品感官货架期确定的程序和方法，通过感官检验来测评和确定食品货架期的方法。在设定的贮存期内，通过感官检验评价食品在外观、气味、滋味、质地、三叉神经感觉和风味等方面的感官特性变化。一般常用的测试方法有差别检验、描述性分析检验、喜好测试 3 种，也可综合采用这 3 种测试方法。感官货架期确定是建立在感官分析方法和食品失效时间分布的基础上，结合货架期中品质的动态变化，监测货架时间期间的感官品质转变。最终，食品货架期应基于感官检验结果与理化、微生物测试结果比较后确定。

产品的货架期与产品的感官特性一般情况下呈负相关，评价员可以通过对不通过贮藏期间的产品的色泽、气味、滋味等感官特性的变化判断其是否发生变质，从而确定产品的货架寿命，而这项工作通常由专业的评价员进行，而普通消费者一般是不能察觉的。在食品货架期的评估中，感官评价员在预先设立的产品评估时间点上，对参考性样品进行货架期食品品质感官评价，建立在某一贮存条件下贮存时间与感官品质的关系，确定对应的感官货架期，进而建立不同贮存条件与货架期的函数关系，预测特定贮存条件下的感官货架期。例如，国外学者对咖啡粉样品货架期进行研究时，将其置于一定条件下贮藏特定时间，在 50% 消费者不接受时，应用威布尔危险分析法（Weibull hazard analysis，WHA）分析其可接受程度。水产品的鲜度综合评价中，欧盟方法（EU scheme）和质量指数方法（QIM）

是常用的感官评价方法。其中，QIM 法是采用缺陷评分方法客观地评价各类水产品主要感官属性因子之间的差异，每个指标按照 0~3 分进行评分，综合所有指标的得分来评价水产品的新鲜度，它选择的感官属性参数能够与水产品的冰温贮藏时间呈现良好的线性关系，从而可以较好地预测水产品的货架期。

传统的感官检验人为因素影响较大，在品评时难以给出比较准确的数据等级，因而感官评价开始向智能化发展，出现了模拟人类感官系统的仪器，如电子舌、电子鼻等。采用仿生检测设备(电子鼻和电子舌)，从样品的响应信号中得到样品的综合评价信息，判断食品的货架期，可提高货架寿命预测技术的准确性。食品在贮藏过程中，随着品质变化，产品的成分自然分解会产生不良风味，因此，产品的挥发性气味指纹图谱能直接反映食品的剩余货架期。基于电子鼻开发的食品新鲜度检测和识别系统，通过检测结果所显示的气味指纹图谱，进而检测、分析、判别气味及挥发性化合物，利用贮存可再现的指纹图库累积定性、定量气味资料库，并做气味分析比对，可对食品的新鲜度进行判定。同时，也可通过气相色谱-质谱联用技术确定与食品腐败相关的气体标志物，并将这些腐败气体作为电子鼻的检测样品，利用线性判别算法开发基于电子鼻系统的食品新鲜度判别模型。研究者通过对不同贮存温度下的猪肉的气味变化进行分析，利用主成分分析法与货架期分析方法，结合阿伦尼乌斯动力学模型，可构建猪肉货架期预测模型。水产食品在腐败期间随着肌红蛋白和一些其他物质含量的变化，会发生颜色的变化。消费者通常可通过视觉评价结果与产品新鲜、高品质和更好的味道联系起来。颜色可以通过仪器(如色度计)和机器视觉系统来测定。

8.3.2 食品掺杂掺假研究中的应用

食品感官评价的应用范围很广，如乳及乳制品、水产品及其制品、调味品、肉及肉制品等。消费者可直接通过感官来评价和鉴别食品的掺杂掺假情况。例如，消费者可通过看和摸的视觉和触觉来鉴别注水猪肉；采用看、闻、摸的方法来判别用甲醛溶液浸泡过的海鲜；通过嗅、看和尝来鉴别添加色素、添加动物毛发水解液等劣质酱油等。

对于一些不能用感官评价直接鉴别的食品，可基于食品中不同的营养成分和风味物质，采用电子鼻或电子舌对食品进行掺杂掺假检验。该种方法通过模拟哺乳动物嗅觉和味觉的形成过程，使用电化学传感器对待测样品进行检测，具有响应时间短、检测速度快，能灵敏检测到人们不能感知的气味的优点，但也同时存在涉及专用仪器及分析设备、检测时间长、测试成本高等缺点，最低检测限一般较高，为 5%左右。目前，电子鼻和电子舌掺杂掺假检测技术在乳制品领域应用较为广泛。电子鼻法利用不同物质挥发性成分的不同来区分不同物质，电子舌利用不同物质滋味的不同来区分不同物质。电子鼻结合主成分分析法和线性判别法能够鉴定出生羊乳或杀菌羊乳中掺入的不同比例的牛乳。利用感官评价及气相色谱-质谱联用的方法测定羊乳及羊乳粉中挥发性脂肪酸的含量进行掺杂及掺假的鉴定。此外，研究人员模仿人体味觉感知机理研发了一套便携式电子舌检测系统，获得羊奶成分的指纹数据，对指纹数据特征性信息提取，最后采用主成分分析法对不同掺假比例的羊奶进行定性辨别。

8.3.3　食品感官性质与理化性质的相关研究

衡量食品的质量标准主要有感官指标、理化指标和卫生指标 3 个方面。食品物理性质如质构、力学性质和流变学性质等，与食品组成、微观结构、表面状态等因素有关，进而影响食品的黏弹性、凝聚性、附着性、质地、口感和流动性，影响食品质量稳定性。感官检验是食品质量检验的表现形式，而理化检验是内在问题，二者相辅相成，密切相关，可通过感官评价推断理化性质，也可通过理化性质反映感官特性。与传统感官评价不同，结合型感官评价是将感官评价与仪器分析获得的理化性质相结合，提高感官评价的客观性和标准化。为找到待评价样品成分和感官之间的关系，通常在感官评价完成后，借助电子舌、电子鼻、质构仪等仪器对样品感官因素进行测定、验证、相关性分析。采用电子鼻和电子舌进行测定主要是验证感官评价的准确性，建立电子测量的感官评价预测模型，更好地预测食品的感官评价结果；而利用质构仪或成分分析仪等对食品理化性质进行测定主要是将获得数据与感官评价结果之间进行相关性或回归分析，建立相应模型，期望用精准性较高的仪器分析结果预测或代替感官评价。

目前，在豆制品、面制品、肉制品、甜品、鱼制品等领域，研究人员对食品的质构特性与感官评价之间相关性进行了分析，构建了预测模型，对于新产品研制与品质评价具有实际的指导意义。例如，有学者通过研究豆腐质构和感官评价之间的相关性发现，仪器评价指标中的硬度及表观破断应力可替代感官评价指标，客观准确地评价豆腐质构，在豆腐的实际生产及品质评价中也可考虑仅选用这两个仪器指标。但应注意，并非所有的质构特性与感官评价指标之间都存在相关性，如有学者发现对于挂面和方便面，感官评价的适口性、韧性与质地剖面分析中的硬度、弹性之间并不存在显著相关性。

目前，食品感官评价是对食品的感官特性进行分析的一种科学手段，也是检验产品能否在市场立足的有效方法，已在食品的货架期预测、质量控制、产品开发、产品销售方面都有了广泛的应用，用于指导实际生产。虽然感官评价能直接反应消费者的接受程度，但不易标准化，实际操作规范性差。因此，借助仪器分析进行客观评价，建立其与感官评价之间相关模型，能有效避免人为因素对评价结果的主观影响。

思考题

1. 根据差别检验和描述性分析检验的特点，简述这两种方法在新产品开发中应用的区别。

2. 通过查阅资料，总结以下几种新感官评价方法的特点及与其优缺点：自由选择法（free sorting）、自由选择剖面法（free choice profile）和快速剖面法（flash profile）。

3. 简述在食品企业中的感官评价工作者应具备的能力和素质。

4. 如何运用感官评价方法来界定食品的保质期？

第 *9* 章

人机一体化感官评价技术

人机一体化感官评价技术
- 多点传感器片　　应用原理、实例分析
- 肌电图　　应用原理、实例分析
- 腭电图　　应用原理、实例分析
- 多通道功能性近红外光谱技术　　应用原理、实例分析
- 气相色谱－嗅味计　　应用原理、实例分析
- 电子鼻　　应用原理、实例分析
- 电子舌　　应用原理、实例分析
- 电子眼　　应用原理、实例分析

食品质地、风味与外观是食品感官品质的核心因素。理化分析技术的使用，如通过流变仪、质构仪、气相色谱、液相色谱以及色差仪等，虽能精准描述食品的各项指标，但无法追踪人对食品的感知与认知状态。而感官评价技术虽然可从强度和偏好两方面获取人的感官感觉数据，但词汇限制以及人的主观意识的干扰，却使其缺乏仪器测量所具有的客观性与稳定性。因此，结合仪器测量与人感官测量各自的优势，实现人机一体化，有助于更好地实现对食品感官品质的综合评价。目前具有代表性的人机一体化仪器主要有多点传感器片(电子牙)、肌电图、腭电图、嗅味计、电子鼻、电子舌、电子眼等。本章对其进行简要介绍。

9.1 多点传感器片

多点传感器片(multiple-point sheet sensor，MSS)用于直接测定咀嚼时牙齿的压力。MSS 最初用于研究牙齿的咬合，后来才用于食品质地的研究。

9.1.1 应用原理

多点传感器片是一种新型片式多点传感器，可用来进行感官评价的试验研究(Bourne，2002)。Kohyama 和 Nishi (1997)设计了一种食品上下齿咬合分析试验。在一个厚度小于 0.1mm 的塑料片上，用导电墨水分别在 x 轴向及 y 轴向打印 18~24 条带，形成了一个具有 269 个压力传感器点的栅格。其最大压力极限为 4MPa，压力传感器点分布在 $4mm^2$ 的面积上。此格栅与计算机相连以记录数据，形成一个触觉式传感系统，称为 I-SCAN。I-SCAN 系统扫描所有的列和行，将其输出的电压信号数字化，显示每个传感器点上的压力值。图 9-1 为一个多点传感器片的实物图。试验之前，传感器片要在流变仪上以固定载荷进行校正，每个受试者用不同的传感片。受试者将传感器片置于口腔的下齿上，然后尽可能按正常的摄食方式咀嚼食品。计算机三维输出显示 1 936 个传感器点上的力，并能显示咀嚼过程中压力随时间的变化及压力峰出现的位置。同步测定咀嚼过程中的压力及其空间分布，为了解咀嚼过程及其食糜在口腔中状态变化提供了非常有价值的信息。

9.1.2 实例分析

9.1.2.1 应用多点传感器片研究样品硬度对人咀嚼力的影响

Kohyama 等(2004)利用多点传感器片研究了样品硬度对人咀嚼力的影响。用 3 种不同硬度的硅胶作为模拟食品样品，样品置于上、下门齿或臼齿之间，让受试者以平常的自然方式咀嚼，咀嚼力、样品与牙齿的接触面积以及施加于样品的压力被夹于样品中间的多点传感器片动态记录。通过分析咀嚼力-时间曲线可得到以下参数：

①峰值力(peak force) 样品覆盖的所有传感点所受力之和，N。

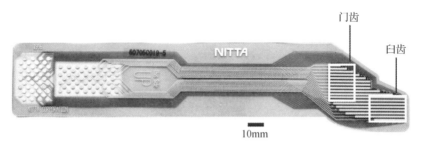

图9-1 多点传感片实物图

右端为18列(正面)和24行(反面)形成的传感点(296点),每个点连接到左端的对应一个圆点上。左端可插入一个读卡器,从而连接到计算机的I-SCAN系统,计算机每0.01s进行一次数据采样。右端的形状设计成可放置于口腔的半边牙齿上进行咀嚼。白色的实线框(8×12个传感点)代表样品放在门齿或是臼齿的位置

②达到峰值时间(time to peak) 开始受力至峰值力的时间,s。

③样品与牙齿的最大接触面积(maximum contact area between the sample and teeth)以受到任何大小压力的传感点的数目估计,mm²。

④力增加速度(build-up speed of force) 力-时间曲线上开始受力到峰值力之间直线的斜率,N/s,等于峰值力除以达到峰值时间。

⑤作用压力(active pressure) 峰值力除以峰值时的接触面积,MPa。

⑥产生力的持续时间(duration of the force),s。

⑦往复时间(cycle time) 咀嚼力开始至下一回咀嚼开始的时间,s。

⑧刺激量(impulse) 力-时间曲线下的面积,N·s。

图9-2为门齿之间以及臼齿(左侧)之间咀嚼力某一峰值时的压力分布。由图可知,传感器准确反映出了各点的压力分布,且臼齿咀嚼位置比门齿位置有更多的传感器单元产生力。由于传感器片很薄且很柔软,因此可以随着样品的变形而变形。需要注意的是,力的分布与受试者的牙齿形状密切相关,不同受试者的力分布类型具有显著差别,但同一受试者对不同样品的咀嚼力分布类型却很相似。

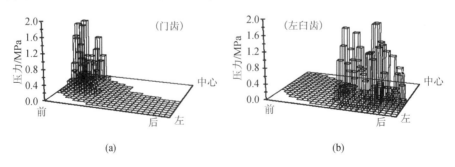

图9-2 咀嚼样品的某一峰值力时传感器片上的压力空间分布

(a)门齿的最大峰值力 (b)臼齿的最大峰值力

每个压力传感单元(2mm×2mm)以图中底面的小方块表示(24行×18列)

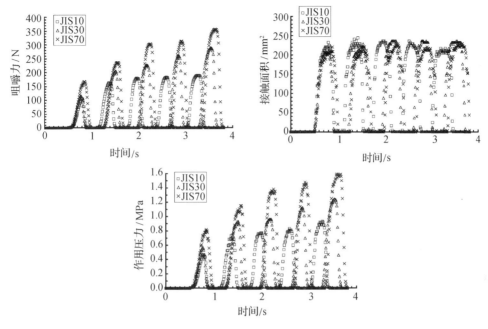

图 9-3 记录的咀嚼曲线示例

咀嚼力、接触面积和作用压力对时间作图；受试者用左侧臼齿咀嚼 3 种不同硬度规格的硅胶样品 5 次；

JIS10、JIS30 和 JIS70 指硬度分别是 10°、30°、70° 的硅胶

图 9-3 是咀嚼曲线示例，分别为咀嚼力-时间、接触面积-时间及作用压力-时间 3 条曲线。由图 9-3 可知，咀嚼力和作用压力随着咀嚼次数逐渐增加。臼齿在第一次咀嚼时，观测到的达到峰值力的时间和持续时间稍长，而力增加速度则比后续 4 次咀嚼要低。在后续 4 次咀嚼中各参数的变化差别不大。硬度对咀嚼力的影响似乎在第一次咀嚼时影响不大，对后来的咀嚼则影响较大。咀嚼的接触面积在各咀嚼次数中相当稳定。

研究结果表明，较硬的样品所测得的峰值力大，咀嚼时间长，所受的作用力也大，但是咀嚼的次数与达到峰值力的时间是不受样品硬度影响的。在门齿咀嚼时，样品与牙齿的接触面积随硬度的增加而减小。对于臼齿，峰面积及其他相关参数，如接触面积、到达峰值力的时间，咀嚼时间等，都大于门齿，但咀嚼次数相似。来自多点传感器片的信号清楚地显示样品硬度改变了人的咀嚼力。由此假设样品硬度的影响主要由牙齿周围韧带的机械性刺激感受器来调控。

9.1.2.2 应用多点传感器片测定咀嚼力以区分黄瓜品种

不同品种的蔬菜具有不同的质地特性，鉴定其特性的差别对于生产者与消费者都非常重要，而且要求鉴别的方法要重现性好，准确可靠且简单快速。例如，黄瓜，鲜食用、炒菜用及腌制用品种的质地要求是不同的。Dan 等 (2003) 结合常规的力学测定和利用多点传感器片的人的咀嚼同步对 3 种不同的黄瓜品种的质地特性进行了研究。该研究中同样应用 I-SCAN 系统，传感器片是 T-SCAN。T-SCAN 传感器片是一个很薄的聚酯膜，厚度小于

60μm，非常柔韧。T-SCAN 传感器片的表面及底面分别在 x-y 方向镀有很细的可导电的条纹，形成 1 500 个传感点，条纹间距离为 1.27mm。压力的空间分布由 I-SCAN 软件实时采集，采样速率为 137Hz。

试验选用了 11 名牙齿健康的受试者(7 男 4 女，年龄在 24~52 岁)。3 个黄瓜品种分别为黄瓜 A（No 51）、B（Harunomegumi）和 C（C-14），其特性见表 9-1 和图 9-4。样品选取直径 23～28mm 的新鲜黄瓜，切取中间 12mm 的段。

图 9-4　黄瓜试验材料

A：No 51；B：Harunomegumi；C：C-14

表 9-1　试验用黄瓜样品的品种特性

样品	品　　种	特　　性
A	No 51	非常脆，皮软，咬断的切口光滑，不适于长期贮藏，用于鲜食
B	Harunomegumi	鲜食的普通品种，软组织及种子腔紧实，皮软
C	C-14	软组织及种子腔非常柔韧，皮发白，在日本主要用于腌渍，在朝鲜用于鲜食

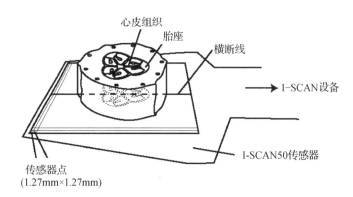

图 9-5　利用多点传感器片测定人咀嚼时黄瓜的质地特性

样品与传感器布置如图 9-5 所示。受试者将圆柱形的黄瓜样品连同传感器放入上、下门齿之间，咀嚼样品一次并在样品咬断时停止咀嚼。3 个黄瓜品种以随机顺序进行试验，每个样品重复测定 2 次以上，计算机实时记录力-时间曲线，从此曲线上计算出最大力 F_{max}（N）、最大力的时间（s）和曲线下面积（N·s）3 个参数。

有 3 种主要的不同组织影响着黄瓜的质地特性：表皮、软组织和种子的空穴。因此，横切面的咀嚼或压缩试验可以测定所有这些结构的影响，是最合适的试验方法。图 9-6 是利用多点传感器片测定黄瓜横切面样品的咀嚼力随时间的变化。曲线的形状表示了门齿施加于黄瓜片上作用力的变化。一般的曲线有两个峰，第一个峰是食品材料的破断点，第一个峰后黄瓜样品被切开，但上、下门齿继续接近直至接触，因此第二个峰是刚刚在上下腭张开之前的上、下门齿的直接接触(没有咀嚼黄瓜)。两个峰的生理意义的不同可以更好地从咀嚼力的空间分布图上看出(图 9-7)。

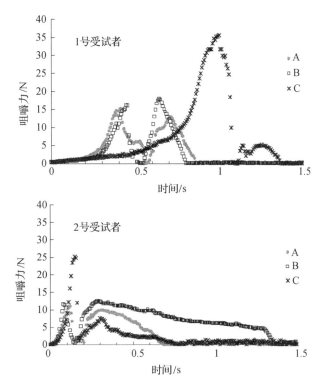

图9-6　以门齿咀嚼3个品种黄瓜样品的力-时间曲线的示例

图为两个不同受试者的咀嚼曲线；A、B和C分别为不同的3个黄瓜品种

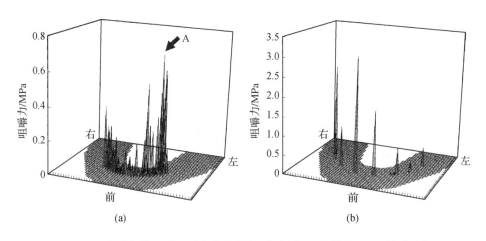

图9-7　门齿咬断黄瓜时咀嚼力空间分布（来自图9-6的样品 B，1号受试者）

（a）力-时间曲线的第一个峰(0.445s，16.22N)　（b）第二个峰(0.641s，17.86N)

所有传感器点上的最高峰代表最大压力(见箭头 A)；底平面的方块代表 T-SCAN 传感器片的传感点

　　图9-7所示为黄瓜样品在门齿咀嚼时咀嚼力的空间分布，图9-7(a)为图9-6的第一个峰，图9-7(b)为第二个峰。图9-7(b)中稀疏分布的尖峰与上下牙齿接触点完全吻合，清楚说明第二个峰是牙齿相接触引起的。因此，研究黄瓜片上的咀嚼力，仅研究第一个峰就可以了。咀嚼曲线对每一个受试者都是唯一的，受试者之间相差非常大。但对于每一受试

者而言，3 种黄瓜的曲线之间的总趋势是相似的，从而使结果分析具有可比性。仅考虑第一个峰，黄瓜 A 和 B 的峰型是相似的，而黄瓜 C 与之差别很大。黄瓜 A 和 B 的最大峰值力 F_{max} 和峰值力 F_{max} 出现时间比黄瓜 C 低得多，曲线下的面积比 C 也小。结合感官属性，上述参数值越低，说明黄瓜脆度越高；而参数值越大，说明黄瓜越坚韧。研究还发现，利用多点传感器片的咀嚼试验适于每一位受试者的咀嚼特性；而仪器测定适于分析每个样品内在的物理特性。结合人口腔真实的咀嚼试验和传统的力学测量，可更可靠、客观地评价食品的质地特性。

9.2 肌电图

9.2.1 应用原理

肌肉收缩时会产生微弱电流，在皮肤的适当位置附着电极可以测定身体表面肌肉的电流。电流强度随时间变化的曲线称为肌电图(electromyogram，EMG)。此法简单易行，电极与皮肤的接触不影响正常的肌肉活动。咬肌和颞肌是咀嚼的主要肌肉，正处于脸颊的下面，因此易于测量。Tornberg 等(1985)可能是第一个应用肌电图的食品科学家。Sakamoto 等(1989)应用肌电图研究了 43 种食品的咀嚼形式，发现闭嘴时，咬肌的咀嚼能变化在 3~108，张嘴时下腭的二腹肌咀嚼能变化在 13~154。

Brown(1994)研究了成人嚼口香糖时的肌电图，发现每一位受试者的结果重现性很好，肌电图波形在不同时间仍能保持稳定，但受试者之间有显著差异。尽管如此，受试者不觉得附着在脸上的电极影响正常的咀嚼行为。Brown(1994)验证了咀嚼波形对个人及具体食品是稳定的，并利用肌电图测定了咀嚼速率、持续时间、咀嚼功及吞咽时的运动。图 9-8 是利用肌电图记录咀嚼的示例。

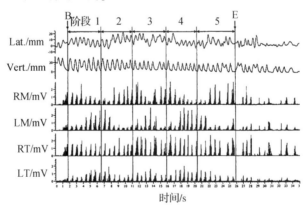

图 9-8 利用肌电图记录咀嚼的示例

从下向上依次为矫正的肌电图信号从左颞(LT)、右颞(RT)、左咬肌(LM)和右咬肌(RM)，咀嚼一片 5g 牛肉时竖直和侧面的位移量。颌运动学的正方向对于侧面是指右，对于垂直位移是向下。受试者(老人，男性)在时间 0 时开始得到食物。分析在箭头 B(开始嚼碎食物)到 E(有节奏咀嚼的结束)这期间记录的变量

Kohyama 等(1998)研究了蒸米饭的质地，并报道高直链淀粉的蒸米饭需要更大的咬肌活动，在最初的咀嚼时，品种间的差别显著。Kohyama 等(2000)发现咀嚼次数、咀嚼

时间和总持续时间与胶黏性、黏性的相关性比与硬度的还高。另外，他们还发现受试者之间咀嚼类型的不同比米品种之间的不同更显著。肌电图越来越成为研究咀嚼及食品质地的有用工具（Sakamoto 等，1989；Brown，1994）。

9.2.2　实例分析

Kohyama 等（2007）利用肌电图研究了人对块状和切细的食物（尺寸不同）的咀嚼行为。用塑料勺以随机的顺序提供给普通受试者一口量（7g 的块，等重切细样品，等体积切细样品）的生胡萝卜、黄瓜、烤肉或鱼丸，样品特性见表 9-2、图 9-9。受试者可以在试验前或不同试验之间用水漱口，不告诉受试者正在品尝的是何种样品。试验过程包括介绍试验程序、电极设置、几次预试验、12 个随机试验（4 食品样品×3 种不同形式）及解除电极过程，共持续约 40min。纯用于咀嚼试验的时间约 15min。为避免受试者疲劳，对于同一样品不设重复测定，但预试验表明对于同一受试者或是同一样品其重现性很高，误差小于 10%。

表 9-2　肌电图试验的样品特性

食品	块样品（7g）	细切样品	细切样品的密度 /（g/cm³）	与块样品等体积量样品的质量/g
生胡萝卜	20mm×20mm×20mm 立方块	细丝 1mm × 1.5mm × 30（轴向）mm 立方块	0.31	2.4
黄瓜	φ27mm×14mm 圆柱	薄片 φ27mm×2（轴向）mm	0.45	3.5
烤肉	19mm×19mm×19mm 立方块	薄片 19mm×19mm×2（轴向）mm	0.53	3.3
鱼丸	18mm×18mm×18mm 立方块	薄片 18mm×18mm×1.5mm	0.64	3.6

图 9-9　试验样品

从上到下依次为生胡萝卜、黄瓜、烤肉、鱼丸。中间一列为 7g 的整块样品；左边是等重的切细的样品；右边是等体积的切细的样品

肌电图活动由贴在左右双侧颞与咬肌的偶极表面电极和 MEG-6108 放大器记录。电极信号通过 MP150 软件以 1 000Hz 的频率导入计算机,利用波形分析软件(AcqKnowledge ver 3.7.1, Biopac Systems)进一步分析。从肌电图上(左咬肌肌电图形示例见图 9-10),可以得到以下参数:

①咀嚼次数。

②咀嚼时间。

③持续时间。

④振幅或最大电压。

⑤肌肉活动(肌电图电压对时间的积分)。

⑥咀嚼周期 由于受试者咀嚼食物在口腔左侧和右侧交替进行,来自颞和咬肌的电压信号当闭口时同时出现,因此 4 块腭闭合肌的信号取平均值,然后对所有的咀嚼循环求参数③~⑥的平均值。

⑦求所有肌肉活动的总和,以评价咀嚼一口量的食物所需要的总的咀嚼活动。

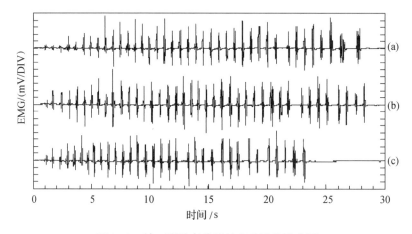

图 9-10 某一受试者典型的左咬肌的肌电图

(a)7g 黄瓜块 (b)等重切细的黄瓜丁(7g) (c)等体积切细的黄瓜丁(3.5g)

很多戴假牙的人认为胡萝卜很难嚼,有筋的肉也是,黄瓜与鱼丸相对容易些,因此选择这 4 种食品作为样品。压缩仪器测定表明,生胡萝卜与黄瓜的破断应力高而破断应变小,而烤肉及鱼丸与之相反。对于生胡萝卜和黄瓜,肌电图测定的咀嚼次数、实际咀嚼的时间、咀嚼总时间、肌肉总活动,切细的样品大于同等质量的块状样品;对于烤肉和鱼丸,以上参数对于等重的切细样品和块状样品相等;等体积切细的样品质量小,总是比块状样品咀嚼表现出较低的咀嚼活动。研究结果表明,对于一口量的食物,等重切细并不能减少咀嚼活动,但切细可通过减少一口量的质量而使咀嚼容易进行。这一研究对于制备老年食品非常有意义。精心切细的样品可以帮助老人或病人摄食,但是可能由于密度的下降而摄食不足,增加老人或病人的咀嚼活动,使他们在摄入足够营养前已经产生咀嚼疲劳,造成营养不足。一般地,即使切得再细,当口腔中的食物体积过大时,咀嚼更费力、持续时间更长,有时甚至难以咀嚼。

咬肌的活动与咀嚼力密切相关,表面肌电图显示较硬的食物,其咀嚼力越大,咬肌活动大，咀嚼时间长，咀嚼次数也多。人在咀嚼柔韧的食物时，嚼得要慢一些。咀嚼速度也可以由肌电图的咀嚼肌肉的工作时间和一个咀嚼周期的时间而得出。

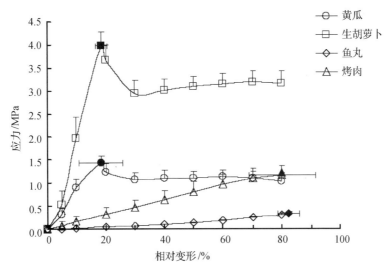

图 9-11　4 种样品的机械特性

鱼丸样品在纤维方向厚 10mm，样品以 1mm/s 的速度，3mm 的探头压缩，空心点为应变为 10%时的压缩应力的均值与标准差，实心点为破断点

图 9-11 是试验结果，对于烤肉和鱼丸样品，在 5%和 10%相对变形处的应力值相似。对于黄瓜和烤肉，在 70%和 80%相对变形处的应力无显著性差别（$P>0.05$）。除此以外，4 个样品在每一形变处的应力区别相当大。表 9-3 是 4 个样品的破断特性。4 个样品间的破断应力显著不同，由大到小的次序为：生胡萝卜>黄瓜>烤肉>鱼丸。其次序与曲线的初始斜率一致，等价于杨氏模量。生胡萝卜和黄瓜的破断相对变形比烤肉及鱼丸小得多。样品的单位破断功是单位体积下力－变形曲线下的面积，由大到小的顺序是：烤肉>生胡萝卜>黄瓜>鱼丸。咀嚼在口腔中包括样品破碎的过程，因此必须考虑样品的破断特性。咀嚼时的硬度可以由力学测试的破断应力衡量。物理硬度常用模量表示，反映在小变形下样品变形的难易程度。在本研究中，杨氏模量与破断应力显著相关，如图 9-11 所示。烤肉的破断应力不高，但是破断功是最高的，因为破断的形变很大。高破断功的食品往往很韧，尽管破断应力很低，如猪肉。因此，我们可以把上述 4 种食品根据其破断时的相对变形分成两类：①硬脆的食品，如生胡萝卜和黄瓜；②柔韧的食品，如烤肉和鱼丸。比较破断处的应力值，可见生胡萝卜比黄瓜硬，烤肉比鱼丸难嚼得多。生胡萝卜和黄瓜由于高应力而难嚼，而烤肉和鱼丸由于高的破断变形而难以切断。

表 9-3　块状样品的破断特性

力学指标	生胡萝卜	黄瓜	烤肉	鱼丸
破断应力/MPa	3.98[d]	1.44[c]	1.22[b]	0.34[a]
破断处的相对变形/%	18.5[a]	18.4[a]	79.8[b]	82.3[b]
破断功/MPa	0.325[b]	0.113[a]	0.442[c]	0.101[a]

注：数值为 20 个重复测定平均值；同行数值后不同字母表示有显著性差别（$P<0.05$）。

表 9-4 7g 块状样品的肌电图参数

肌电图参数	生胡萝卜	黄瓜	烤肉	鱼丸
咀嚼次数	59.4[c]	37.5[ab]	49.4[bc]	35.0[a]
咀嚼时间/s	33.9[b]	21.0[a]	31.2[b]	19.4[a]
肌电图时间/s	0.260	0.255	0.277	0.246
幅度/mV	1.82[b]	1.69[b]	1.75[b]	1.36[a]
每次咀嚼的肌肉活动/(mV/s)	0.0412[b]	0.0370[b]	0.0438[b]	0.0307[a]
咀嚼循环时间/s	0.583[a]	0.574[a]	0.661[a]	0.562[a]
肌肉活动总和/(mVs)	2.38[b]	1.35[a]	2.03[b]	1.04[a]

注:数值为 10 次重复测定平均值;同行数值后不同字母表示有显著性差异($P<0.05$)。

表 9-4 是 4 种食品样品的肌电图测定结果。高肌电图值或者说高肌肉活动的样品一般难咀嚼。由于肌电图持续时间并不因样品特性不同而变化,因此每次咀嚼的幅度和肌肉活动是相关的。肌电图幅度和破断应力显示了瞬时最大力。肌肉活动与咀嚼功相关,与仪器测定的破断功显著相关。另外,肌电图持续时间和相对形变并不相关。牙齿在样品破断后并不停止而是继续压缩样品,因此肌电图持续时间与食品的破断特性无关。如图 9-11 所示,咀嚼循环时间在每一周期是相似的,除非是吞咽前的少数几次咀嚼。肌电图值高的食品咀嚼循环时间相对长,但统计分析并不显著。咀嚼次数与咀嚼时间相关,可能是由于本研究中没有包括很韧的及很黏的食品样品。杨氏模量和破断应力无法很好解释咀嚼活动,因为这两个参数与样品的硬度相关,不能描述烤肉的软而韧的性质。对于块状食品,烤肉的咀嚼次数、咀嚼时间、幅度、每一咀嚼的肌肉活动和肌肉活动总和都比鱼丸高。类似的,生胡萝卜的所有参数比黄瓜高,但每一咀嚼的肌电图参数相差并不大。破断功是由破断前的累积应力计算而来的二级参数,它是仪器可测定的最适参数,反映咀嚼的难易和咀嚼活动费力与否。总而言之,要获得一定的营养,细切的食品由于体积的增加,而使咀嚼活动并不省力。等重量的细切食品表现出增加或者至少相似的咀嚼难易度,但等体积细切的食品表现出咀嚼活动少。不管食品的软硬和韧性,细切的食物可能在食用咀嚼时反而更困难。

9.3 腭电图

9.3.1 应用原理

腭电图(electropalatography,EPG)用于记录不同食物被摄食和吞咽时舌头的运动情况。依受试者上门齿到软硬腭结合处的硬腭为模板定制一个非常薄的假腭,在假腭中置入 62 个电极,这些电极排成 8 行,每行 8 个,仅紧挨牙齿的第一行为 6 个电极。电极上的引出线连接到一个外部处理器。每当舌头接触到某一电极时,信号就被传送到处理器,处理器每 0.01s 记录一次数据。

9.3.2 实例分析

Jack 和 Gibbon(1995)应用腭电图进行试验。他们向受试者供试 3 种不同质地的食物:

牛乳(液体)、酸乳(半固体)、果冻(凝胶)。他们将舌头与上腭的接触分成 3 个阶段：第一阶段，舌头与腭电图电极接触数量逐渐增加的接近期；第二阶段，舌头与 62 个电极的全面接触期；第三阶段，舌头与电极接触数量逐渐减少的释放期。数据表明，舌头从牙齿开始转动，向后直到接触到所有电极，然后舌头从牙齿开始离开上腭，向后直到最后离开上腭后部。

牛乳需要 2 次这样的舌头运动将其从口腔中清除，酸乳需要 3 次，果冻达到 6 次，其中，有时舌头并没有与上腭完全接触。

9.4 多通道功能性近红外光谱技术

9.4.1 应用原理

食品感官评价包括不同水平的认识过程，然而其神经学基础仍未为人们所认识。Okamoto 等(2006)利用多通道功能性近红外光谱技术(multi-channel functional near-infrared spectroscopy，fNIRS)研究了 12 个受试者在品茶过程中脑侧前额皮层(lateral prefrontal cortex，LPFC)的响应。试验应用差异识别试验，要求受试者仔细品尝所提供的茶样品并记忆其风味特征。试验结果与对照相比较以识别出大脑认识过程的活动。对照为受试者品尝风味相似的茶样品而不能有意识地试图评价其风味。fNIRS 数据标于蒙特利尔标准脑空间图(Montreal neurological institute standard brain space)上以与其他的神经成像研究结果进行比较。结果表明，左 LPFC 和右下前脑回区活动非常明显，脑认识活动的形式与早期对于其他感官刺激的识别研究结果一致，即早期研究假设的大脑皮层区域参与了语义识别和察知形成过程。

9.4.2 实例分析

在感官评价中，人被作为测定仪器，因此，了解人是如何对刺激作出反应对于研究感官评价的神经基础非常重要。神经成像是研究感官评价时中枢突活动的有力工具。在过去 20 年间，正电子发射断层摄影法(positron emission tomography，PET)、功能磁共振成像(functional magnetic resonance imaging，fMRI)和脑磁描述法(magnetoencephalography，MEG)都用于非侵入式检验与口腔内食物特性相关的人脑的功能，探明了人脑与味觉、嗅觉和口腔体觉相关的主要感官区域和次级感官区域，且研究推测认为这些脑区域参与了将感官接收到的信号合成为风味表现的过程。近些年来，人们发现 LPFC 参与了更高级的滋味和风味的认识过程。

最新的 fMRI 研究发现，对于葡萄酒斟酒员和品评新手，其大脑皮层活动对葡萄酒的响应显著不同，斟酒员的脑岛活动更剧烈。研究认为，脑岛和 LPFC 参与味觉和嗅觉的综合识别。但是，在以往研究中，由于仪器的局限，受试者仅是简单地品尝，不能进行明确评价。fMRI、PET 和 MEG 需要受试者躺着进行试验，限制了受试者的活动，且该研究只能提供很少量的试样，因此可能增加了味觉的阈值，影响了在该类仪器上进行感官评价试验的准确性。为了更准确地探索脑皮层在感官评价中的作用，需要在尽可能接近感官评价的实际条件下监测受试者的脑活动，fNRIS 在这方面有着无可比拟的优势。

fNIRS 是测量通过大脑组织后，近红外光的衰减量来衡量脑血流动力学的非侵入式的光学方法。已有研究表明，基于神经活动与局部脑血液流动的密切关系，fNIRS 可非常有效地测定皮层活动引起的氧化变化。相对于其他神经成像方法，fNIRS 只要很小的仪器系统，且不限制身体在试验过程中的移动，受试者不用平躺或被固定在扫描器上，只须简单地在头上戴着一组探头，与实际进行感官评价试验时的状态几乎没有差别(图 9-12)。受试者是以直立姿态品尝食物样品，按平常的自然方式摄食，口腔运动不对测试产生影响 (Okamoto 等，2006)。现以 fNIRS 用于测定品尝绿茶的风味时的脑皮层活动为例，说明 fNIRS 用于感官评价的应用潜力。

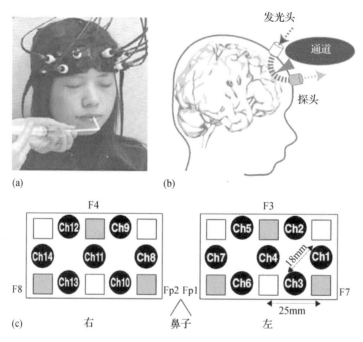

图 9-12　fNIRS 试验状况示意图

(a)受试者用吸管摄入评价试样，fNIRS 连接着 3 对检测探头–发光探头对，戴在受试者前额处;

(b)fNIRS 测定原理示意图，近红外光的衰减表示了脑组织的氧化变化，由前额处的检测探头检测;

(c)fNIRS 通道分布，检测探头为灰色方块，发光探头为白色方块，通道为其间的圆形区

(1)样品制备

试验选择 12 个健康的受试者，2 男 10 女，都惯用右手，对绿茶风味非常熟悉。在感官评价试验中，常用差异检验来区别易于混淆的样品的不同。为了确定一组合适的试验用样品，该研究用两个受试者(1 男 1 女)筛选试验用样品。首先将 5 种市售绿茶饮料中的 3 种以不同比例混合，然后根据受试者的反应，选择 7 种茶溶液作为试验样品，7 种样品之间的差别相当小。这些样品用于感官评价试验[图 9-13(a)，茶 X]和后续的比较试验 [图 9-13(a)，茶 Y]。所有 7 种茶样品以等量混合作为茶 Z，用作对照样品[图 9-13(b)]。茶 Z 在预试验时提供，以便使受试者熟悉其风味。

(2)试验步骤

试验基于"A"–"非 A"检验法。一个完整的感官评价试验过程包括[图 9-13(a)]：受

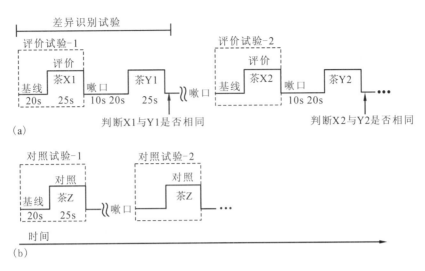

图 9-13　感官评价试验(a)和对照试验(b)的试验设计

试者闭目静坐 20s 以获得平稳基线(base line, BL)；然后，8mL 茶 X 样品用注射器注入受试者口中，要求受试者将样品在口腔中含 25s，然后吐出以消除饱腹感和咖啡因的影响。感官评价结束，受试者用矿泉水漱口 10s，再进行样品 Y 的测试。在吐出样品后，受试者评价两样品是否相同，再进行下一轮试验，同时要再漱口。

对照试验包括一个基线调整和空白试验两个过程［图 9-13(b)］。在空白试验中，以上述同样的过程提供样品 Z，但要求受试者含着样品，同时不要试图去感受样品的风味，然后吐出来，这样做是为了不让受试者唤起认识的过程。

在感官评价试验和空白试验过程中，舌头是可以活动的，但要求受试者闭着眼睛，感官评价试验与空白试验是分开进行的。受试者在一个安静的房间，以舒适的姿势坐在椅子上进行评价。在每组试验前，受试者进行两次以上的预试验以熟悉试验流程，每组做 8 次试验，在感官评价试验前进行空白试验以减少受试者本能地试图记忆或是评价样品。

如受试者在试验过程中咳嗽或是突然头部移动等引起了噪声，则删除此数据。随机地选取每个受试者的 5 次试验数据作为试验结果。

（3）fNIRS 数据采集与处理

实验设备为 fNIRS 断层扫描系统 OMM-2000 多通道光检测器。受试者前额上安装 14 个探头，覆盖着 LPFC 前面的部分。每个探头测量的脑区域标于蒙特利尔标准脑空间图上。试验所得的光学数据基于改良的朗伯-比尔定律进行处理。其信号反映了氧化血色素(oxygenated hemoglobin, oxyHb)、脱氧血色素(deoxygenated hemoglobin, deoxyHb)和总血色素(total hemoglobin, totalHb)浓度的变化，分别记为 $\Delta oxyHb$、$\Delta deoxyHb$ 和 $\Delta totalHb$。在 fNIRS 研究中，$\Delta oxyHb$ 的增加、$\Delta totalHb$ 的增加或者 $\Delta deoxyHb$ 的减少是反映脑活动的具体指标。

综上所述，fNIRS 在感官评价中有极大的应用潜力，可用于评价员的筛选与培训，组织更有效的感官评价小组。

9.5 气相色谱–嗅味计

9.5.1 应用原理

气相色谱–嗅味计(gas chromatography–olfactometry，GC–O)，也称为气谱嗅探(GC–sniffing)，是将分离挥发性物质的气相色谱仪和嗅味检测结合起来的分析技术。GC–O 对于调味专家、调香师和研究复杂气味中挥发性组分的科学家是一种重要的分析工具。GC–O 在 20 世纪 60 年代首次研制成功。一个 GC–O 系统由色谱部分和人体部分组成。色谱部分包括采样、提取、分离和挥发性物质的仪器检测；人体部分集中于挥发性物质的主观检测，质量、强度和挥发性物质随时间的变化情况，从而获得样品的化学组成和气味特征信息。

GC–O 系统组成如图 9-14 所示。GC–O 检测原理非常简单，在气相色谱柱末端安装分流器分流组分(如分流比为 1∶50)，一部分分流到 FID 或 MS 检测器，另一部分分流到嗅味检测仪。将经过前处理的样品注入在检测器端连有嗅味检测仪的色谱柱中，而嗅闻人员坐在气味检测仪的出口处，然后记录他们在气体流出物中所闻到的气味，由 GC–O 可得到嗅闻人员对他们所感觉到的气味进行定性描述的信息。他们常用一个词或一组词以及图片的形式来描述他们的感觉。

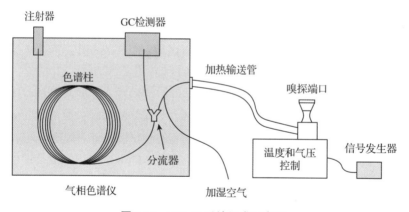

图 9-14 GC–O 系统组成示意图

除了色谱技术外，GC–O 技术还可根据它们的使用步骤和所得数据分类，这些技术包括稀释分析、强度评估、时间–强度评估和频率检测法。

在稀释分析方法中有两个主要的类别：气体提取物稀释分析(aroma extraction dilution analysis，AEDA)和魅力分析(charm analysis)。AEDA 和魅力分析通过逐渐稀释提取物直至挥发性物质不能被仪器测出以确定单个挥发性物质的效力。AEDA 使用稀释因素(FD 值)，即最初提取物中挥发物的浓度与最终被仪器测得的挥发物浓度之比，来确定挥发性物质的效力。AEDA 获得的气味数据是 FD 值(y 轴)和 Kovats 指数(x 轴)间的曲线。在同一原则基础上，魅力分析确定挥发性物质的效力并将其表述为魅力值(c)。在概念上，魅力值是在特定保留指标下提取的呈味组分的总值与同一混合物中组分的阈值之比，它根据公式 $c = d^n - 1$ 计算，在这里 n 是对应反应数，d 是稀释因子。魅力分析与察觉气味所需的时间有关，这是魅力分析与 AEDA 的区别。魅力分析获得的气味数据是魅力值（y 轴）和保留指标（x 轴）间的曲线。效力指数、FD 值和魅力值都是基于一个假设，假设低阈值的挥发性复合物在超过阈值的水平时会显著加强气味。然而，这种情况常常并不真实，因为在高于阈值的范围，挥发物效力是由 Stevens 功效函数的指数确定的，而此指数随挥发物的不同而不同。

认识到稀释分析方法的缺点，美国俄勒冈州立大学感官实验室的指导者 Mina Mc-Daniel 博士和她的同事发展了一种叫作 OSEM（time-intensity rating method）的时间-强度等级法。OSEM 仅用一种典型提取物，受试者必须从第一感觉的挥发性的强度一直注意到浓香的消散，然后描述香气。这个方法的完成需要经过高度训练和直接使用 16 点的强度等级评估。因为从 OSEM 得到的是自然的时间-强度，时间-强度曲线的许多参数（如峰高、持续时间、峰面积）都能用来呈现挥发性物质的特性。另外，与 OSEM 不同的是手语法（finger span method）。手语法与 OSME 的区别在于评级程序。手语法使用交叉匹配，叫作手语范围，OSME 直接从 16 点等级中得到。OSEM 的好处是能获得食物的感官分析完全的色谱；缺点是在结果被深刻解释之前，需要训练和复杂的数据处理。OSEM 已经被证明是可靠的，而且从该方法获得的数据比 AEDA 更精确。

强度测定法（intensity-rating）也是一种 GC-O 方法。这种方法在嗅气之后立即完成，所以它被称作滞后强度测定（posterior intensity-rating）技术。强度测定法获得的数据和由 OSEM 测得的峰值相似，但没有响应时间。这些技术是 OSEM 的缩短形式。这种技术有着和 OSEM 同样的优缺点。但是，用滞后技术的评估任务比 OSEM 简单。

频率检测法（frequency detection）和全面嗅觉分析法都没有像 OSEM 和强度测定法那样需要用直接测量技术，也不需要用连续稀释技术。这种方法是提供一种典型的提取物让受试者（至少 9 人）去闻其挥发物，然后由受试者描述出挥发物的组成成分。将正确检测气味的受试者的人数作为检测频率记录下来，用以代表挥发物的强度。这种方法比其他方法快速，但它不像 OSEM 和强度测定法一样反映出精确强度，同样也不能测出挥发物的阈值浓度。当挥发物能被多个受试者正确识别时，这种方法就不适用了；挥发物的浓度刚好在阈值水平之上时也不适用。另一方法是基于受试者识别能力的响应间隔法，不记录正确识别的频数，而是记录挥发物被检出的持续时间。当挥发物的出峰值不对称或者比较扁平时，这种方法将受到影响，此法依赖于色谱条件而不是挥发物真正的心理物理学（psychophysical）性质（Kannapon 和 Mina，2005）。

9.5.2　实例分析

（1）白酒香气化合物分析

白酒在中国有着悠久的历史，是我国优秀而宝贵的民族遗产。白酒中含有多种微量成分，这些微量成分是构成白酒风味的重要物质，决定着白酒的风味和典型性。

2005 年，范文来等运用顶空-固相微萃取（HS-SPME）结合 AEDA 香味检测技术，研究了浓香型中国白酒的新酒和老酒的挥发性香味成分，共检出该类酒的呈香化合物 96 种。2006 年，范文来等应用液-液萃取（liquid-liquid extraction，LLE）从浓香型白酒中将风味物质萃取出来，然后应用正相色谱分离技术，将香味化合物按极性分离，再运用 GC-MS结合 GC-OSEM 的方法，采用双柱定性，分析中国白酒中的呈香物质，一次性可以分析白酒中的呈香化合物 92 个，已经定性的呈香化合物有有机酸 10 个，酯类化合物 32 个，醇类化合物 13 个，酚类化合物 8 个，芳香族化合物 6 个，酮类化合物 2 个，呋喃类化合物 1 个，缩醛类化合物 3 个，硫化物 2 个和未知的呈香化合物 12 个；同年，范文来等应用液-液萃取和 GC-MS 及 GC-AEDA 技术研究了多粮浓香型白酒，一次性检测出该类酒的呈香化合物达 126 种之多。

柳军等采用传统的液-液萃取法结合精馏技术提取兼香型白酒中的香气化合物，并以浓香型白酒为对照，应用 GC-OSEM 和 GC-MS 对其进行分离鉴定，通过与浓香型白酒的对比研究，初步确定了兼香型白酒的主要香气成分。从香气化合物种类和强度来看，兼香型白酒和浓香型白酒是有区别的。兼香型白酒中共鉴定出 90 种香气化合物，已经定性的呈香化合物有脂肪酸 13 个，醇类化合物 11 个，酯类化合物 27 个，酚类化合物 6 个，芳香族化合物 10 个，酮类化合物 4 个，缩醛类化合物 3 个，硫化物 1 个，内酯类化合物 1 个，吡嗪类化合物 7 个，呋喃类化合物 5 个，未知化合物 2 个。从香气强度来看，己酸乙酯(香气强度 4.00)、4-乙烯基愈创木酚(3.67)、己酸(3.50)、3-甲基丁醇(3.33，水溶性组分中)、3-甲基丁酸乙酯(3.33)、4-乙基愈创木酚(3.17)、香草醛(3.17)、乙酸-2-苯乙酯(3.17)和丁酸(3.00)的香气较强。而浓香型白酒共检测到 84 种香气化合物，其中脂肪酸 13 个，醇类化合物 11 个，酯类化合物 28 个，酚类化合物 4 个，芳香族化合物 10 个，酮类化合物 2 个，缩醛类化合物 3 个，硫化物 1 个，内酯类化合物 1 个，吡嗪类化合物 6 个，呋喃类化合物 5 个。香气强度较大的化合物有己酸乙酯(4.00)、1,1-二乙氧基-3-甲基丁烷(4.00)、丁酸乙酯(3.67)、戊酸乙酯(3.67)、己酸(3.67)、3-甲基丁醇(3.50，水溶性组分中)、3-甲基丁酸乙酯(3.50)、2-甲基丙酸乙酯(3.33)、己酸丁酯(3.33)和丁酸(3.33)。

浓香型白酒中酯类化合物的香气占主导地位，兼香型白酒除酯类香气外，芳香族化合物、酚类化合物以及杂环化合物的香气贡献更明显，对兼香型白酒的整体香气贡献要大于浓香型白酒。单从香气强度来看，兼香型白酒的主要香气化合物是己酸乙酯、4-乙烯基愈创木酚、己酸、3-甲基丁醇、3-甲基丁酸乙酯、4-乙基愈创木酚、香草醛、乙酸-2-苯乙酯和丁酸。而浓香型白酒中己酸乙酯、1,1-二乙氧基-3-甲基丁烷、丁酸乙酯、戊酸乙酯、己酸、3-甲基丁醇、3-甲基丁酸乙酯、2-甲基丙酸乙酯、己酸丁酯和丁酸的香气贡献更大。

(2)北京烤鸭香气活性化合物分析

北京烤鸭以色泽红艳，肉质细嫩，味道醇厚，肥而不腻的特色被誉为"天下美味"而驰名中外。马家津等利用同时蒸馏提取法(simultaneous distillation-extraction，SDE)提取北京烤鸭香气成分。该提取物经 Vigreux 柱浓缩后，用气-质联用法(GC-MS)对其进行分析、分离、鉴定出(E, E)-2,4-葵二烯醛、(E, E)-2,4-壬二烯醛、2-乙酰基噻唑、3-羟基-4,5-二甲基-2(5H)-呋喃酮、2-甲基-3-呋喃硫醇、2,3,5-三甲基吡嗪及 2-戊基呋喃等重要香气成分。

江新业等采用 SDE 法提取北京烤鸭的香气成分，利用 AEDA 技术并结合 GC-MS 技术分析其关键芳香化合物。表 9-5 为 28 种香气活性化合物(FD 值>1)，是由至少两名评价员通过 GC-O 检测并按保留指数 RI 值大小排列的。可以看出，从嗅探端口可嗅闻到许多气味，包括肉味、烧烤味、土豆味、大蒜味、花香、巧克力味、青味、松味、脂香味等。

其中，化合物 10、25 及未知物 1、14、19 未能由 MS 检测到。北京烤鸭的香气活性化合物包括醇、醛、酮、硫、氮的直链和杂环化合物，其中 3-甲基丁醛(黑可可香)、2-甲基-3-呋喃硫醇(肉香)、3-甲硫基丙醛(煮土豆香)、1-辛烯-3-醇(蘑菇香)、(E, E)-2,4-癸二烯醛(重脂肪香)、(E)-2-十一烯醛(脂香) 具有很高的风味 FD 值($\log_3 FD \geqslant 4$)，是北京烤鸭整体香味的主要贡献者。

表 9-5　北京烤鸭中的香气活性化合物

序号	气味描述[a]	RI[b]	化合物[c]	$\log_3 FD$[d]
1	大蒜香	609	未知	3
2	黑可可香	651	3-甲基丁醛	4
3	烤香	729	噻唑	3
4	刚割青草香	803	己醛	1
5	橡皮、大蒜香	810	4-甲基噻唑	2
6	大蒜香、肉味	844	糠醛	1
7	肉香	872	2-甲基-3-呋喃硫醇	6
8	硫味、肉味	903	2-乙酰基呋喃	1
9	煮土豆香	910	3-甲硫基丙醛	5
10	酸味	974	2,3-丁二酮[e]	2
11	蘑菇香	982	1-辛烯-3-醇	5
12	甜香、果香	1006	(E)-2-己烯醛	1
13	干草、甜味	1013	辛醛	3
14	煮米饭香	1046	未知	1
15	水果香、甜味	1065	(E)-2-辛烯醛	2
16	焦烟	1094	3-乙基-2,5-二甲基吡嗪	3
17	香甜	1108	2-壬酮	2
18	煮米饭、大蒜香	1149	4,5-二氢-2-乙基噻吩	1
19	草香、木香	1163	未知	2
20	甜香	1185	(E)-2-壬烯醛	1
21	玉米香	1341	2-乙酰-1-吡咯啉	4
22	大蒜香	1362	二甲基三硫[e]	3
23	干草香	1502	(E, E)-2,4-庚二烯醛	4
24	草香、茶香、脂香	1511	癸醛	1
25	青草香、水果香	1592	(E, Z)-2,6-壬二烯醛	3
26	青草香、松香	1631	(E)-2-癸烯醛	4
27	重脂肪香	1718	(E, E)-2,4-癸二烯醛	6
28	脂香、苦味、烟味	1754	(E)-2-十一烯醛	4

注：a. 在嗅探端口闻到的气味描述。b. 保留指数，根据化合物的嗅闻时间与系列烷烃在相同 GC 条件下的出峰时间计算。c. 由 RI、MS 和嗅探端口闻到的香味特性来确定的化合物。d. FD 因子，以 3 的倍数稀释到闻不到气味的稀释次数，$\log_3 FD < 1$ 为只能在原始浓缩液中被闻到。e. MS 未检测到的物质，根据文献报道或标样的 RI 及气味鉴定的化合物。

GC-O 在风味评价方面具有仪器无法比拟的优越性，结合 MS、保留指数等信息，可对不同食品香气成分进行良好的定性与定量，其在气味活性分析中必将发挥更大的作用，应用范围也将更加广泛。

9.6　电子鼻

9.6.1　应用原理

电子鼻(electronic nose, e-nose)是一种模仿哺乳动物嗅觉系统的气味分析仪器。1994年，英国华威大学的 Gardner 和南安普顿大学的 Bartlett 使用了"电子鼻"这一术语并给出定义：电子鼻是由具有部分选择性的化学传感器阵列和适当的模式识别系统组成，模拟嗅觉系统，能识别简单或复杂气味的仪器。电子鼻的气体传感器阵列对应着鼻子中的嗅细胞，可检测空气中的气味分子；模式识别系统对捕捉到的气味信号进行特征提取，再利用机器学习相关算法来识别和区分气味。

典型的电子鼻系统主要包括传感器阵列、调理电路及数据采集系统和模式识别系统 3个部分。其中，传感器阵列用于模拟哺乳动物的嗅觉初级神经元，对气体进行吸附、反应和解吸附，在这个过程中传感器内部的性能会发生改变，即响应信号的产生，然后实现对目标气体的响应。传感器阵列是整个电子鼻系统中最为重要的部分，它通过吸附气体分子来感知气体的化学信号并将该信号转换成可测量的物理信号。调理电路及数据采集系统的功能主要是对传感器阵列产生的信号进行放大、转换、采集，最终传输到计算机端。模式识别系统则相当于哺乳动物的大脑皮层，利用各种多元统计分析方法对信号进行分析，并输出对气体样品的判别结果。生物嗅觉系统及电子鼻工作示意图如图 9-15 所示。

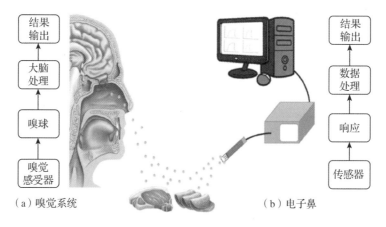

（a）嗅觉系统　　　　　　　　　　　（b）电子鼻

图 9-15　嗅觉系统(a)及电子鼻工作(b)示意图

电子鼻能客观全面地对复杂气味进行快速定性和定量分析，可模拟人的嗅觉，通过信号处理系统对样品的气味进行分析。电子鼻在检测中充分发挥了其客观性强、可靠性强和重现性好的优点，主要用来识别、分析、检测一些挥发性成分，主要应用于食品、药品、烟草、环境和医疗等方面。

当样品的气味通过定量环(或真空泵)进入传感器的气室中,在 200~500℃ 与各个传感器发生作用,样品的"气味指纹"可以被传感器感知并通过特殊的智能模式识别提取。利用不同样品的不同"气味指纹"信息,就可以对不同的样品进行检测、区分和识别。另外,某些特定的风味物质恰好可以表征样品在不同的原料产地、不同的收获时间、不同的加工条件、不同的存放环境等多变量影响下的综合信息。

9.6.2　实例分析

(1)不同年份金华火腿辨识中的应用

从图 9-16 可以看出,不同年份的金华火腿分布在图中的不同区域内,相互之间距离较远,说明电子鼻的主成分分析法可以用于不同年份金华火腿的区分辨别。

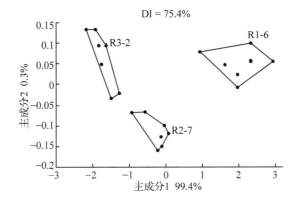

图 9-16　不同年份金华火腿主成分分析图

(2)添加剂比例对蛋糕气味影响的研究

从图 9-17 可以看出,6 种蛋糕样品的气味差异主要体现在 S2、S4、S5、S11 上。由图 9-18 可以看出,空白样品和不同比例添加剂蛋糕样品的气味表现出了差异性,随着添加量的增加,蛋糕的气味呈现规律性的变化。

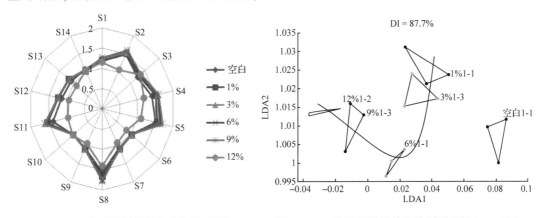

图 9-17　6 种蛋糕样品的气味蜘蛛网图　　**图 9-18　6 种蛋糕样品的线性判别分析(LDA)图**

9.7 电子舌

9.7.1 应用原理

电子舌(electronic tongue，e-tongue)是20世纪80年代发展起来的一种分析、识别液体的智能仿生仪器，被定义为"具有非专一性、弱选择性、对溶液中不同组分(有机和无机，离子和非离子)具有高度交叉敏感特性的传感器单元组成的传感器阵列，模拟味觉系统，结合适当的模式识别算法和多变量分析方法对阵列数据进行处理，从而获得溶液样本定性、定量信息的一种分析仪器"。电子舌是通过模拟哺乳动物的味觉系统来感知液体样品中的呈味物质以实现对样品"滋味"的检测。

电子舌主要由一个传感器阵列、信号采集系统和模式识别系统组成。其中，传感器阵列是电子舌系统中最核心的部分。在工作状态下，传感器阵列被浸入液体样品，传感器电极表面的膜可以与样品中的化学成分进行反应，从而产生电信号，然后通过信号采集系统将产生的信号记录并传输到计算机端，最后通过模式识别系统对样品进行判别。电子舌传感器相当于哺乳动物的舌头，用于感知样品中的呈味物质，模式识别系统则与电子鼻中的模式识别系统类似，主要用于模拟大脑作出决策。根据电子舌中传感器工作方式不同，电子舌可分为伏安型、电位型、阻抗谱型、光寻址型及物理型等种类。目前，伏安型、电位型和阻抗谱型在研究应用中较为普遍。采用电子舌对溶液样品进行滋味检测，不仅样品处理简单，清洗速度快，而且数据稳定性好、可靠性强，仪器使用寿命长，已经成为越来越多国内外科研工作者的首选。

多频脉冲伏安型电子舌以多频率大幅脉冲作为激发扫描信号，通过6种特定惰性金属传感器组成的传感器阵列，检测被测物质整体特征性响应信号，从而对样品的滋味进行检测和研究。与化学方法不同的是，传感器输出的并不是样品成分的分析结果，而是一种与试样某些特征有关的信号模式，这些信号通过计算机的模式识别分析后能够得出对样品味觉特征的整体评价。生物味觉系统及电子舌工作示意图如图9-19所示。

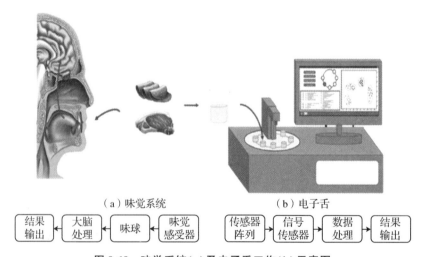

(a) 味觉系统　　　　　　　　(b) 电子舌

| 结果输出 ← 大脑处理 ← 味球 ← 味觉感受器 | 传感器阵列 → 信号传感器 → 数据处理 → 结果输出 |

图9-19 味觉系统(a)及电子舌工作(b)示意图

9.7.2　实例分析

（1）苦度预测中的应用

在图 9-20 中，拟合的相关系数 $r = 0.953\,69$，表明不同浓度的盐酸小檗碱真实值与电子舌的预测值表现出较好的相关性，可以用电子舌来预测未知中药样品的苦度，由图 9-21 可以获得，blw 中药样品的苦度在 9.17 左右（表 9-6）。

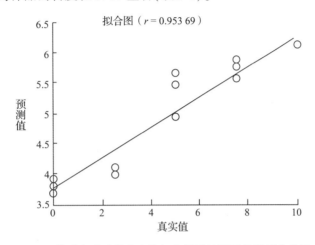

图 9-20　盐酸小檗碱的真实值与电子舌的预测值的拟合效果

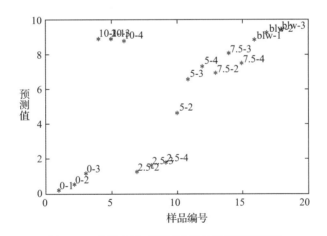

图 9-21　盐酸小檗碱标品及样品苦度预测情况

表 9-6　样品苦度预测值

样品编号	blw-1	blw-2	blw-3	平均值
预测苦度	8.889 845 761	9.252 204 369	9.359 501 088	9.167 183 739

（2）生茶和熟茶区分中的应用

在图 9-22 中，普洱茶的生茶与熟茶分布在两个不同的区域，说明电子舌可以区分普洱茶的生茶与熟茶；另外，昌元七子饼茶、云南七子饼茶、庆丰祥及茶树王孟立海经典熟茶也都分布在不同的区域,相互之间没有重叠,说明电子舌可以区分不同的普洱茶熟茶。

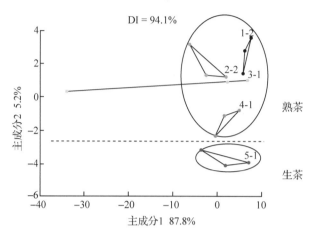

图 9-22　5 种普洱茶样品的主成分分析图
1. 昌元七子饼茶(熟)　2. 云南七子饼茶(熟)　3. 庆丰祥(熟)
4. 茶树王孟立海经典(熟)　5. 生茶

9.8　电子眼

9.8.1　应用原理

电子眼(electronic eye)是以仿生学为基础的一种能对复杂非均质样品视觉信息进行分析、识别的检测仪器,它是通过模拟人眼对样品的感知,分析样品的整体颜色,提供稳定的图像攫取环境,保证图像在相同条件下进行分析,使样品信息具有可比性且简单快速、无须预处理。

计算机视觉系统是电子眼检测技术中研究和应用最为广泛的检测平台,主要由图像捕捉、光源系统、图像数字化模块、数字图像处理模块组成。该平台将被测对象通过光学传感器转化成数字图像信号,然后通过数字图像处理技术获取目标图像的颜色、形状和纹理等特征,然后结合模式识别方法模拟人的大脑对目标图像进行识别。将计算机视觉系统应用于食品等领域的品质检测中可以使检测目标的外观特征客观量化,而且,可以通过数字图像信号处理方法以及模式识别方法的改善,提升其对目标的识别精度。

电子眼照射模式主要包括角度照射和积分漫照射两种模式,可给予产品整体真实的表征。角度照射可清晰地展示、判定和评估食品表面各种各样的结构和纹理;而积分漫照射去除了产品由于光泽和弯曲平面造成的镜面反射,这就能够用于像番茄、苹果等食品的颜色测量。电子眼系统可测的产品类型很广泛,观察面积约 40cm × 50cm,适用于多种多样的食品类型。

色差仪也是一种在食品和其他工业领域中广泛应用的电子眼检测技术。它主要是通过感光元件模拟人体视觉系统中的色知觉,结合人体的视觉感知规律建立了相应的颜色表示系统,从而实现对检测对象颜色的数字化方法描述,使颜色测量更准确、客观、具有可传递性。计算机视觉和色差仪示意图如图 9-23 所示。

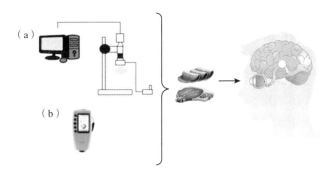

图 9-23 电子眼操作系统示意图

(a)计算机视觉 (b)色差仪

目前，电子眼可用于如下几方面：①用于肉类肉色、脂肪色的测量，以及比例计算（如大理石纹含量）；②可通过多个不同的生产点与标样比较来实现可视化质量控制；③用于测量食品表面的涂覆层，如表面的糖衣和粉末；④用于产品贮藏及保质期的试验，记录不同的贮藏方式和周期下产品颜色的动态变化；⑤可用于数字化色度值的分析；⑥用于测量不同生产工艺下颜色外观的改变；⑦可用于产品的色泽检验和分析，如酸乳和酱料这类不可分离成分的产品色泽动态监控；⑧可用于产品可见组分比例的百分比测量，如混合蔬菜、色拉及蛋糕中的可见组分的比例；⑨可用于冷冻水果及蔬菜的规格的生产图样。

9.8.2 实例分析

(1)饼干的角度照射和积分漫照射

图 9-24 是使用电子眼系统的角度照射[图 9-24(a)]和积分漫照射模式[图 9-24(b)]拍摄的饼干图片。可以看出角度照射模式下，突出了饼干的表面纹理，获得理想化的饼干精确外观；而积分漫照射模式下，去除了由于光泽和弯曲平面造成的镜面反射，平整了表面花纹，获得理想化的饼干颜色测量。

(a)   (b)

图 9-24 电子眼拍摄的饼干图片

(a)角度照射模式 (b)积分漫照射模式

（2）西红柿形状及颜色分析

西红柿是我国目前设施栽培最广泛的园艺作物之一，其既可作为蔬菜又可作为高档水果，因其具有较高的营养价值和独特的风味而深受消费者喜爱，已成为许多地方乡村振兴的主打产业。对8种西红柿利用电子眼进行外观分析（表9-7），由西红柿形状电子眼主成分分析图9-25可知，主成分1和主成分2累计贡献度达73.35%，'梦想金豆''梦想迷恋''美味1号''大粉916'分为一组，其余样本分为另一组；由西红柿形状电子眼判别分析结果（图9-26）可知，组1和组2判别聚类结果明显，电子眼形状分析和人工感官分析结果较为一致。由西红柿颜色电子眼主成分分析图9-27可以看到，按照颜色区分，西红柿品种分布差异明显，红、黄、紫色西红柿被很好区分。

表 9-7　参试番茄品种编号及果实特性

品种	样品编号	颜色	果形大小	品种	样品编号	颜色	果形大小
美味1号	247	红	小	紫蜜桃	186	紫	小
梦想迷恋	952	黄	小	黄金果	328	黄	小
美味千禧	763	红	小	梦想金豆	545	黄	小
紫贝贝	683	紫	小	大粉916	616	红	大

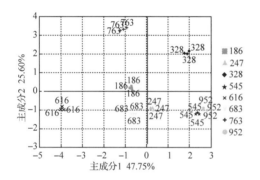

图 9-25　电子眼形状主成分分析图　　　　图 9-26　电子眼判别分析结果

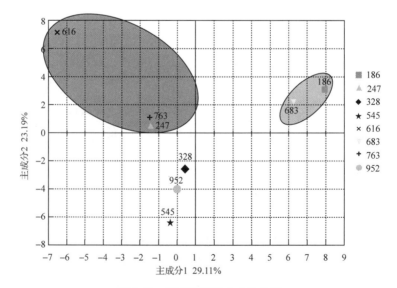

图 9-27　电子眼颜色主成分分析

　　总体来看，目前人机一体化仪器大多从人的触觉、嗅觉、味觉及视觉等角度出发，侧重感官对外界刺激的生理反馈信号。但随着以人工智能、大数据、物联网等为特征的第四次工业革命的到来，学科的交叉与融合成为必然趋势，来自医学及神经科学领域的仪器，如心率(HR)、血压(BP)、皮温(ST)、皮电(EDA)、正电子发射断层扫描(PET)、脑磁(MEG)、脑电(EEG)、功能性磁共振(fMRI)等，也正逐渐被食品感官科学领域所关注。这些仪器更多着眼于人体对外界刺激的心理反馈信号的收集。虽然有关方面的研究在系统性及数据量化方面尚显不足，但可以预期在不久的未来，坚持面向世界科技前沿，不断加快科技创新，这些方法将会与现有人机一体化仪器深入结合发挥更大的作用。

思考题

　　1. 目前典型的人机一体化感官评价设备都有哪些?

　　2. 查阅文献资料，了解多通道功能性近红外光谱技术的应用。

　　3. 查阅文献资料，理解电子鼻、电子舌、电子眼在食品感官评价研究领域中的应用及其数据处理。

第 *10* 章

食品感官评价实验

实验一　味觉敏感度测定

一、实验目的

(1)通过对不同试液的品尝，学会判别基本味觉(酸、甜、苦、咸、鲜)。
(2)判断感官评价员的味觉灵敏度以及是否有感官缺陷。
(3)使感官评价员了解和区别不同类型的阈值。

二、实验材料

(1)材料　蒸馏水(或中性、无味、无泡沫、无嗅的纯净水)、蔗糖、柠檬酸、咖啡因、无水氯化钠。
(2)味感物质储备液　酸、甜、苦、咸、鲜 5 种味感物质储备液按表 10-1 规定制备。
(3)味感物质的稀释溶液　按实验要求，用上述储备液制备稀释溶液，见表 10-2。
(4)其他器具　恒温水浴锅、容量瓶(1 000mL)、移液器、品评杯(50mL)、样品杯(100mL)、烧杯(50mL)、一次性水杯、托盘、记号笔等。

表 10-1　味感物质储备液

基本味觉	参比物质		浓度/(g/L)
酸	结晶柠檬酸(一水化合物)	$M_r = 210.12$	1.20
甜	蔗糖	$M_r = 342.3$	24.00
苦	结晶咖啡因(一水化合物)	$M_r = 212.12$	0.54
咸	无水氯化钠	$M_r = 58.46$	4.00
鲜	谷氨酸钠	$M_r = 187.13$	2.00

注：①M_r 为物质的相对分子量；②蔗糖溶液当天配制；③试剂均为食用级；④应采用中性或弱酸性纯净水配制。

表 10-2　5 种味道适宜的稀释液

稀释液代号	酸味		苦味		咸味		甜味		鲜味	
	V/mL	ρ/(g/L)	V/mL	ρ/(g/L)	V/mL	ρ/(g/L)	V/mL	ρ/(g/L)	V/mL	ρ/(g/L)
D1	500	0.60	500	0.270	500	2.00	500	12.00	500	1.00
D2	400	0.48	400	0.22	350	1.40	300	7.20	350	0.70
D3	320	0.38	320	0.017	245	0.98	180	4.32	245	0.49
D4	256	0.31	256	0.014	172	0.69	108	2.59	172	0.34
D5	205	0.25	205	0.011	120	0.48	65	1.56	120	0.24
D6	164	0.20	164	0.09	84	0.34	39	0.94	84	0.17
D7	131	0.16	131	0.07	59	0.24	23	0.55	59	0.12
D8	105	0.13	105	0.06	41	0.16	14	0.34	41	0.08

注：①V 为配制 1L 规定溶液所需的储备液量；②ρ 为稀释液浓度。

三、实验步骤

1. 基本味觉的测试

(1)按表 10-3 选用每种味道的稀释液,相当于表 10-2 中稀释液 D2 和 D3 的等量混合。

表 10-3　5 种味道适宜的稀释液

标准物质	浓度 / (g/L)	标准物质	浓度 / (g/L)
柠檬酸	0.43	蔗糖	5.76
咖啡因	0.195	谷氨酸钠	0.595
氯化钠	1.19		

(2)将表 10-3 的测试溶液和水按照一定的组合顺序分别置于 9~10 个容器内,其中某一测试液或水可以重复(如一组实验试样中可包括 2 瓶酸味溶液、1 瓶水溶液、2 瓶咸溶液、2 瓶甜味溶液、2 瓶苦味溶液)。

(3)对所有试样采用 3 位随机数编码。

(4)评价员细心品尝每一种溶液,并将编号及味觉结果记录于表 10-4。

表 10-4　5 种味觉识别能力的测定记录表

姓名:_____ 　　　　　　　　　　　　　　　　　　　　时间:_____年_____月_____日

序号	1	2	3	4	5	6	7	8	9	10
样品编号										
味觉										
记录										

2. 味觉灵敏度的测试

(1)把稀释溶液分别放置在已编号的容器内,另有一容器盛水。

(2)溶液依次从低浓度开始提交给评价员,每次 6~10 杯,其中一杯为水。对所有试样采用 3 位随机数编码。品尝后,将编号及味觉结果记录于表 10-5。

表 10-5　5 种基本味不同阈值的测定记录

姓名:_____ 　　　　　　　　　　　　　　　　　　　　　时间:_____年_____月_____日

容器顺序	容器编号	结果记录						
		水	酸味	苦味	咸味	甜味	鲜味	未知
1								
2								
3								
4								
5								
6								
7								
8								
9								

注:○无味;×觉察阈;××识别阈,随识别浓度递增,增加×数。

四、结果分析

根据评价员的品评结果，统计该评价员的味觉识别准确情况及觉察阈和识别阈。

五、注意事项

（1）无咖啡因时，可用硫酸奎宁或盐酸奎宁，配制时先加入一部分水，在 70~80℃ 水浴中加热至固体完全溶解后加水至刻度；硫酸奎宁和盐酸奎宁储备液建议浓度分别为 0.20g/L 和 0.02g/L，配制稀释液时储备液用量可参照咖啡因的储备液用量。

（2）试验期间样品和水温尽量保持在 20℃。

（3）试验样品的组合，可以是同一浓度系列的不同味液样品，也可以是不同浓度系列的同一味感样品或 2~3 种不同味感样品，每批样品数一致。

（4）评价员细心品尝每一种溶液，每次约 15mL，使样液浸润整个口腔，如果溶液不咽下，需含在口中停留一段时间。每次品尝后，用水漱口（此水与制备稀释液的用水相同），等待 30~60s 后，再品尝下一个样液。每个试液应该只品尝一次，若判别不能肯定时，可以重复品尝。但是品尝次数过多会引起感官疲劳，敏感度降低。

六、思考题

1. 味觉是怎样产生的？影响味觉的因素有哪些？
2. 如何判断感官评价员的味觉灵敏度？
3. 在样品准备和品尝样品时，应注意哪些方面？

实验二　嗅觉辨别试验

一、实验目的

(1)通过实验练习嗅觉的鉴定方法，掌握基本气味的气味特征。

(2)通过采用配对试验对基本气味的辨认，初步判断评价员的嗅觉识别能力与灵敏度。

二、实验材料

(1)标准香精样品　柠檬、苹果、茉莉、玫瑰、菠萝、草莓、香蕉、乙酸乙酯、丙酸异戊酯等香精。要求这些物质应保存在阴凉处，并且密封、避光。

(2)溶剂　丙二醇、乙醇。

(3)其他用具　分析天平(精确至0.01mg)、具塞棕色玻璃小瓶(一般在20~125mL)、容量瓶(1 000mL)、烧杯(50mL)、移液器、玻璃棒、玻璃吸管、一次性纸杯、托盘、记号笔、辨香纸(100mm 长，5mm 宽的滤纸)。

三、实验步骤

1. 基础测试

挑选4~5个不同香型的香精(如柠檬、苹果、茉莉、玫瑰)，用无色溶剂(丙二醇)稀释配制成1%浓度溶液。以随机3位数编码，让每个评价员拿4个样品，其中有2个相同，1个不同，外加1个稀释用的溶剂作为对照样品。嗅闻后，评价员立即盖上瓶盖，回答表10-6的问题。评价员应有100%的选择正确率。

表10-6　等级测试表

标明香精名称的样品号码	1	2	3	4	5	6	7	8	9	10
你认为香型相同的样品编号										
香气特征										

2. 辨香测试

挑选8~10个不同香型的香精(其中有2~3个为比较接近易混淆的香型)，适当稀释至相同香气强度，分别装入干净棕色玻璃瓶中，贴上名称标签，让评价员充分辨别并熟悉它们的香气特征。

3. 等级测试

将上述辨香试验的不同香型的10个香精制成两份样品，一份写明香精名称，一份只写编号，让评价员对20瓶样品进行分辨评香。

4. 配对试验(参照配偶试验法)

在评价员经过辨香试验熟悉了评价样品后，任取上述香精中5个不同香型的香精稀释制备成外观完全一致的两份样品，分别对样品进行随机数码编号。让评价员对10个样品进行配对试验，并填写表 10-7。

表 10-7　辨香配对试验记录表

样品：_____　　　时间：_____年_____月_____日				
姓名：_____				
指导语：经仔细辨香后，填入上下对应你认为二者相同的香精编号，并简单描述其香气特征。				
相同的两种香精的编号				
香气特征				

四、结果分析

(1)参加基础测试的评价员未经预习或无故迟到者，须在主持者指定的时间内预习完毕，方能参加实验，否则主持者有权停止其实验。最好有 100% 的选择正确率，如经过几次重复还不能觉察出差别，则不能入选评价员。

(2)等级测试中可用评分法对评价员进行初评，总分为 100 分，答对一个香型得 10 分。30 分以下者为不及格；30~70 分者为一般评香员，70~100 分者为优选评香员。

(3)配对试验可用差别检验中的配偶试验法进行评估。

五、注意事项

(1)评香实验室应有足够的换气设备，以 1min 内可换室内容积的 2 倍量空气的换气能力为最好。

(2)由于嗅觉疲劳较难得到恢复(有时呼吸新鲜空气也不行)，因此应该限制样品试验的次数。

(3)样品嗅味顺序安排可能会对实验结果产生影响，连续闻同一种类型气体会使嗅觉很快疲劳，因此样品顺序应该合理安排。例如，闻过水果味(柠檬油)之后应闻芳香味(香兰素)或者其他气味样品。

(4)如果样品气味刺激性很强烈，可以用辨香纸浸入嗅觉样品中，把沾有样品的纸片置于鼻前适当距离，嗅闻其气味。

六、思考题

1. 嗅觉是怎样产生的？影响嗅觉的因素有哪些？
2. 如何掌握范氏试验法与啜食术？

实验三　基本味的感觉阈值试验

一、实验目的

(1)测定对各种基本味觉刺激的感受性。

(2)学习测量味觉绝对阈值的方法。

(3)作为筛选评价员的一个依据。

二、实验材料

(1)试剂　蒸馏水(或纯净水,无味)、蔗糖(甜味)、柠檬酸(酸味)、无水氯化钠(咸味)、咖啡因(苦味)、谷氨酸钠(鲜味)。

(2)5种味感物质储备液　按表10-1规定制备。

(3)5种味感物质的稀释溶液　用上述储备液制备稀释溶液,见表10-2。

(4)其他器具　恒温水浴锅、容量瓶(1 000mL)、品评杯(50mL)、样品杯(100mL)、烧杯(50mL)、玻璃棒、移液管(或移液器)、一次性水杯、托盘、记号笔等。

三、实验步骤

1. 样品准备

先按照表10-1配制标准储备液,选定其中的一种味道(如甜味或咸味),根据表10-2将标准储备液配制成从低浓度到高浓度的系列梯度溶液,并对各种系列溶液进行编号,避免对评价员的心里干扰。

2. 品评

(1)先从低到高的浓度依次品尝,评价员以纯净水为对照,细心品尝,口中停留一段时间吐出,每次品尝后漱口,记录。无味用"-"表示,味道感知(刺激阈)用"+"。测定中常以50%的出现次数为度,有50%的次数引起了感觉,即表现为刺激阈。注意不要将样品吞下,测定出"出现阈值"。记录结果见表10-8。

(2)再从高到低的浓度进行依次品尝,品尝方法参照步骤(1),测定出"消失阈值"。记录结果见表10-9。

表10-8　不同味道反应记录表(甜味或咸味)

试验名称:不同味道刺激阈的测定				时间:_____年_____月_____日					
姓名:_____									
指导语:您会拿到不同味道一系列浓度的样品。这些样品按照浓度增加顺序排列。首先用对照水漱口以适应它的味道,不要吞咽样品。按照从左到右的顺序对这些样品依次进行评估,不允许再次(重复相同浓度)评估。请用下面的符号打分:									
-:无味　　　+:味道感知(刺激阈)									
样品顺序	1	2	3	4	5	6	7	8	9	10
样品编号										
回答										

表 10-9 不同味道反应记录总表（甜味为例）

浓度/ (g/L)	测定人数（或人数）													
	1	2	3	4	5	6	7	8	9	10	11	12	13	14
0.34														
0.55														
0.94														
1.56														
2.59														
4.32														
7.20														
12.00														
阈值														

注：阈值以"−"到出现"+"所对应的两者浓度的平均值来确定。

四、结果分析

平均刺激阈值按公式计算：

$$\bar{X} = \sum X_i / R$$

式中：$\bar{X}$——平均刺激阈值（g/L）；

X_i——第 i 个人的刺激阈值（g/L）；

R——评价员人数。

五、说明及注意事项

（1）试样品尝顺序应按浓度从小到大、从左到右的顺序进行，即味感从淡到浓，避免先浓后淡而影响判断的准确性。

（2）品评试样时，每个试样只品尝一次，不允许重复，以避免错误的结果。

（3）实验中蒸馏水、重蒸馏水或去离子水都不令人满意。蒸馏水引起苦味感觉，这将提高甜味的味阈值；去离子水对某些人会引起甜味感。一般的方法是用煮沸 10min 的新鲜自来水，冷却、沉淀后倾斜倒出来即可。

六、思考题

1. 什么是觉察阈值、识别阈值、极限阈值、差别阈值？

2. 低浓度情况下容易引起味感变化的现象是什么？讨论其原因。

实验四 成对比较检验

一、实验目的
(1)学会运用成对比较检验测试或培训评价员辨别不同浓度样品细微差别的能力。
(2)掌握成对比较检验的评定过程及结果统计。

二、实验材料
(1)试剂 酒石酸母液(20g/L)、蔗糖母液(500g/L)。
(2)其他用具 恒温水浴锅、容量瓶(1 000mL)、品评杯(50mL)、样品杯(100mL)、烧杯(50mL)、一次性水杯、托盘、记号笔等。

三、实验步骤

1. 试液配制
(1)参照表10-10，将酒石酸试液A(0.2g/L)、酒石酸试液B(0.22g/L)、酒石酸试液C(0.24g/L)分别以A、B和A、C配对组成两组。

(2)参照表10-10，将蔗糖试液A(50g/L)、蔗糖试液B(52.5g/L)、蔗糖试液C(55g/L)，分别以A、B和A、C配对组成两组。

表10-10 试液配制表

试液	酒石酸试液A	酒石酸试液B	酒石酸试液C	蔗糖试液A	蔗糖试液B	蔗糖试液C
母液用量/mL	5	5	5	50	50	50
加水量/mL	495	450	410	450	426	405

2. 品评
(1)品尝样品前，先用清水漱口，按顺序依次成对品尝溶液。先品尝成对试验样品液中左边的样液，吐出样液，漱口后，再品尝右边的样液，在你认为味道强的样品号码下画"√"，并将所感受到的差别填入表10-11。

表10-11 成对比较检验记录表

样品：_____		时间：_____年_____月_____日			
姓名：_____					
组号	1	2	3	4	5	6
样品号						
味觉						
程度						

（2）如果一次品尝感觉不到差别或差别不明显，可按上述步骤再次品尝，但在不同成对样品品尝之间应有一段短暂间隔。

四、结果分析

统计每个评价员的试验结果，查成对比较检验对应的检验表（附表 10 或附表 13），判断两个样品间是否存在某种差异。

五、注意事项

（1）根据实验目的确定评价员人数。若是确定产品间的差异，可用 24~30 人；若要确定产品的相似性，则需要 2 倍的评价员（即大约 60 人）。

（2）如果只是对味觉、嗅觉和风味进行分析，所提供的样品必须是有相同或类似的外表、形态、温度和数量等，否则会引起人们的偏爱。

六、思考题

1. 如何利用成对比较检验挑选和培训啤酒评价员？
2. 如何确定采用无方向性成对比较检验还是方向性成对比较检验？

实验五 三点检验

一、实验目的
(1)学会运用三点检验评定两样品间的细微差别。
(2)熟练掌握三点检验的评定过程及结果统计。

二、实验材料
(1)试剂 蔗糖、α-苦味酸。
(2)标准样品 以12°啤酒(样品A)为例。
(3)其他用具 恒温水浴锅、容量瓶(1 000mL)、啤酒品评杯(直径50mm、杯高100mm的烧杯、或250mm高型烧杯),样品杯(100mL)、一次性水杯、托盘、记号笔等。

三、实验步骤
1. 样品制备(样品制备员准备)
以3种方法考核啤酒品评员,从中择优挑选品评员并进一步培训。
(1)稀释比较样品 12°啤酒间隔用水作10%稀释的系列样品,90mL除气啤酒添加10mL纯净水为B_1,90mL B_1加10mL纯净水为B_2,以此类推。
(2)甜度比较样品 以蔗糖4g/L的量间隔加入啤酒中的系列样品,做法同上。
(3)苦味比较样品 以α-苦味酸4mg/L的量间隔加入啤酒的系列样品,做法同上。

2. 样品编号
在一组已编号的样品杯中分别放入甲样品和乙样品,样品编号采用随机3位数编码,编码方式由制备员制订、记录并要保密,见表10-12。

表10-12 三点检验样品准备表

样 品	编 号		
标准样品(A)	304(A_1)	547(A_2)	743(A_3)
稀释样品(B)	377(B_1)	779(B_2)	537(B_3)
加糖样品(C)	462(C_1)	734(C_2)	553(C_3)
加苦样品(D)	739(D_1)	678(D_2)	225(D_3)

3. 样品呈送
将样品杯放入托盘中,其中每个托盘中有3个样品杯,其中2个为A,1个为B,或2个为B,1个为A。各样品在托盘中出现的次数及排列顺序使得在整体上,各样品出现的总次数及在各排列位次上出现的频率相等。在每一个托盘中同时放入一个纯净水杯(内盛满纯净水)作为漱口之用。

4. 品评
待评价员在各自的位置坐定后,将托盘送入样品口,评价员进行品尝并填写问卷。每个评价员进行两组实验。

5. 结果统计

实验结束后，将每个评价员评价结果当场判断，见表 10-13。

表 10-13　三点检验评价表

样品：_____	时间：_____年_____月_____日

指导语：请在下方线上准确写上你面前的 3 个样品编号，然后从左到右依次品尝 3 个样品，其中有两个样品是相同的，另一个是不同的，在与其他两个样品不同的那一个样品编号上划"O"。可以多次品尝，但不能没有答案。

样品编号：_____　　_____　　_____

四、结果分析

统计每个评价员的试验结果，查三点检验检验表，判断样品之间的差异性，以及评价员的鉴别水平。

五、注意事项

(1)啤酒应做除气处理，处理方法如下。

①反复流注法　在室温 25℃以下，取温度 10~15℃样品 500~700mL 于清洁、干燥的 1 000mL 搪瓷杯中，以细流注入同样体积的另一搪瓷杯中，注入时二烧杯杯口相距 20~30cm，反复注流 50 次，以充分除去酒液中的二氧化碳，注入具塞瓶中备用。

②过滤法　取约 300mL 样品，以快速滤纸过滤至具塞瓶中，加塞备用。

③摇瓶法　取约 300mL 样品，置于 500mL 碘量瓶中，用手堵住瓶口摇动约 30s，并不时松手排气几次。静置，加塞备用。

④超声波法　取约 300mL 样品，采用超声波除气泡。

以上四法中，以反复流注法费时最多，且误差较大，酒精挥发较多；其他方法操作简便易行，误差较小，特别是摇瓶法，国内外普遍采用。无论采用哪一种方法，同一次品尝中，必须采用同一种处理方法。

(2)如不用啤酒，也可采用口味接近、不同品牌的饮料。

(3)控制光线以减少颜色的差别。

(4)每组 3 个样品的数量或体积应相同。

(5)每组 3 个样品的温度应相同，呈送样品的温度宜与通常食用时一致。

(6)根据实际条件(如实验周期、评价员的人数、产品数量)来确定评价员人数。差别检验时，评价员通常为 24~30 人；检验不显著差别时(即相似)，达到同样的敏感性则需要 2 倍的评价员(即大约 60 人)。尽量避免同一评价员的重复评价，但如果需要重复评价以产生足够的评价总数，应尽量使每位评价员重复评价的次数相同。

六、思考题

1. 如何利用三点检验挑选和培训啤酒品评员？

2. 如何利用三点检验进行两个样品的相似性检验？

实验六　排序检验

一、实验目的
(1)熟悉排序检验的试验过程及其适用范围。
(2)学会采用排序检验对系列样品的某一感官品质的强弱或偏爱程度进行检验。

二、实验材料
(1)样品　提供5种同类型样品,如不同品牌的苏打饼干、酥性饼干,或不同品牌、色泽相近、浓度相同的饮料。
(2)其他用具　碟子、样品托盘、品评杯(50mL)、样品杯(100mL)、一次性纸杯、托盘、记号笔等。

三、实验步骤
(1)实验分组　每10人为一组,如全班为30人,则分3个组,每组选出一个小组长,轮流进入实验区。
(2)样品编号　样品制备员给每个样品编出随机3位数的代码,每个样品3个编码,作为3次重复检验之用。编码实例及供样顺序方案见表10-14、表10-15。

表 10-14　样品编码

样品名称:＿＿＿＿＿＿＿＿＿　　　　　　　　　　　时间:＿＿＿＿年＿＿＿＿月＿＿＿＿日

样品	重复检验码		
	1	2	3
A	463	270	787
B	995	917	390
C	067	515	843
D	695	478	808
E	681	276	246

表 10-15　供样顺序方案

样品名称:＿＿＿＿＿＿＿＿＿　　　　　　　　　　　时间:＿＿＿＿年＿＿＿＿月＿＿＿＿日

评价员	供样顺序	号码顺序				
1	C A E D B	067	463	681	695	995
2	A C B E D	463	067	995	681	695
3	E A B D C	681	463	995	695	067
4	B A E D C	995	463	681	695	067
5	E D C A B	681	695	067	463	995

（续）

评价员	供样顺序	号码顺序				
6	D E A C B	695	681	463	067	995
7	D C A B E	681	695	067	463	995
8	A B D E C	463	995	695	681	067
9	C D B A E	067	695	995	463	681
10	E B A C D	681	995	463	067	695

（3）由左至右依次品尝样品，先以第一个样品做参考，判断每一个样品的强弱，最后以强度递增的顺序排列样品。若相邻两个样品的顺序无法确定，可以标出两个相同强度样品的号码。实验记录于表 10-16 中。

表 10-16　排序检验问答表

样品：＿＿＿＿＿＿　　　　　时间：＿＿＿＿年＿＿＿＿月＿＿＿＿日
姓名：＿＿＿＿＿＿
指导语：请仔细品评您面前的 5 个样品，如酥性甜饼干，根据它们的入口酥化程度、甜脆型、香气、综合口感以及外形、颜色等综合评判给出它们的排序，最差的排在左边第 1 位，以此类推，最好的排在右边最后一位，将样品编号填入对应横线上。
样品排序　（最差）1　　　2　　　3　　　4　　　5（最好） 样品编号　　＿＿＿＿　＿＿＿＿　＿＿＿＿　＿＿＿＿　＿＿＿＿

（4）在做第 2 次重复检验时，供样顺序不变，样品编码改用表 10-14 中第二次检验用码，以此类推。评价员每人都有一张单独的登记表。

（5）结果汇总　评价小组组织者整理汇总所有评价员的结果，将评价员的排序结果填入表 10-17。

表 10-17　评价员的排序结果

评价员	秩　次				
	1	2	3	4	5
1					
2					
⋮					

四、结果分析

以小组为单位，用 Friedman 秩和检验法和 Page 检验对样品之间是否有差异作出判定。

（1）将表 10-17 的排序结果转换为秩次，填入表 10-18 中。由表 10-18 的秩次结果计算各样品的秩次和。如果评价员对样品有相同排序，应平分相对应秩次之和。

表 10-18　样品的秩次与秩和

评价员	样　品				
	A	B	C	D	E
1					
2					
⋮					
各样品的秩次和 R_i					

（2）计算 Friedman 秩和检验统计量 F，查 Friedman 检验临界值表，判断样品间是否存在显著差异。若有差异，进一步做多重比较以判断各样品之间的差异大小及最受欢迎的样品并确定最佳产品。

五、注意事项

（1）评价员一般应避免将不同的样品排为同一秩次，应按照不同的特性安排不同的顺序。若无法区别两个或两个以上的样品时，评价员可将这几个样品排为同一顺序，并在回答表中注明。

（2）为防止样品编号影响评价员对样品排序的结果，样品编号不应出现在空白回答表中。

（3）控制光线以减少颜色的差别对结果的影响。

六、思考题

1. 简述排序检验的特点。

2. 影响排序检验评定食品感官质量准确性的因素有哪些？

实验七　评分检验

一、实验目的
(1)学习运用合适的分度值来表达一种或多种产品的一个或多个质量特性的差别。

(2)结合浓香型白酒的感官质量要求标准(GB/T 10781.1—2021),掌握评分法评价白酒感官质量的基本原理和方法。

二、实验材料
(1)白酒样品　5 个以上(如浓香型白酒)。

(2)白酒品评杯　无色透明玻璃杯,详见 GB/T 33404—2016。

三、实验步骤
(1)评价前由主持者说明白酒的感官指标和记分方法,使每个评价员掌握统一的评分标准和记分方法,并讲解评酒要求,见表 10-19、表 10-20。

(2)样品以随机数编号,注入品酒杯中,分发给评价员,每次不超过 5 个样品。

表 10-19　高度酒感官要求

项目	优级	一级
色泽和外观	无色或微黄,清亮透明,无悬浮物,无沉淀[a]	
香气	具有以浓郁窖香为主的、舒适的复合香气	具有以较浓郁窖香为主的、舒适的复合香气
口味口感	绵甜醇厚,谐调爽净,余味悠长	较绵甜醇厚,谐调爽净,余味悠长
风格	具有本品典型的风格	具有本品明显的风格

a. 当白酒的温度低于 10℃时,允许出现白色絮状物质或失光;10℃以上时应逐渐恢复正常

注:浓香型白酒是指以粮谷为原料,采用浓香大曲为糖化发酵剂,经泥窖固态发酵、固态蒸馏、陈酿、勾调而成的,不直接或间接添加食用乙醇及非自身发酵产生的呈色呈香呈味物质的白酒。按产品的酒精度分为高度酒(40%vol<酒精度≤68%vol)和低度酒(25%vol≤酒精度≤40%vol)。

表 10-20　低度酒感官要求

项目	优级	一级
色泽和外观	无色或微黄,清亮透明,无悬浮物,无沉淀[a]	
香气	具有较浓郁的窖香为主的复合香气	具有以窖香为主的复合香气
口味口感	绵甜醇和,谐调爽净,余味较长	较绵甜醇和,谐调爽净
风格	具有本品典型的风格	具有本品明显的风格

a. 当白酒的温度低于 10℃时,允许出现白色絮状物质或失光;10℃以上时应逐渐恢复正常

（3）评价员按照表 10-21 浓香型白酒具体评分标准独立品评并做好记录，见表 10-22。

表 10-21 浓香型白酒具体评分标准

项目	感官指标评分标准
色泽和外观	1. 符合感官指标要求，得 10 分 2. 凡混浊、沉淀、带异物、有悬浮物等，酌情扣 1~4 分 3. 有恶性沉淀或悬浮物者，不得分
香气	4. 符合感官指标要求，得 25 分 5. 放香不足，香气欠醇正，带有异香等，酌情扣 1~6 分 6. 香气不协调，且邪杂气重，扣 6 分以上
口味口感	7. 符合感官指标要求，得 50 分 8. 味欠绵软谐调，口味淡薄，后尾欠净，味苦涩，有辛辣感，有其他杂味等，酌情扣 1~10 分 9. 酒体不谐调，尾不净，且杂味重，扣 10 分以上
风格	10. 具有本品固有的独特风格，得 15 分 11. 基本具有本品风格，但欠协调或风格不突出，酌情扣 1~5 分 12. 不具备本品风格要求的，扣 5 分以上

表 10-22 白酒品评记分表

姓名：_____   时间：_____年_____月_____日

项目	编　　号				
	×××	×××	×××	×××	×××
色泽和外观					
香气					
口味口感					
风味					
合计					
评语					

四、结果分析

以小组为单位对评分结果进行统计，用方差分析法分析样品间及评价员间是否有显著差异。

五、思考题

1. 影响评分检验评定产品感官质量准确性的因素有哪些？
2. 比较分析排序检验和评分检验在产品质量评价中的应用。

实验八　风味剖面检验

一、实验目的
(1)熟悉风味剖面检验的评价过程,练习用可再现的方式描述和评估产品风味。

(2)学习利用可识别的味觉和嗅觉特性,以及不能单独识别特性的复合体,组织合适的语言再现产品的风味。

二、实验材料
(1)选择适宜的典型产品(以蛋糕为例)作标准样品供预备品评用,样品以随机数码编号。

(2)纯净水。

(3)选用合适的器具分发样品。

三、实验步骤
(1)感官评定小组成员自己商定欲进行品质剖析的食品种类。

(2)主持者向评价员介绍测试样品的特性,包括样品生产的主要原料、加工工艺及产品感官质量标准,使大家对产品有一个大致的了解。

(3)评价小组进行初步品尝并讨论评价该食品应采用的描述性语言,见表 10-23。

表 10-23　创造最大数量描述词的问答表

样品:＿＿＿＿＿＿＿＿＿	时间:＿＿＿＿年＿＿＿＿月＿＿＿＿日		
姓名:＿＿＿＿＿＿＿＿＿			
指导语:请使用你认为适宜的词,对产品的下列特性进行描述。			
感官剖面	品尝前	品尝中	品尝后
外观(眼睛观察到的)			
气味(鼻子闻到的)			
风味(通过味蕾感觉到的和通过对印象中其他食品的比较产生的感觉等)			
质地(通过嘴唇、舌头、口腔、喉咙等器官感觉到的)			
质地(通过杯子摇晃产生的挂壁或吸管吸食产生的或倾倒时产生的感觉等)			

(4)评价小组组长负责组织进行描述语言的筛选,小组内达成对评价指标的一致意见。

(5)建立对所选食物的描述分析方法。

(6)每个评价员用预备品评时出现的词汇对各个样品进行评估和定量描述;当不同样品的特性特征出现差异时,允许选用新的词汇进行描述和定量。

(7)评价小组组长收集并报告评价员提供的结果和评价小组的平均分值。以表或图表示,参见表 10-24。必要时全组讨论得出各个样品的综合评价,见表 10-25。

表 10-24　蛋糕风味剖析检验结果

产品特性特征	强　度							
	7	6	5	4	3	2	1	0
风味	□	□	□	□	□	□	□	□
余味	□	□	□	□	□	□	□	□
滞留度	□	□	□	□	□	□	□	□
综合印象	□	□	□	□	□	□	□	□

表 10-25　蛋糕风味剖析检验统计结果

组号：_____　　　　　　　　　　　时间：_____年_____月_____日

产品特性特征	平均强度							
	7	6	5	4	3	2	1	0
风味	□	□	□	□	□	□	□	□
余味	□	□	□	□	□	□	□	□
滞留度	□	□	□	□	□	□	□	□
综合印象	□	□	□	□	□	□	□	□

四、结果分析

(1)每组小组长将小组评价员的记录表汇总后，解除编码密码，统计出各个样品的结果。

(2)采用方差分析法分析样品间、评价员间是否有显著差异。

(3)讨论协调后，得出每个样品的总体评估。

(4)绘制定量描述分析(QDA)图(蜘蛛网形图)。

五、思考题

1. 结合本实验，说明如何利用风味剖面检验对两种以上产品进行比较，在实验过程中还要注意哪些问题？

2. 如何选择合适的描述性语言？

实验九　定量描述分析

一、实验目的

(1)通过实验了解定量描述分析的定义、特点及其应用。

(2)初步学会定量描述分析对产品感官品质特性强度进行评价的主要程序与过程。

二、实验材料

(1)提供 3~5 种不同产品,以苹果酱为例。

(2)准备漱口或饮用的纯净水。

(3)预备足够量的碟、匙、样品托盘等。

三、实验步骤

(1)主持者向评价员介绍该样品的特性,简单介绍样品的主要原料、生产工艺过程及感官质量标准,使大家对样品有一个大概了解。

(2)选取一个典型样品让评价员品尝,每人轮流给出描述词汇,在主持者的引导下,选定 8~10 个能表达出该类产品的特征名词,并确定强度等级范围,重复 7~10 次,形成一份大家认可的词汇描述表。实验使用七点标度法进行评定。

(3)主持者按定量描述分析程序做好样品的描述性检验记录表。

(4)样品编号:样品制备员给每个样品编出随机 3 位数的代码,每个样品 3 个编码,作为 3 个重复检验之用,见表 10-26。

表 10-26　品评表

样品号	A(样 1)	B(样 1)	C(样 1)	D(样 1)	E(样 1)
第 1 次检验	734	042	706	664	813
第 2 次检验	183	747	375	365	854
第 3 次检验	026	617	053	882	388

(5)排定每组评价员的顺序及供样组别和编码,见表 10-27(每位第 1 次)。

表 10-27　描述性检验供样顺序表

评价员(姓名)	供样顺序	第 1 次检验样品编码
1(×××)	E A B D C	813, 734, 042, 664, 706
2(×××)	A C B E D	734, 706, 042, 813, 664
3(×××)	D C A B E	664, 706, 734, 042, 813
4(×××)	A B D E C	734, 042, 664, 813, 706
5(×××)	B A E D C	042, 734, 813, 664, 706

（续）

评价员（姓名）	供样顺序	第1次检验样品编码
6（×××）	E D C A B	813，664，706，734，042
7（×××）	D E A C B	664，813，734，706，042
8（×××）	C D B A E	706，664，042，734，813
9（×××）	E B A C D	813，042，734，706，664
10（×××）	C A E D B	706，734，813，664，042

注意供样顺序是样品制备员内部参考用，评价员用的检验记录表上看到的只是编码，无 ABCDE 字样。在重复检验时，样品编排顺序不变，如第1号评价员的供样顺序每次都是 EABDC，而编码的数字则换上第2次检验的编号。其他组、次排定表按例自行排定。

（6）分发描述性检验记录表，评价员熟悉产品的各项特性特征，独立品评，并填写记录表，参见表10-28，也可另自行设计。

（7）以小组为单位，汇总记录表，解除编码密码，统计出各个样品的评价结果。

表 10-28　描述性检验记录表

样品名称：_____	时间：_____年_____月_____日
样品编号：_____	姓名：_____

（弱）　1　　2　　3　　4　　5　　6　　7　（强）

1. 色泽
2. 甜度
3. 酸度
4. 甜酸比率（太酸）（太甜）
5. 苹果香气
6. 焦煳香气
7. 细腻感
8. 不良风味（列出）
……

四、结果分析

（1）绘制定量描述分析（QDA）图，报告总体评价结果。

（2）用方差分析法统计分析结果，判断各位评价员的评判结果是否有显著差异。

（3）如果方差分析表明食品之间有显著差异，进一步做多重比较以确定哪些样品之间存在显著差异。

（4）讨论引起上述差异的原因。

五、思考题

1. 如何才能有效制订某产品感官定量描述分析词汇描述表？
2. 影响定量描述分析描述食品感官质量特性的因素有哪些？

参 考 文 献

常玉梅，2013. 描述性检验与消费者接受度感官分析方法研究[D]. 无锡：江南大学.

陈幼春，2003. 食物评品指南[M]. 北京：中国农业出版社.

杜双奎，师俊玲，2018. 食品试验优化设计[M]. 2 版. 北京：中国轻工业出版社.

方忠祥，2010. 食品感官评定[M]. 北京：中国农业出版社.

傅德成，孙瑛，1994. 食品质量感官鉴别指南[M]. 北京：中国标准出版社.

郭秀艳，2004. 实验心理学[M]. 北京：人民教育出版社.

韩北忠，童华荣，杜双奎，2016. 食品感官评价[M]. 2 版. 北京：中国林业出版社.

江新业，宋焕禄，夏玲君，2008. GC-O/GC-MS 法鉴定北京烤鸭中的香味活性化合物[J]. 中国食品学报，8(4)：160-164.

李衡，1990. 食品感官鉴定方法及实践[M]. 上海：上海科学技术文献出版社.

李里特，1998. 食品物性学[M]. 北京：中国农业出版社.

柳军，范文来，徐岩，等，2008. 应用 GC-O 分析比较兼香型和浓香型白酒中的香气化合物[J]. 酿酒，35(3)：103-107.

马家津，吕跃钢，张文，2006. 北京烤鸭香味分析[J]. 北京工商大学学报(自然科学版)，24(2)：1-4.

马永强，韩春然，刘静波，2005. 食品感官检验[M]. 北京：化学工业出版社.

彭小红，2002. 食品感官分析[J]. 中国调味品，11：40-41.

沈明浩，谢主兰，2011. 食品感官评定[M]. 郑州：郑州大学出版社.

王栋，李崎，华兆哲，等，2001. 食品感官评价原理与技术[M]. 北京：中国轻工业出版社.

王仁杰，蔡红明，徐蓓蓓，等，2022. 人工与智能仪器对不同番茄品种感官评价对比分析[J]. 蔬菜(10)：24-30.

王帅，贺羽，2021. 食品感官评价实践教程[M]. 北京：中国纺织出版社.

王永华，刘源，2021. 食品感官评价实验指导[M]. 北京：中国轻工业出版社.

王永华，吴青，2018. 食品感官评定[M]. 北京：中国轻工业出版社.

王云涛，1991. 现代食品感官评价理论与指导[M]. 济南：山东大学出版社.

吴谋成，2002. 食品分析与感官评定[M]. 北京：中国农业出版社.

徐树来，王永华，2010. 食品感官分析与实验[M]. 北京：化学工业出版社.

叶淑红，2018. 食品感官评价[M]. 北京：科学出版社.

余疾风，1991. 现代食品感官分析技术[M]. 成都：四川科学技术出版社.

张爱霞，邓宏斌，陆淳，2004. 感官分析技术及其在食品工业中的应用[J]. 乳业科学与技术(3)：113-114.

张爱霞，陆淳，生庆海，等，2005. 感官分析技术在食品工业中的应用[J]. 中国乳品工业(3)：39-40.

张水华，孙君社，薛毅，2005. 食品感官鉴评[M]. 2 版. 广州：华南理工大学出版社.

张水华，徐树来，王永华，2006. 食品感官分析与实验[M]. 北京：化学工业出版社.

张吴平，杨坚，2017. 食品试验设计与统计分析[M]. 3 版. 北京：中国农业大学出版社.

张晓鸣，2006. 食品感官评定[M]. 北京：中国轻工业出版社.

张艳，雷昌贵，2012. 食品感官评定[M]. 北京：中国标准出版社.

赵杰文，孙永海，2005. 现代食品检测技术[M]. 北京：中国轻工业出版社.

赵晋府，2002. 食品技术原理[M]. 北京：中国轻工业出版社.

赵勇，张小芳，2004. 食品的感官检验刍议[J]. 扬州大学烹饪学报(1)：36-40.

赵玉红，张立钢，2006. 食品感官评价[M]. 哈尔滨：东北林业大学出版社.

郑坚强，2013. 食品感官评定[M]. 北京：中国科学技术出版社.

周家春，2006. 食品感官分析基础[M]. 北京：中国计量出版社.

朱红，黄一贞，张弘，1990. 食品感官分析入门[M]. 北京：中国轻工业出版社.

AMERINE M A, PANGBORN R M, ROESSLER E B, 1965. Principles of sensory evaluation of food[M]. New York：Academic.

AUST L B, GACULA J, BEARD S A, et al, 1985. Degree of difference test method in sensory evaluation of heterogeneous product types[J]. Journal of Food Science, 50(2)：511-513.

BENNET G B, SPAHR M, DODDS M L, 1956. The value of training a sensory test panel[J]. Food Technology, 10：205-208.

BIALKOVA S, TRIJP H, 2011. An efficient methodology for assessing attention to and effect of nutrition information displayed front-of-pack[J]. Food Quality and Preference, 22(6)：592-601.

BOURNE M C, 2002. Food texture and viscosity：concept and measurement[M]. London：Academic Press.

BRANDT M A, SKINNER E Z, COLEMAN J A, 1963. Texture profile method[J]. Journal of Food Science, 28：404-409.

BRATTOLI M, CISTERNINO E, ROSARIO D, et al, 2013. Gas chromatography analysis with olfactometric detection (GC-O) as a useful methodology for chemical characterization of odorous compounds[J]. Sensors, 13：16759-16800.

BROWN W E, 1994. Method to investigate differences in chewing behaviour in humans[J]. Journal of Texture Studies, 25：1-16.

CADOT Y, CAILLÉ S, SAMSON A, et al, 2010. Sensory dimension of wine typicality related to a terroir by quantitative descriptive analysis, just about right analysis and typicality assessment[J]. Analytica Chimica Acta, 660(1/2)：53-62.

CAUL J F, 1957. The profile method of flavor analysis[J]. Advances in Food Research, 7：1-40.

CHAMBERS E I V, BOWERS J R, SMITH E A, 1992. Flavor of cooked, ground turkey patties with added sodium tripolyphosphate as perceived by sensory panels with differing phosphate sensitivity[J]. Journal of Food Science, 57：508-512, 561.

CHAPMAN K W, LAWLESS H T, BOO K J, 2001. Quantitative descriptive analysis and principal component analysis for sensory characterization of ultrapasteurized milk[J]. Journal of Dairy Science, 84：12-20.

CORRNELL J A, KNAPPF F W, 1974. Replcated composite complete-incomplete block designs for sensory experiments[J]. Journal of Food Science, 39(3)：503-507.

DAN H, OKUHARA K, KOHYAMA K, 2003. Discrimination of cucumber cultivars using a multiple-point sheet sensor to measure biting force[J]. Journal of the Science of Food and Agriculture, 83：1320-1326.

FAN W, QIAN M C, 2006. Characterization of aroma compounds of Chinese "Wu liangye" and "Jiannanchun" liquors by aroma extraction dilution analysis [J]. Journal of Agricultural and Food Chemistry, 54 (7)：2695-2704.

FAN W, QIAN M C, 2005. Headspace solid phase microextraction (HS-SPME)and gas chromatography- olfactometry dilution analysis of young and aged Chinese "Yanghe Daqu" liquors [J]. Journal of Agricultural and Food Chemistry, 53 (20)：7931-7938.

FAN W, QIAN M C, 2006. Identification of aroma compounds in Chinese "Yanghe Daqu" liquor by normal phase chromatography fractionation followed by gas chromatography/olfactometry[J]. Flavour and Fragrance Journal, 21(2)：333-342.

GWARTNEY E A, LARICK D K, FOEGEDING E A, 2004. Sensory texture and mechanical properties of stranded and particulate whey protein emulsion gels [J]. Journal of Food Science, 69(9): S333-339.

HELM E, TROLLE B, 1946. Selection of a taste panel [J]. Wallerstein Laboratory Communications, 9: 181-194.

JACK F R, GIBBON F, 1995. Electropalatography in the study of tongue movement during eating and swallowing (a novel procedure for measuring texture-related behaviour) [J]. International Journal of Food Science and Technology, 30: 415-423.

JENNIFER E N, PETER J, IANT N, 2013. Design of food structures for consumer acceptability, formulation engineering of foods[M]. John Wiley&Sons Ltd.

JIAN B, 2005. Similarity testing in sensory and consumer research[J]. Food Quality and Preference, 16(2): 139-149.

JIAN B, 2006. Sensory Discrimination Tests and Measurements: Statistical Principles, Procedures, and Tables [M]. Iowa: Blackwell Publishing.

JOHN G K, 1987. Objective methods in food quality assessment[M]. Florida: CRC Press, Inc.

JONES L V, PERYAM D R, THURSTONE L L, 1955. Development of a scale for measureing soldier's food preferences[J]. Food Research, 20: 512-520.

KOHYAMA K, HATAKEYAMA E, KOBAYASHI S, et al, 2000. Masticatory difficulty and mechanical characteristics of kelp snacks[J]. Nippon Shokuhin Kagaku Kogaku Kaishi, 47: 822-827.

KOHYAMA K, HATAKEYAMA E, SASAKI T, et al, 2004. Effects of sample hardness on human chewing force: a model study using silicone rubber[J]. Archives of Oral Biology, 49: 805-816.

KOHYAMA K, NAKAYAMA Y, YAMAGUCHI I, et al, 2007. Mastication efforts on block and finely cut foods studied by electromyography[J]. Food Quality and Preference, 18: 313-320.

KOHYAMA K, NISHI M, SUZUKI T, 1997. Measuring texture of crackers with a multiple-point sheet sensor[J]. Journal of Food Science, 62: 922-925.

KOHYAMA K, OHTSUBO K, TOYOSHIMA H, et al, 1998. Electromyographic study on cooked rice with different amylose contents[J]. Journal of Texture Studies, 29: 101-113.

LAWLESS H T, HEYMANN H, 2010. Sensory evaluation of food-principles and practices[M]. 2nd ed. New York: Springer New York Dordrecht Heidelberg London.

LORIGO L, HARIDASAN M, BRYNJARSDóTTIRH, et al, 2008. Eye tracking and online search: lessons learned and challenges ahead[J]. Journal of the American Society for Information Science and Technology, 59(1): 1041-1052.

MEILGAARD M C, CIVILLE G V, CARR B T, 2006. Sensory evaluation techniques[M].4th, New York: CRC Press.

MEISELMAN H L, JAEGER S R, CARR B T, et al, 2022. Approaching 100 years of sensory and consumer science: Developments and ongoing issues[J]. Food Quality and Preference, 100: 104614.

MITTERER-DALTOé M L, QUEIROZ M I, FISZMAN S, et al, 2014. Are fish products healthy? Eye tracking as a new food technology tool for a better understanding of consumer perception[J]. LWT-Food Science and Technology, 55(2): 459-465.

MUNEKATA P, FINARDI S, de SOUZA C, et al, 2023. Applications of electronic nose, electronic eye and electronic tongue in quality, safety and shelf life of meat and meat products: A Review[J]. Sensors, 23: 672.

OKAMOTO M, DAN H, SINGH A K, et al, 2006. Prefrontal activity during flavor difference test: Application of functional near-infrared spectroscopy to sensory evaluation studies[J]. Appetite, 47: 220-232.

O'MICHAEL MAHONY, 1985. Sensory evaluation of food—Statistical methods and procedures[M]. New York:

Marcel Dekker, Inc.

PERYAM D R, SWARTS V W, 1950. Measurement of sensory differences[J]. Food Technology, 4: 390-395.

PLUTOWSKA B, WARDENCKI W, 2008. Application of gas chromatography-olfactometry (GC-O) in analysis and quality assessment of alcoholic beverages - A review[J]. Food Chemistry, 107: 449-463.

ROESSLER E B, PANGBORN R M, SIDEL J L, et al, 1978. Expanded statistical tables for estimating significance in paired-preference, paired-difference, duo-trio and triangle tests[J]. Journal of Food Science, 43: 940-947.

SAKAMOTO H, HARADA T, MATSUKUBO T, et al, 1989. Electromyographic measurement of textural changes of foodstuffs during chewing[J]. Agricultural and Biological Chemistry, 53: 2421-2433.

STONE H, SIDEL J L, 2004. Sensory evaluation practices[M]. 3rd ed. Boston: Elsevier Academic Press.

STONE H, BLEIBAUM R, THOMAS H A, 2012. Sensory evaluation practices[M]. 4td ed. London: Academic Press.

STONE H, OLIVER S, WOOLSEY A, et al, 1974. Sensory evaluation by quantitative descriptive analysis[J]. Food Technology, 28(1): 24, 26, 28, 29, 32, 34.

STONE H, SIDEL J L, 1993. Sensory Evaluation Practice[M]. 2nd ed. San Diego: Academic Press.

SZCZESNIAK A S, LOEW B J, SKINNER E Z, 1975. Consumer texture profile technique[J]. Journal of Food Science, 40: 1253-1257.

TIGNER D J, 1962. Dilution test for odor and flavor analysis[J]. Food Technology(2): 26-29.

TORNBERG E, FJELKNER-MODIG S, RUDERUS H, et al, 1985. Clinically recorded masticatory patterns as related to the sensory evaluation of meat and meat products[J]. Journal of Food Science, 50: 1059-1066.

WILLIAMS A A, LEWIS M J, TUCKNOTT O G, 1980. The neutral volatile components of cider apple juice [J]. Food Chemistry(6): 139-141.

附　表

742	648	278	258	797	755	155	619	551	787	473	505	734	439	817	680	474	270	179	187
996	897	791	183	770	370	974	932	954	254	576	351	232	747	177	586	552	415	352	415
726	520	915	872	843	569	188	131	400	315	764	674	876	109	394	645	215	714	212	321
946	262	700	129	138	659	779	565	369	416	693	502	704	136	225	154	814	917	154	873
812	520	350	274	962	988	361	433	112	167	355	242	615	803	669	587	388	866	498	377
791	619	447	131	458	221	624	574	600	690	692	872	403	571	864	941	799	880	409	129
504	564	624	534	292	436	543	645	911	925	616	256	575	123	805	244	698	594	247	186
719	368	109	276	647	362	676	560	229	502	527	501	601	543	728	995	563	591	155	412
710	830	961	305	920	192	612	795	925	524	368	672	503	295	395	532	935	933	642	744
532	939	238	625	303	382	581	843	926	460	339	407	361	987	409	309	415	282	869	699
976	404	862	859	221	452	674	207	443	195	510	295	896	840	748	813	913	515	712	931
402	941	226	995	533	163	847	814	426	199	416	298	236	648	249	513	344	102	492	132
675	826	751	139	683	509	824	994	359	234	819	185	396	361	799	310	123	679	570	450
569	209	187	353	939	263	717	249	278	778	145	334	646	343	796	441	694	478	635	614
175	255	412	822	329	138	390	392	962	175	340	560	354	238	697	897	476	473	306	301
843	479	843	136	368	341	714	921	440	432	532	621	837	579	529	840	632	720	365	289
674	923	697	364	739	617	469	499	793	251	681	528	364	523	135	869	407	481	727	993
838	917	187	608	134	421	487	233	917	455	329	841	827	244	607	733	901	684	617	654
136	174	394	145	932	882	690	685	994	243	425	227	942	470	485	421	552	885	517	337
999	202	683	809	545	503	767	482	268	661	582	370	462	755	358	888	276	851	697	581
159	246	150	983	279	324	934	192	871	847	380	612	302	472	370	180	964	617	915	410
841	246	658	338	262	519	806	582	882	681	731	621	622	926	462	472	794	862	799	426
409	995	580	568	850	908	494	787	587	372	670	737	503	610	358	222	243	880	983	419
526	722	608	444	388	406	215	786	445	386	774	830	566	395	203	594	612	699	480	500
307	432	528	224	161	690	580	825	163	771	372	150	272	373	462	412	768	762	993	716
762	612	207	937	377	328	778	781	173	445	310	505	641	254	873	465	482	628	666	701
397	725	351	138	904	307	547	536	328	512	165	961	325	195	958	259	561	660	549	580
641	587	846	981	233	781	341	730	322	759	481	689	242	403	863	278	446	445	577	481
557	283	937	476	584	839	613	668	325	491	699	122	506	254	110	217	767	245	808	950
700	477	486	960	186	227	398	458	843	857	908	382	822	647	860	192	284	435	687	667
314	340	795	697	994	502	340	154	296	946	343	981	297	526	391	394	400	813	174	992
779	897	513	649	694	980	142	790	676	885	959	424	640	621	291	972	915	238	376	946
255	494	749	989	694	979	722	874	122	616	698	544	368	324	550	837	714	297	867	948
356	813	320	373	664	184	311	269	943	304	884	524	944	345	755	462	594	550	199	596
669	240	885	225	792	641	567	754	387	291	904	907	397	108	150	476	985	494	229	236
721	873	933	303	818	756	609	768	803	129	538	638	416	232	428	307	339	580	912	833
842	464	969	414	758	288	460	240	690	743	253	264	116	122	322	235	898	402	436	954
143	338	828	318	906	865	333	739	908	644	951	141	745	941	116	267	649	875	709	579
784	429	750	585	860	768	773	983	759	569	719	677	569	823	691	639	812	547	848	555
477	432	361	929	173	459	435	379	700	485	672	469	812	243	799	246	499	874	165	620

附表 2 *t* 值表

df	α(双尾):	0.50	0.20	0.10	0.05	0.02	0.01
	α(单尾):	0.25	0.10	0.05	0.025	0.01	0.005
1		1.000	3.078	6.314	12.706	31.821	63.657
2		0.816	1.886	2.920	4.303	6.965	9.925
3		0.765	1.638	2.353	3.182	4.541	5.841
4		0.741	1.533	2.132	2.776	3.747	4.604
5		0.727	1.476	2.015	2.571	3.365	4.032
6		0.718	1.440	1.943	2.447	3.143	3.707
7		0.711	1.415	1.895	2.365	2.998	3.499
8		0.706	1.397	1.860	2.306	2.896	3.355
9		0.703	1.383	1.833	2.262	2.821	3.250
10		0.700	1.372	1.812	2.228	2.764	3.169
11		0.697	1.363	1.796	2.201	2.718	3.106
12		0.695	1.356	1.782	2.179	2.681	3.055
13		0.694	1.350	1.771	2.160	2.650	3.012
14		0.692	1.345	1.761	2.145	2.624	2.977
15		0.691	1.341	1.753	2.131	2.602	2.947
16		0.690	1.337	1.746	2.120	2.583	2.921
17		0.689	1.333	1.740	2.110	2.567	2.898
18		0.688	1.330	1.734	2.101	2.552	2.878
19		0.688	1.328	1.729	2.093	2.539	2.861
20		0.687	1.325	1.725	2.086	2.528	2.845
21		0.686	1.323	1.721	2.080	2.518	2.831
22		0.686	1.321	1.717	2.074	2.508	2.819
23		0.685	1.319	1.714	2.069	2.500	2.807
24		0.685	1.318	1.711	2.064	2.492	2.797
25		0.684	1.316	1.708	2.060	2.485	2.787
26		0.684	1.315	1.706	2.056	2.479	2.779
27		0.684	1.314	1.703	2.052	2.473	2.771
28		0.683	1.313	1.701	2.048	2.467	2.763
29		0.683	1.311	1.699	2.045	2.462	2.756
30		0.683	1.310	1.697	2.042	2.457	2.750
35		0.682	1.306	1.690	2.030	2.438	2.724
40		0.681	1.303	1.684	2.021	2.423	2.704
50		0.679	1.299	1.676	2.009	2.403	2.678
60		0.679	1.296	1.671	2.000	2.390	2.660
70		0.678	1.294	1.667	1.994	2.381	2.648
80		0.678	1.292	1.664	1.990	2.374	2.639
90		0.677	1.291	1.662	1.987	2.368	2.632
100		0.677	1.290	1.660	1.984	2.364	2.626
200		0.676	1.286	1.653	1.972	2.345	2.601
∞		0.674 5	1.281 6	1.644 9	1.960 0	2.326 3	2.575 8

注:双尾检验 *t* 临界值 Excel 计算函数 T.INV.ZT(α, *df*)。

附表 3 F 临界值表

分母的自由度 df_2	分子的自由度 df_1											
	1	2	3	4	5	6	7	8	9	10	11	12
1	161	200	216	225	230	234	237	239	241	242	243	224
	4 052	4 999	5 403	5 625	5 764	5 859	5 928	5 981	6 022	6 056	6 082	6 106
2	18.51	19.00	19.16	19.25	19.30	19.33	19.36	19.37	19.38	19.39	19.40	19.41
	98.49	99.00	99.17	99.25	99.30	99.33	99.34	99.36	99.38	99.40	99.41	99.42
3	10.13	9.55	9.28	9.12	9.01	8.94	8.88	8.84	8.81	8.78	8.76	8.74
	34.12	30.82	29.46	28.71	28.24	27.91	27.67	27.49	27.34	27.23	27.13	27.05
4	7.71	6.94	6.59	6.39	6.26	6.16	6.09	6.04	6.00	5.96	5.93	5.91
	21.20	18.00	16.69	15.98	15.52	15.21	14.98	14.80	14.66	14.54	14.45	14.37
5	6.61	5.79	5.41	5.19	5.05	4.95	4.88	4.82	4.78	4.74	4.70	4.68
	16.26	13.27	12.06	11.39	10.97	10.67	10.45	10.27	10.15	10.05	9.96	9.89
6	5.99	5.14	4.76	4.53	4.39	4.28	4.21	4.15	4.10	4.06	4.03	4.00
	13.74	10.92	9.78	9.15	8.75	8.47	8.26	8.10	7.98	7.87	7.79	7.72
7	5.59	4.74	4.35	4.12	3.97	3.87	3.79	3.73	3.68	3.63	3.60	3.57
	12.25	9.55	8.45	7.85	7.46	7.19	7.00	6.84	6.71	6.62	6.54	6.47
8	5.32	4.46	4.07	3.84	3.69	3.58	3.50	3.44	3.39	3.34	3.31	3.28
	11.26	8.65	7.59	7.01	6.63	6.37	6.19	6.03	5.91	5.82	5.74	5.67
9	5.12	4.26	3.86	3.63	3.48	3.37	3.29	3.23	3.18	3.13	3.10	3.07
	10.56	8.02	6.99	6.42	6.06	5.80	5.62	5.47	5.35	5.26	5.18	5.11
10	4.96	4.10	3.71	3.48	3.33	3.22	3.14	3.07	3.02	2.97	2.94	2.91
	10.04	7.56	6.55	5.99	5.64	5.39	5.21	5.06	4.95	4.85	4.78	4.71
11	4.84	3.98	3.59	3.36	3.20	3.09	3.01	2.95	2.90	2.86	2.82	2.76
	9.65	7.20	6.22	5.67	5.32	5.07	4.88	4.74	4.63	4.54	4.46	4.40
12	4.75	3.88	3.49	3.26	3.11	3.00	2.92	2.85	2.80	2.76	2.72	2.69
	9.33	6.93	5.95	5.41	5.06	4.82	4.65	4.50	4.39	4.30	4.22	4.16
13	4.67	3.80	3.41	3.18	3.02	2.92	2.84	2.77	2.72	2.67	2.63	2.60
	9.07	6.70	5.74	5.20	4.86	4.62	4.44	4.30	4.19	4.10	4.02	3.96
14	4.60	3.74	3.34	3.11	2.96	2.85	2.77	2.70	2.65	2.60	2.56	2.53
	8.86	6.51	5.56	5.03	4.69	4.46	4.28	4.14	4.03	3.94	3.86	3.80
15	4.54	3.68	3.29	3.06	2.90	2.79	2.70	2.64	2.59	2.55	2.51	2.48
	8.68	6.36	5.42	4.89	4.56	4.32	4.14	4.00	3.89	3.80	3.73	3.67
16	4.49	3.63	3.24	3.01	2.85	2.74	2.66	2.59	2.54	2.49	2.45	2.42
	8.53	6.23	5.29	4.77	4.44	4.20	4.03	3.89	3.78	3.69	3.61	3.55
17	4.45	3.59	3.20	2.96	2.81	2.70	2.62	2.55	2.50	2.45	2.41	2.38
	8.40	6.11	5.18	4.67	4.34	4.10	3.93	3.79	3.68	3.59	3.52	3.45
18	4.41	3.55	3.16	2.93	2.77	2.66	2.58	2.51	2.46	2.41	2.37	2.34
	8.28	6.01	5.09	4.58	4.25	4.01	3.85	3.71	3.60	3.51	3.44	3.37
19	4.38	3.52	3.13	2.90	2.74	2.63	2.55	2.48	2.43	2.38	2.34	2.31
	8.18	5.93	5.01	4.50	4.17	3.94	3.77	3.63	3.52	3.43	3.36	3.30
20	4.35	3.49	3.10	2.87	2.71	2.60	2.52	2.45	2.40	2.35	2.31	2.28
	8.10	5.85	4.94	4.43	4.10	3.87	3.71	3.56	3.45	3.37	3.30	3.23
21	4.32	3.47	3.07	2.84	2.68	2.57	2.49	2.42	2.37	2.32	2.28	2.25
	8.02	5.78	4.87	4.37	4.04	3.81	3.65	3.51	3.40	3.31	3.24	3.17
22	4.30	3.44	3.05	2.82	2.66	2.55	2.47	2.40	2.35	2.30	2.26	2.23
	7.94	5.72	4.82	4.31	3.99	3.76	3.59	3.45	3.35	3.26	3.18	3.12
23	4.28	3.42	3.03	2.80	2.64	2.53	2.45	2.38	2.32	2.28	2.24	3.20
	7.88	5.66	4.76	4.26	3.94	3.71	3.54	3.41	3.30	3.21	3.14	3.07
24	4.26	3.40	3.01	2.78	2.62	2.51	2.43	2.36	2.30	2.26	2.22	2.18
	7.82	5.61	4.72	4.22	3.90	3.67	3.50	3.36	3.25	3.17	3.09	3.03
25	4.24	3.38	2.99	2.76	2.60	2.49	2.41	2.34	2.28	2.24	2.20	2.16
	7.77	5.57	4.68	4.18	3.86	3.63	3.46	3.32	3.21	3.13	3.05	2.99

（续）

分母的自由度 df_2	分子的自由度 df_1											
	14	16	20	24	30	40	50	75	100	200	500	∞
1	245	246	248	249	250	251	252	253	253	254	254	254
	6 142	6 169	6 208	6 234	6 258	6 286	6 302	6 323	6 334	6 352	6 361	6 366
2	19.2	19.43	19.44	19.45	19.46	19.47	19.47	19.48	19.49	19.49	19.50	19.50
	99.43	99.44	99.45	99.46	99.47	99.48	99.48	99.49	99.49	99.49	99.50	99.50
3	8.71	8.69	8.66	8.64	8.62	8.60	8.58	8.57	8.56	8.54	8.54	8.53
	26.92	26.83	26.69	26.60	26.50	26.41	26.35	26.27	26.23	26.18	26.14	26.12
4	5.87	5.84	5.80	5.77	5.74	5.71	5.70	5.68	5.66	5.65	5.64	5.63
	14.24	14.15	14.02	13.93	13.83	13.74	13.69	13.61	13.57	13.52	13.48	13.46
5	4.64	4.60	4.56	4.53	4.50	4.46	4.44	4.42	4.40	4.38	4.37	4.36
	9.77	9.68	9.55	9.47	9.38	9.29	9.24	9.17	9.13	9.07	9.04	9.02
6	3.96	3.92	3.87	3.84	3.81	3.77	3.75	3.72	3.71	3.69	3.68	3.67
	7.60	7.52	7.39	7.31	7.23	7.14	7.09	7.02	6.99	6.94	6.90	6.88
7	3.52	3.49	3.44	3.41	3.38	3.34	3.32	3.29	3.28	3.25	3.24	3.23
	6.35	6.27	6.15	6.07	5.98	5.90	5.85	5.78	5.75	5.70	5.67	5.65
8	3.23	3.20	3.15	3.12	3.08	3.05	3.03	3.00	2.98	2.96	2.94	2.93
	5.56	5.48	5.36	5.28	5.20	5.11	5.06	5.00	4.96	4.91	4.88	4.86
9	3.02	2.98	2.93	2.90	2.86	2.82	2.80	2.77	2.76	2.73	2.72	2.71
	5.00	4.92	4.80	4.73	4.64	4.56	4.51	4.45	4.41	4.36	4.33	4.31
10	2.86	2.82	2.77	2.74	2.70	2.67	2.64	2.61	2.59	2.56	2.55	2.54
	4.60	4.52	4.41	4.33	4.25	4.17	4.12	4.05	4.01	3.96	3.93	3.91
11	2.74	2.70	2.65	2.61	2.57	2.53	2.50	2.47	2.45	2.42	2.41	2.40
	4.29	4.21	4.10	4.02	3.94	3.86	3.80	3.74	3.70	3.66	3.62	3.60
12	2.64	2.60	2.54	2.50	2.46	2.42	2.40	2.36	2.35	2.32	2.31	2.30
	4.05	3.98	3.86	3.78	3.70	3.61	3.56	3.49	3.46	3.41	3.38	3.36
13	2.55	2.51	2.46	2.42	2.38	2.34	2.32	2.28	2.26	2.24	2.22	2.21
	3.85	3.78	3.67	3.59	3.51	3.42	3.37	3.30	3.27	3.21	3.18	3.16
14	2.48	2.44	2.39	2.35	2.31	2.27	2.24	2.21	2.19	2.16	2.14	2.13
	3.70	3.62	3.51	3.43	3.34	3.26	3.21	3.14	3.11	3.06	3.02	3.00
15	2.43	2.39	2.33	2.29	2.25	2.21	2.18	2.15	2.12	2.10	2.08	2.07
	3.56	3.48	3.36	3.29	3.20	3.12	3.07	3.00	2.97	2.92	2.89	2.87
16	2.37	2.33	2.28	2.24	2.20	2.16	2.13	2.09	2.07	2.04	2.02	2.01
	3.45	3.37	3.25	3.18	3.10	3.01	2.96	2.89	2.86	2.80	2.77	2.75
17	2.33	2.29	2.23	2.19	2.15	2.11	2.08	2.04	2.02	1.99	1.97	1.96
	3.35	3.27	3.16	3.08	3.00	2.92	2.86	2.79	2.76	2.70	2.67	2.65
18	2.29	2.25	2.19	2.15	2.11	2.07	2.04	2.00	1.98	1.95	1.93	1.92
	3.27	3.19	3.07	3.00	2.91	2.83	2.78	2.71	2.68	2.62	2.59	2.57
19	2.26	2.21	2.15	2.11	2.07	2.02	2.00	1.96	1.94	1.91	1.90	1.88
	3.19	3.12	3.00	2.92	2.84	2.76	2.70	2.63	2.60	2.54	2.51	2.49
20	2.23	2.18	2.12	2.08	2.04	1.99	1.96	1.92	1.90	1.87	1.85	1.84
	3.13	3.05	2.94	2.86	2.77	2.69	2.63	2.56	2.53	2.47	2.44	2.42
21	2.20	2.15	2.09	2.05	2.00	1.96	1.93	1.89	1.87	1.84	1.82	1.81
	3.07	2.99	2.88	2.80	2.72	2.63	2.58	2.51	2.47	2.42	2.38	2.36
22	3.18	2.13	2.07	2.03	1.98	1.93	1.91	1.87	1.84	1.81	1.80	1.78
	3.02	2.94	2.83	2.75	2.67	2.58	2.53	2.46	2.42	2.37	2.33	2.31
23	2.14	2.10	2.04	2.00	1.96	1.91	1.88	1.84	1.82	1.79	1.77	1.76
	2.97	2.89	2.78	2.70	2.62	2.53	2.48	2.41	2.37	2.32	2.28	2.26
24	2.13	2.09	2.02	1.98	1.94	1.89	1.86	1.82	1.80	1.76	1.74	1.73
	2.93	2.85	2.74	2.66	2.58	2.49	2.44	2.36	2.33	2.27	2.23	2.21
25	2.11	2.06	2.00	1.96	1.92	1.87	1.84	1.80	1.77	1.74	1.72	1.71
	2.89	2.81	2.70	2.62	2.54	2.45	2.40	2.32	2.29	2.23	2.19	2.17

（续）

分母的自由度 df_2	分子的自由度 df_1											
	1	2	3	4	5	6	7	8	9	10	11	12
26	4.22	3.37	2.98	2.74	2.59	2.47	2.39	2.32	2.27	2.22	2.18	2.15
	7.72	5.53	4.64	4.14	3.82	3.59	3.42	3.29	3.17	3.09	3.02	2.96
27	4.21	3.35	2.96	2.73	2.57	2.46	2.37	2.30	2.25	2.20	2.16	2.13
	7.68	5.49	4.60	4.11	3.79	3.56	3.39	3.26	3.14	3.06	2.98	2.93
28	4.20	3.34	2.95	2.71	2.56	2.44	2.36	2.29	2.24	2.19	2.15	2.12
	7.64	5.45	4.57	4.07	3.76	3.53	3.36	3.23	3.11	3.03	2.95	2.90
29	4.18	3.33	2.93	2.70	2.54	2.43	2.35	2.28	2.22	2.18	2.14	2.10
	7.60	5.42	4.54	4.04	3.73	3.50	3.33	3.20	3.08	3.00	2.92	2.87
30	4.17	3.32	2.92	2.69	2.53	2.42	2.34	2.27	2.21	2.16	2.12	2.09
	7.56	5.39	4.51	4.02	3.70	3.47	3.30	3.17	3.06	2.98	2.90	2.84
32	4.15	3.30	2.90	2.67	2.51	2.40	2.32	2.25	2.19	2.14	2.10	2.07
	7.50	5.34	4.46	3.97	3.66	3.42	3.25	3.12	3.01	2.94	2.86	2.80
34	4.13	3.28	2.88	2.65	2.49	2.38	2.30	2.23	2.17	2.12	2.08	2.05
	7.44	5.29	4.42	3.93	3.61	3.38	3.21	3.08	2.97	2.89	2.82	2.76
36	4.11	3.26	2.86	2.63	2.48	2.36	2.28	2.21	2.15	2.10	2.06	2.03
	7.39	5.25	4.38	3.89	3.58	3.35	3.18	3.04	2.94	2.86	2.78	2.72
38	4.10	3.25	2.85	2.62	2.46	2.35	2.26	2.19	2.14	2.09	2.05	2.02
	7.35	5.21	4.34	3.86	3.54	3.32	3.15	3.02	2.91	2.82	2.75	2.69
40	4.08	3.23	2.84	2.61	2.45	2.34	2.25	2.18	2.12	2.07	2.04	2.00
	7.31	5.18	4.31	3.83	3.51	3.29	3.12	2.99	2.88	2.80	2.73	2.66
42	4.07	3.22	2.83	2.59	2.44	2.32	2.24	2.17	2.11	2.06	2.02	1.99
	7.27	5.15	4.29	3.80	3.49	3.26	3.10	2.96	2.86	2.77	2.70	2.64
44	4.06	3.21	2.82	2.58	2.43	2.31	2.23	2.16	2.10	2.05	2.01	1.98
	7.24	5.12	4.26	3.78	3.46	3.24	3.07	2.94	2.84	2.75	2.68	2.62
46	4.05	3.20	2.81	2.57	2.42	2.30	2.22	2.14	2.09	2.04	2.00	1.97
	7.21	5.10	4.24	3.76	3.44	3.22	3.05	2.92	2.82	2.73	2.66	2.60
48	4.04	3.19	2.80	2.56	2.41	2.30	2.21	2.14	2.08	2.03	1.99	1.96
	7.19	5.08	4.22	3.74	3.42	3.20	3.04	2.90	2.80	2.71	2.64	2.58
50	4.03	3.18	2.79	2.56	2.40	2.29	2.20	2.13	2.07	2.02	1.98	1.95
	7.17	5.06	4.20	3.72	3.41	3.18	3.02	2.88	2.78	2.70	2.62	2.56
60	4.00	3.15	2.76	2.52	2.37	2.25	2.17	2.10	2.04	1.99	1.95	1.92
	7.08	4.98	4.13	3.65	3.34	3.12	2.95	2.82	2.72	2.63	2.56	2.50
70	3.98	3.13	2.74	2.50	2.35	2.23	2.14	2.07	2.01	1.97	1.93	1.89
	7.01	4.92	4.08	3.60	3.29	3.07	2.91	2.77	2.67	2.59	2.51	2.45
80	3.96	3.11	2.72	2.48	2.33	2.21	2.12	2.05	1.99	1.95	1.91	1.88
	6.96	4.88	4.04	3.56	3.25	3.04	2.87	2.74	2.64	2.55	2.48	2.41
100	3.94	3.09	2.70	2.46	2.30	2.19	2.10	2.03	1.97	1.92	1.88	1.85
	6.90	4.82	3.98	3.51	3.20	2.99	2.82	2.69	2.59	2.51	2.43	2.36
125	3.92	3.07	2.68	2.44	2.29	2.17	2.08	2.01	1.95	1.90	1.86	1.83
	6.84	4.78	3.94	3.47	3.17	2.95	2.79	2.65	2.56	2.47	2.40	2.33
150	3.91	3.06	2.67	2.43	2.27	2.16	2.07	2.00	1.94	1.89	1.85	1.82
	6.81	4.75	3.91	3.44	3.14	2.92	2.76	2.62	2.53	2.44	2.37	2.30
200	3.89	3.04	2.65	2.41	2.26	2.14	2.05	1.98	1.92	1.87	1.83	1.80
	6.76	4.71	3.88	3.41	3.11	2.90	2.73	2.60	2.50	2.41	2.34	2.28
400	3.86	3.02	2.62	2.39	2.23	2.12	2.03	1.96	1.90	1.85	1.81	1.78
	6.70	4.66	3.83	3.36	3.06	2.85	2.69	2.55	2.46	2.37	2.29	2.23
1 000	3.85	3.00	2.61	2.38	2.22	2.10	2.02	1.95	1.89	1.84	1.80	1.76
	6.66	4.62	3.80	3.34	3.04	2.82	2.66	2.53	2.43	2.34	2.26	2.20
∞	3.84	2.99	2.60	2.37	2.21	2.09	2.01	1.94	1.88	1.83	1.79	1.75
	6.64	4.60	3.78	3.32	3.02	2.80	2.64	2.51	2.41	2.32	2.24	2.18

（续）

分母的 自由度 df_2	分子的自由度 df_1											
	14	16	20	24	30	40	50	75	100	200	500	∞
26	2.10	2.05	1.99	1.95	1.90	1.85	1.82	1.78	1.76	1.72	1.70	1.69
	2.86	2.77	2.66	2.58	2.50	2.41	2.36	2.28	2.25	2.19	2.15	2.13
27	2.08	2.03	1.97	1.93	1.88	1.84	1.80	1.76	1.74	1.71	1.68	1.67
	2.83	2.74	2.63	2.55	2.47	2.38	2.33	2.25	2.21	2.16	2.12	2.10
28	2.06	2.02	1.96	1.91	1.87	1.81	1.78	1.75	1.72	1.69	1.67	1.65
	2.80	2.71	2.60	2.52	2.44	2.35	2.30	2.22	2.18	2.13	2.09	2.06
29	2.05	2.00	1.94	1.90	1.85	1.80	1.77	1.73	1.71	1.68	1.65	1.64
	2.77	2.68	2.57	2.49	2.41	2.32	2.27	2.19	2.15	2.10	2.06	2.03
30	2.04	1.99	1.93	1.89	1.84	1.79	1.76	1.72	1.69	1.66	1.64	1.62
	2.74	2.66	2.55	2.47	2.38	2.29	2.24	2.16	2.13	2.07	2.03	2.01
32	2.02	1.97	1.91	1.86	1.82	1.76	1.74	1.69	1.67	1.64	1.61	1.59
	2.70	2.62	2.51	2.42	2.34	2.25	2.20	2.12	2.08	2.02	1.98	1.96
34	2.00	1.95	1.89	1.84	1.80	1.74	1.71	1.67	1.64	1.61	1.59	1.57
	2.66	2.58	2.47	2.38	2.30	2.21	2.15	2.08	2.04	1.98	1.94	1.91
36	1.98	1.93	1.87	1.82	1.78	1.72	1.69	1.65	1.62	1.59	1.56	1.55
	2.62	2.54	2.43	2.35	2.26	2.17	2.12	2.04	2.00	1.94	1.90	1.87
38	1.96	1.92	1.85	1.80	1.76	1.71	1.67	1.63	1.60	1.57	1.54	1.53
	2.59	2.51	2.40	2.32	2.22	2.14	2.08	2.00	1.97	1.90	1.86	1.84
40	1.95	1.90	1.84	1.79	1.74	1.69	1.66	1.61	1.59	1.55	1.53	1.51
	2.56	2.49	2.37	2.29	2.20	2.11	2.05	1.97	1.94	1.88	1.84	1.81
42	1.94	1.89	1.82	1.78	1.73	1.68	1.64	1.60	1.57	1.54	1.51	1.49
	2.54	2.46	2.35	2.26	2.17	2.08	2.02	1.94	1.91	1.85	1.80	1.78
44	1.92	1.88	1.81	1.76	1.72	1.66	1.63	1.58	1.56	1.52	1.50	1.48
	2.52	2.44	2.32	2.24	2.15	2.06	2.00	1.92	1.88	1.82	1.78	1.75
46	1.91	1.87	1.80	1.75	1.71	1.65	1.62	1.57	1.54	1.51	1.48	1.46
	2.50	2.42	2.30	2.22	2.13	2.04	1.98	1.90	1.86	1.80	1.76	1.72
48	1.90	1.86	1.79	1.74	1.70	1.64	1.61	1.56	1.53	1.50	1.47	1.45
	2.48	2.40	2.28	2.20	2.11	2.02	1.96	1.88	1.84	1.78	1.73	1.70
50	1.90	1.85	1.78	1.74	1.69	1.63	1.60	1.55	1.52	1.48	1.46	1.44
	2.46	2.39	2.26	2.18	2.10	2.00	1.94	1.86	1.82	1.76	1.71	1.68
60	1.86	1.81	1.75	1.70	1.65	1.59	1.56	1.50	1.48	1.44	1.41	1.39
	2.40	2.32	2.20	2.12	2.03	1.93	1.87	1.79	1.74	1.68	1.63	1.60
70	1.84	1.79	1.82	1.67	1.62	1.56	1.53	1.47	1.45	1.40	1.37	1.35
	2.35	2.28	2.15	2.07	1.98	1.88	1.82	1.74	1.69	1.62	1.56	1.53
80	1.82	1.77	1.70	1.65	1.60	1.54	1.51	1.45	1.42	1.38	1.35	1.32
	2.32	2.24	2.11	2.03	1.94	1.84	1.78	1.70	1.65	1.57	1.52	1.49
100	1.79	1.75	1.68	1.63	1.57	1.51	1.48	1.42	1.39	1.34	1.30	1.28
	2.26	2.19	2.06	1.98	1.89	1.79	1.73	1.64	1.59	1.51	1.46	1.43
125	1.77	1.72	1.65	1.60	1.55	1.49	1.45	1.39	1.36	1.31	1.27	1.25
	2.23	2.15	2.03	1.94	1.85	1.75	1.68	1.59	1.54	1.46	1.40	1.37
150	1.76	1.71	1.64	1.59	1.54	1.47	1.44	1.37	1.34	1.29	1.25	1.22
	2.20	2.12	2.00	1.91	1.83	1.72	1.66	1.56	1.51	1.43	1.37	1.33
200	1.74	1.69	1.62	1.57	1.52	1.45	1.42	1.35	1.32	1.26	1.22	1.19
	2.17	2.09	1.97	1.88	1.79	1.69	1.62	1.53	1.48	1.39	1.33	1.28
400	1.72	1.67	1.60	1.54	1.49	1.42	1.38	1.32	1.28	1.22	1.16	1.13
	2.12	2.04	1.92	1.84	1.74	1.64	1.57	1.47	1.42	1.32	1.24	1.19
1 000	1.70	1.65	1.58	1.53	1.47	1.41	1.36	1.30	1.26	1.19	1.13	1.08
	2.09	2.01	1.89	1.81	1.71	1.61	1.54	1.44	1.38	1.28	1.19	1.11
∞	1.69	1.64	1.57	1.52	1.46	1.40	1.35	1.28	1.24	1.17	1.11	1.00
	2.07	1.99	1.87	1.79	1.69	1.59	1.52	1.41	1.36	1.25	1.15	1.00

注：方差分析用（单尾）：上行显著性水平为 0.05，下行显著性水平为 0.01。

单尾（右尾）检验 F 临界值 Excel 计算函数 F. INV. RT(α, df_1, df_2)。

附表 4　Tukey's *HSD* *q* 值表

df	α	\multicolumn{19}{c}{k(检验极差的平均数个数,即秩次距)}																	
		2	3	4	5	6	7	8	9	10	11	12	13	14	15	16	17	18	19	20
3	0.05	4.50	5.91	6.82	7.50	8.04	8.84	8.85	9.18	9.46	9.72	9.95	10.15	10.35	10.52	10.84	10.69	10.98	11.11	11.24
	0.01	8.26	10.62	12.27	13.33	14.24	15.00	15.64	16.20	16.69	17.13	17.53	17.89	18.22	18.52	19.07	18.81	19.32	19.55	19.77
4	0.05	3.39	5.04	5.76	6.29	6.71	7.05	7.35	7.60	7.83	8.03	8.21	8.37	8.52	8.66	8.79	8.91	9.03	9.13	9.23
	0.01	6.51	8.12	9.17	9.96	10.85	11.10	11.55	11.93	12.27	12.57	12.84	13.09	13.32	13.53	13.73	13.91	14.08	14.24	14.40
5	0.05	3.64	4.60	5.22	5.67	6.03	6.33	6.58	6.80	6.99	7.17	7.32	7.47	7.60	7.72	7.83	7.93	8.03	8.12	8.21
	0.01	5.70	6.98	7.80	8.42	8.91	9.32	9.67	9.97	10.24	10.48	10.07	10.89	11.08	11.24	11.40	11.55	11.68	11.81	11.93
6	0.05	3.46	4.34	4.90	5.30	5.63	5.90	6.12	6.32	6.49	6.65	6.79	6.92	7.03	7.14	7.24	7.34	7.43	7.51	7.59
	0.01	5.24	6.33	7.03	7.56	7.97	8.32	8.61	8.87	9.10	9.30	9.48	9.65	9.81	9.95	10.08	12.21	10.32	10.43	10.54
7	0.05	3.34	4.16	4.68	5.06	5.36	5.01	5.82	6.00	6.16	6.30	6.43	6.55	6.66	6.76	6.85	9.94	7.02	7.10	7.17
	0.01	4.95	5.92	6.54	7.01	7.37	7.68	9.94	8.17	8.37	8.55	8.71	8.86	9.00	9.12	9.24	9.35	9.46	9.55	9.65
8	0.05	3.26	4.04	4.53	4.89	5.17	5.40	5.60	5.77	5.92	6.05	6.18	6.29	6.39	6.48	6.57	6.65	6.73	6.80	6.87
	0.01	4.75	5.64	6.20	6.62	4.96	7.24	7.47	7.68	7.86	8.03	8.18	8.31	8.44	8.55	8.66	8.76	8.85	8.94	9.03
9	0.05	3.20	3.95	4.41	4.76	5.02	5.24	5.43	5.59	5.74	5.87	5.98	6.09	6.19	6.28	6.36	6.44	6.51	6.58	6.64
	0.01	4.60	5.43	5.96	6.35	6.66	6.91	7.13	7.33	7.49	7.65	7.78	7.91	8.03	8.13	8.23	8.33	8.41	8.49	8.57
10	0.05	3.15	3.88	4.33	4.65	4.91	5.12	5.30	5.46	5.60	5.72	5.83	5.93	6.03	6.11	6.19	6.27	6.34	6.40	6.47
	0.01	4.48	5.27	5.77	6.14	4.43	6.67	6.87	7.05	7.21	7.36	7.48	7.60	7.71	7.81	7.91	7.99	8.08	8.15	8.23
11	0.05	3.11	3.82	4.26	4.57	4.82	5.03	5.20	5.35	5.49	5.61	5.71	5.81	5.90	5.98	6.06	6.13	6.20	6.27	6.33
	0.01	4.39	5.15	5.62	5.97	6.25	6.48	6.67	6.84	6.99	7.13	7.25	7.36	7.46	7.56	7.65	7.13	7.81	7.88	7.95
12	0.05	3.08	3.77	4.20	4.51	4.75	4.95	5.12	5.27	5.39	5.51	5.61	5.71	5.80	5.88	5.95	6.02	6.09	6.15	6.21
	0.01	4.32	5.05	5.55	5.84	6.10	6.32	6.51	6.67	6.81	6.94	7.06	7.17	7.26	7.36	7.44	7.52	7.59	7.66	7.73
13	0.05	3.06	3.73	4.15	4.45	4.69	4.88	5.05	9.19	5.32	5.45	5.53	5.63	5.71	5.79	5.86	5.93	5.99	6.05	6.11
	0.01	4.26	4.96	5.40	5.73	5.98	6.19	6.37	6.53	6.67	6.79	6.90	7.01	7.10	7.19	7.27	7.35	7.42	7.48	7.55
14	0.05	3.03	3.70	4.11	4.41	4.64	4.83	4.99	5.13	5.25	5.36	5.46	5.55	5.64	5.71	5.79	5.85	5.91	5.97	6.03
	0.01	4.21	4.89	5.32	5.63	5.88	6.08	6.26	6.41	6.54	6.66	6.77	6.87	6.96	7.05	7.13	7.20	7.27	7.33	7.39
15	0.05	3.01	3.67	4.08	4.37	4.59	4.78	4.94	5.08	5.20	5.31	5.40	5.49	5.57	5.65	5.72	5.78	5.85	5.90	5.96
	0.01	4.17	4.84	5.25	5.56	5.80	5.99	6.16	6.31	6.44	6.55	6.66	6.76	6.84	6.93	7.00	7.07	7.14	7.20	7.26
16	0.05	3.00	3.65	4.05	4.33	4.56	4.74	4.90	5.03	5.15	5.26	5.35	5.44	5.52	5.59	5.66	5.73	5.79	5.84	5.90
	0.01	4.13	4.79	5.19	5.49	5.72	5.92	6.08	6.22	6.35	6.46	6.56	6.66	6.74	6.82	6.90	6.97	7.03	7.09	7.15
17	0.05	2.98	3.63	4.02	4.30	4.52	4.70	4.86	4.99	5.11	5.21	5.31	5.39	5.47	5.54	5.61	5.67	5.73	5.79	5.84
	0.01	4.10	4.74	5.14	5.43	5.66	5.85	6.01	6.15	6.27	6.38	6.48	6.57	6.66	6.73	6.81	6.87	6.94	7.00	7.05
18	0.05	2.97	3.61	4.00	4.28	4.49	4.67	4.82	4.96	5.07	5.17	5.27	5.35	5.43	5.50	5.57	5.63	5.69	5.74	5.76
	0.01	4.07	4.70	5.09	5.38	5.60	5.79	5.94	6.08	6.20	6.31	6.41	6.50	6.58	6.65	6.73	6.79	6.85	6.91	6.97
19	0.05	2.96	3.59	3.98	4.25	4.47	4.65	4.49	4.92	5.04	5.14	5.23	5.31	5.39	5.46	5.53	5.59	5.65	5.70	5.75
	0.01	4.05	4.67	5.05	5.33	5.55	5.73	5.89	6.02	6.16	6.25	6.34	6.43	6.51	6.58	6.65	6.72	6.78	6.84	6.89
20	0.05	2.95	3.58	3.96	4.23	4.45	4.62	4.77	4.90	5.01	5.11	5.20	5.28	5.36	5.43	5.49	5.55	5.61	5.66	5.71
	0.01	4.02	4.64	5.02	5.29	5.51	5.69	5.84	5.97	6.09	6.19	6.28	6.37	6.45	6.52	6.59	6.65	6.71	6.77	6.82
24	0.05	2.92	3.53	3.90	4.17	4.37	4.54	4.68	4.81	4.92	5.05	5.10	5.18	5.25	5.32	5.38	5.44	5.49	5.55	5.59
	0.01	3.96	4.55	4.91	5.17	5.37	5.54	5.69	5.81	5.92	6.02	6.11	6.19	6.26	6.33	6.39	6.45	6.51	6.56	6.01
30	0.05	2.89	3.49	3.85	4.10	4.30	4.46	4.60	4.72	4.82	4.92	5.00	5.08	5.15	5.21	5.27	5.33	5.38	5.43	6.47
	0.01	3.89	4.45	4.80	5.05	5.24	5.40	5.54	5.65	5.76	5.85	5.93	6.01	6.08	6.14	6.20	6.26	6.31	6.36	6.41
40	0.05	2.86	3.44	3.79	4.04	4.23	4.39	4.52	4.63	4.73	4.82	4.90	4.98	5.04	5.11	5.16	5.22	5.27	5.31	5.36
	0.01	3.82	4.37	4.70	4.93	5.11	5.26	5.39	5.50	5.60	5.69	5.76	5.83	5.90	5.96	6.02	6.07	6.12	6.16	6.21

（续）

df	α	\multicolumn{19}{c}{k(检验极差的平均数个数,即秩次距)}
		2	3	4	5	6	7	8	9	10	11	12	13	14	15	16	17	18	19	20
60	0.05	2.83	3.40	3.74	3.98	4.16	4.31	4.44	4.55	4.65	4.73	4.81	4.88	4.94	5.00	5.06	5.11	5.15	5.20	5.24
	0.01	3.76	4.28	4.59	4.82	4.99	5.13	5.25	5.36	5.45	5.53	5.60	5.67	5.73	5.78	5.84	5.89	5.93	5.97	6.01
120	0.05	2.80	3.36	3.68	3.92	4.10	4.24	4.36	4.47	4.56	4.64	4.71	4.78	4.84	4.90	4.95	5.00	5.04	5.09	5.13
	0.01	3.70	4.20	4.50	4.71	4.87	5.01	5.12	5.21	5.30	5.37	5.44	5.50	5.56	5.61	5.66	5.71	5.75	5.79	5.85
∞	0.05	2.77	3.31	3.63	3.86	4.03	4.17	4.29	4.39	4.47	4.55	4.62	4.68	4.74	4.80	4.85	4.89	4.93	4.97	5.01
	0.01	3.64	4.12	4.40	4.60	4.76	4.88	4.99	5.08	5.16	5.23	5.29	5.35	5.40	5.45	5.49	5.54	5.57	5.61	5.65

附表 5　Duncan's 新复极差检验的 SSR 值

自由度 df	α	\multicolumn{14}{c}{检验极差的平均数个数 k}
		2	3	4	5	6	7	8	9	10	12	14	16	18	20
1	0.05	18.0	18.0	18.0	18.0	18.0	18.0	18.0	18.0	18.0	18.0	18.0	18.0	18.0	18.0
	0.01	90.0	90.0	90.0	90.0	90.0	90.0	90.0	90.0	90.0	90.0	90.0	90.0	90.0	90.0
2	0.05	6.09	6.09	6.09	6.09	6.09	6.09	6.09	6.09	6.09	6.09	6.09	6.09	6.09	6.09
	0.01	14.0	14.0	14.0	14.0	14.0	14.0	14.0	14.0	14.0	14.0	14.0	14.0	14.0	14.0
3	0.05	4.50	4.50	4.50	4.50	4.50	4.50	4.50	4.50	4.50	4.50	4.50	4.50	4.50	4.50
	0.01	8.26	8.5	8.6	8.7	8.8	8.9	8.9	9.0	9.0	9.0	9.1	9.2	9.3	9.3
4	0.05	3.93	4.0	4.02	4.02	4.02	4.02	4.02	4.02	4.02	4.02	4.02	4.02	4.02	4.02
	0.01	6.51	6.8	6.9	7.0	7.1	7.1	7.2	7.2	7.3	7.3	7.4	7.4	7.5	7.5
5	0.05	3.64	3.74	3.79	3.83	3.83	3.83	3.83	3.83	3.83	3.83	3.83	3.83	3.83	3.83
	0.01	5.70	5.96	6.11	6.18	6.26	6.33	6.40	6.44	6.5	6.6	6.6	6.7	6.7	6.8
6	0.05	3.46	3.58	3.64	3.68	3.68	3.68	3.68	3.68	3.68	3.68	3.68	3.68	3.68	3.68
	0.01	5.24	5.51	5.65	5.73	5.81	5.88	5.95	6.00	6.0	6.1	6.2	6.2	6.3	6.3
7	0.05	3.35	3.47	3.54	3.58	3.60	3.61	3.61	3.61	3.61	3.61	3.61	3.61	3.61	3.61
	0.01	4.95	5.22	5.37	5.45	5.53	5.61	5.69	5.73	5.8	5.8	5.9	5.9	6.0	6.0
8	0.05	3.26	3.39	3.47	3.52	3.55	3.56	3.56	3.56	3.56	3.56	3.56	3.56	3.56	3.56
	0.01	4.74	5.00	5.14	5.23	5.32	5.40	5.47	5.51	5.5	5.6	5.7	5.7	5.8	5.8
9	0.05	3.20	3.34	3.41	3.47	3.50	3.51	3.52	3.52	3.52	3.52	3.52	3.52	3.52	3.52
	0.01	4.60	4.86	4.99	5.08	5.17	5.25	5.32	5.36	5.4	5.5	5.5	5.6	5.7	5.7
10	0.05	3.15	3.30	3.37	3.43	3.46	3.47	3.47	3.47	3.47	3.47	3.47	3.47	3.47	3.48
	0.01	4.48	4.73	4.88	4.96	5.06	5.12	5.20	5.24	5.28	5.36	5.42	5.48	5.54	5.55
11	0.05	3.11	3.27	3.35	3.39	3.43	3.44	3.45	3.46	3.46	3.46	3.46	3.46	3.47	3.48
	0.01	4.39	4.63	4.77	4.86	4.94	5.01	5.06	5.12	5.15	5.24	5.28	5.34	5.38	5.39

（续）

自由 度 df	α	检验极差的平均数个数 k													
		2	3	4	5	6	7	8	9	10	12	14	16	18	20
12	0.05	3.08	3.23	3.33	3.36	3.48	3.42	3.44	3.44	3.46	3.46	3.46	3.46	3.47	3.48
	0.01	4.32	4.55	4.68	4.76	4.84	4.92	4.96	5.02	5.07	5.13	5.17	5.22	5.24	5.26
13	0.05	3.06	3.21	3.30	3.36	3.38	3.41	3.42	3.44	3.45	3.45	3.46	3.46	3.47	3.47
	0.01	4.26	4.48	4.62	4.69	4.74	4.84	4.88	4.94	4.98	5.04	5.08	5.13	5.14	5.15
14	0.05	3.03	3.18	3.27	3.33	3.37	3.39	3.41	3.42	3.44	3.45	3.46	3.46	3.47	3.47
	0.01	4.21	4.42	4.55	4.63	4.70	4.78	4.83	4.87	4.91	4.96	5.00	5.04	5.06	5.07
15	0.05	3.01	3.16	3.25	3.31	3.36	3.38	3.40	3.42	3.43	3.44	3.45	3.46	3.47	3.47
	0.01	4.17	4.37	4.50	4.58	4.64	4.72	4.77	4.81	4.84	4.90	4.94	4.97	4.99	5.00
16	0.05	3.00	3.15	3.23	3.30	3.34	3.37	3.39	3.41	3.43	3.44	3.45	3.46	3.47	3.47
	0.01	4.13	4.34	4.45	4.54	4.60	4.67	4.72	4.76	4.79	4.84	4.88	4.91	4.93	4.94
17	0.05	2.98	3.13	3.22	3.28	3.33	3.36	3.38	3.40	3.42	3.44	3.45	3.46	3.47	3.47
	0.01	4.10	4.30	4.41	4.50	4.56	4.63	4.68	4.72	4.75	4.80	4.83	4.86	4.88	4.89
18	0.05	2.97	3.12	3.21	3.27	3.32	3.35	3.37	3.39	3.41	3.43	3.45	3.46	3.47	3.47
	0.01	4.07	4.27	4.38	4.46	4.53	4.59	4.64	4.68	4.71	4.76	4.79	4.82	4.84	4.85
19	0.05	2.96	3.11	3.19	3.26	3.31	3.35	3.37	3.39	3.41	3.43	3.44	3.46	3.47	3.47
	0.01	4.05	4.24	4.35	4.43	4.50	4.56	4.61	4.64	4.67	4.72	4.76	4.79	4.81	4.82
20	0.05	2.95	3.10	3.18	3.25	3.30	3.34	3.36	3.38	3.40	3.43	3.44	3.46	3.46	3.47
	0.01	4.02	4.22	4.33	4.40	4.47	4.53	4.58	4.61	4.65	4.69	4.73	4.76	4.78	4.79
22	0.05	2.93	3.08	3.17	3.24	3.29	3.32	3.35	3.37	3.39	3.42	3.44	3.45	3.46	3.47
	0.01	3.99	4.17	4.28	4.36	4.42	4.48	4.53	4.57	4.60	4.65	4.68	4.71	4.74	4.75
24	0.05	2.92	3.07	3.15	3.22	3.28	3.31	3.34	3.37	3.38	3.41	3.44	3.45	3.46	3.47
	0.01	3.96	4.14	4.24	4.33	4.39	4.44	4.49	4.53	4.57	4.62	4.64	4.67	4.70	4.72
26	0.05	2.91	3.06	3.14	3.21	3.27	3.30	3.34	3.36	3.38	3.41	3.43	3.45	3.46	3.47
	0.01	3.93	4.11	4.21	4.30	4.36	4.41	4.46	4.50	4.53	4.58	4.62	4.65	4.67	4.69
28	0.05	2.90	3.04	3.13	3.20	3.26	3.30	3.33	3.35	3.37	3.40	3.43	3.45	3.46	3.47
	0.01	3.91	4.08	4.18	4.28	4.34	4.39	4.43	4.47	4.51	4.56	4.60	4.62	4.65	4.67
30	0.05	2.89	3.04	3.12	3.20	3.25	3.29	3.32	3.35	3.37	3.40	3.43	3.44	3.46	3.47
	0.01	3.89	4.06	4.16	4.22	4.32	4.36	4.41	4.45	4.48	4.54	4.58	4.61	4.63	4.65
40	0.05	2.86	3.01	3.10	3.17	3.22	3.27	3.30	3.33	3.35	3.39	3.42	3.44	3.46	3.47
	0.01	3.82	3.99	4.10	4.17	4.24	4.30	4.31	4.37	4.41	4.46	4.51	4.54	4.57	4.59

（续）

自由度 df	α	检验极差的平均数个数 k													
		2	3	4	5	6	7	8	9	10	12	14	16	18	20
60	0.05	2.83	2.98	3.08	3.14	3.20	3.24	3.28	3.31	3.33	3.37	3.40	3.43	3.45	3.47
	0.01	3.76	3.92	4.03	4.12	4.17	4.23	4.27	4.31	4.34	4.39	4.44	4.47	4.50	4.53
∞	0.05	2.77	2.92	3.02	3.09	3.15	3.19	3.23	3.26	3.29	3.34	3.38	3.41	3.44	3.47
	0.01	3.64	3.80	3.90	3.98	4.04	4.09	4.14	4.17	4.20	4.26	4.31	4.34	4.38	4.41

注：DPS 软件计算的 Duncan 临界值，dctest(df,k,α)。

附表 6　χ^2 分布表（单尾）

df	概　率　P									
	0.995	0.990	0.975	0.950	0.900	0.100	0.050	0.025	0.010	0.005
1	—	—	—	—	0.02	2.71	3.84	5.02	6.63	7.88
2	0.01	0.02	0.02	0.10	0.21	4.61	5.99	7.38	9.21	10.60
3	0.07	0.11	0.22	0.35	0.58	6.25	7.81	9.35	11.34	12.84
4	0.21	0.30	0.48	0.71	1.06	7.78	9.49	11.14	13.28	14.86
5	0.41	0.55	0.83	1.15	1.61	9.24	11.07	12.83	15.09	16.75
6	0.68	0.87	1.24	1.64	2.20	10.64	12.59	14.45	16.81	18.55
7	0.99	1.24	1.69	2.17	2.83	12.02	14.07	16.01	18.48	20.28
8	1.34	1.65	2.18	2.73	3.40	13.36	15.51	17.53	20.09	21.96
9	1.73	2.09	2.70	3.33	4.17	14.68	16.92	19.02	21.67	23.59
10	2.16	2.56	3.25	3.94	4.87	15.99	18.31	20.48	23.21	25.19
11	2.60	3.05	3.82	4.57	5.58	17.28	19.68	21.92	24.72	26.76
12	3.07	3.57	4.40	5.23	6.30	18.55	21.03	23.34	26.22	28.30
13	3.57	4.11	5.01	5.89	7.04	19.81	22.36	24.74	27.69	29.82
14	4.07	4.66	5.63	6.57	7.79	21.06	23.68	26.12	29.14	31.32
15	4.60	5.23	6.27	7.26	8.55	22.31	25.00	27.49	30.58	32.80
16	5.14	5.81	6.91	7.96	9.31	23.54	26.30	28.85	32.00	34.27
17	5.70	6.41	7.56	8.67	10.09	24.77	27.59	30.19	33.41	35.72
18	6.26	7.01	8.23	9.39	10.86	25.99	28.87	31.53	34.81	37.16
19	6.84	7.63	8.91	10.12	11.65	27.20	30.14	32.85	36.19	38.58
20	7.43	8.26	9.59	10.85	12.44	28.41	31.41	34.17	37.57	40.00
21	8.03	8.90	10.28	11.59	13.24	29.62	32.67	35.48	38.93	41.40
22	8.64	9.54	10.98	12.34	14.04	30.81	33.92	36.78	40.29	42.80
23	9.26	10.20	11.69	13.09	14.85	32.01	35.17	38.08	41.64	44.18
24	9.89	10.86	12.40	13.85	15.66	33.20	36.42	39.36	42.98	45.56
25	10.52	11.52	13.12	14.61	16.47	34.38	37.65	40.65	44.31	46.93
26	11.16	12.20	13.84	15.38	17.29	35.56	38.89	41.92	45.64	48.29

（续）

df	概　率　P									
	0.995	0.990	0.975	0.950	0.900	0.100	0.050	0.025	0.010	0.005
27	11.81	12.88	14.57	16.15	18.11	36.74	40.11	43.19	46.96	49.64
28	12.46	13.56	15.31	16.93	18.94	37.92	41.34	44.46	48.28	50.99
29	13.12	14.26	16.05	17.71	19.77	39.09	42.56	45.72	49.59	52.34
30	13.79	14.95	16.79	18.49	20.60	40.26	43.77	46.98	50.89	53.67
40	20.71	22.16	24.43	26.51	29.05	51.80	55.76	59.34	63.69	66.77
50	27.99	29.71	32.36	34.76	37.69	63.17	67.50	71.42	76.15	79.49
60	35.53	37.48	40.48	43.19	46.46	74.40	79.08	83.30	88.38	91.95
70	43.28	45.44	48.76	51.74	55.33	85.53	90.53	95.02	100.42	104.22
80	51.17	53.54	57.15	60.39	64.28	96.58	101.88	106.63	112.33	116.32
90	59.20	61.75	65.65	69.13	73.29	107.56	113.14	118.14	124.12	128.30
100	67.33	70.06	74.22	77.93	82.36	118.50	124.34	129.56	135.81	140.17

注：单尾（右尾）检验 χ^2 临界值 Excel 计算函数 CHISQ.INV.RT(α, df)。

附表 7　Friedman 秩和检验临界值表

评价员数目 b	样品数目 t					
	3	4	5	3	4	5
	$\alpha = 0.05$			$\alpha = 0.01$		
2	—	6.00	7.60	—	—	8.00
3	6.00	7.00	8.53	—	8.20	10.13
4	6.50	7.50	8.80	8.00	9.30	11.10
5	6.40	7.80	8.96	8.40	9.96	11.52
6	6.33	7.60	9.49	9.00	10.20	13.28
7	6.00	7.62	9.49	8.85	10.37	13.28
8	6.25	7.65	9.49	9.00	10.35	13.28
9	6.22	7.81	9.49	8.66	11.34	13.28
10	6.20	7.81	9.49	8.60	11.34	13.28
11	6.54	7.81	9.49	8.90	11.34	13.28
12	6.16	7.81	9.49	8.66	11.34	13.28
13	6.00	7.81	9.49	8.76	11.34	13.28
14	6.14	7.81	9.49	9.00	11.34	13.28
15	6.40	7.81	9.49	8.93	11.34	13.28

附表 8 三点检验正确响应临界值表

评价员数量 n	显著性水平 α			
	0.1	0.05	0.01	0.001
3	3	3	—	—
4	4	4	—	—
5	4	4	5	—
6	5	5	6	—
7	5	5	6	7
8	5	6	7	8
9	6	6	7	8
10	6	7	8	9
11	7	7	8	10
12	7	8	9	10
13	8	8	9	11
14	8	9	10	11
15	8	9	10	12
16	9	9	11	12
17	9	10	11	13
18	10	10	12	13
19	10	11	12	14
20	10	11	13	14
21	11	12	13	15
22	11	12	14	15
23	12	12	14	16
24	12	13	15	16
25	12	13	15	17
26	13	14	15	17
27	13	14	16	18
28	14	15	16	18
29	14	15	17	19
30	14	15	17	19
31	15	16	18	20
32	15	16	18	20
33	15	17	18	21
34	16	17	19	21
35	16	17	19	22
36	17	18	20	22
42	19	20	22	25
48	21	22	25	27
54	23	25	27	30
60	26	27	30	33
66	28	29	32	35
72	30	32	34	38
78	32	34	37	40
84	35	36	39	43
90	37	38	42	45
96	39	41	44	48

注：$x = 0.4714 z \sqrt{n} + \dfrac{2n+3}{6}$，其中 $n =$ 评价员数量，$x =$ 正确判断的最小数，取整数，$z_{0.05} = 1.64$，$z_{0.01} = 2.33$。

附表 9 采用三点检验进行相似性检验的正确响应临界值表

评价员数量 n	β = 0.05					β = 0.1				
	p_d					p_d				
	0.1	0.2	0.3	0.4	0.5	0.1	0.2	0.3	0.4	0.5
5	0	0	0	0	1	0	0	0	1	1
6	0	0	0	1	1	0	0	1	1	1
7	0	0	1	1	2	0	1	1	2	2
8	0	0	1	2	2	0	1	1	2	3
9	0	1	1	2	3	1	1	2	3	3
10	1	1	2	2	3	1	2	2	3	4
11	1	1	2	3	4	1	2	3	4	4
12	1	2	3	3	4	2	2	3	4	5
13	1	2	3	4	5	2	3	4	5	5
14	2	3	3	4	5	2	3	4	5	6
15	2	3	4	5	6	3	4	5	6	7
16	2	3	4	5	7	3	4	5	6	7
17	3	4	5	6	7	3	4	5	7	8
18	3	4	5	6	8	4	5	6	7	8
19	3	4	6	7	8	4	5	6	8	9
20	3	5	6	7	9	4	5	7	8	10
21	4	5	6	8	9	5	6	7	9	10
22	4	5	7	8	10	5	6	8	9	11
23	4	6	7	9	11	5	7	8	10	11
24	5	6	8	9	11	6	7	9	10	12
25	5	7	8	10	12	6	7	9	11	13
26	5	7	9	10	12	6	8	10	11	13
27	6	7	9	11	13	7	8	10	12	14
28	6	8	10	12	13	7	9	11	12	14
29	6	8	10	12	14	7	9	11	13	15
30	7	9	11	13	15	8	10	11	14	16
35	8	11	13	15	18	9	12	14	16	19
40	10	13	15	18	21	11	14	16	19	22
45	12	15	17	21	24	13	16	19	22	25
50	13	17	20	23	27	15	18	21	25	28
60	17	21	25	29	33	18	22	26	30	34
70	20	25	29	34	39	22	26	31	36	41
80	24	29	34	40	45	25	31	36	41	47
90	27	33	39	45	52	29	35	41	47	53
100	31	37	44	51	58	33	39	46	53	60

注1：表中数值是根据二项分布求得的。对于表中没有的 n 值，可根据以下二项式的近似值计算 P_d 在 $100(1-\beta)\%$ 水平的置信上限，如果计算值小于选定的 P_d 值，则表明两个样品在 β 显著水平上相似。

$$1.5\left(\frac{x}{n}\right)-0.5+1.5z_\beta\sqrt{\frac{nx-x^2}{n^3}}$$

其中，x = 正确答案数，n = 评价员数，$z_{0.20}=0.84, z_{0.1}=1.28, z_{0.05}=1.64, z_{0.01}=2.33$

注2：当 $n<30$，不宜用三点检验法检验相似性。

附表 10 二—三点检验及方向性成对比较检验正确响应临界值表(单尾检验)

评价员数量 n	显著性水平 α			
	0.1	0.05	0.01	0.001
4	4	—	—	—
5	5	5	—	—
6	6	6	—	—
7	6	7	7	—
8	7	7	8	—
9	7	8	9	—
10	8	9	10	10
11	9	9	10	11
12	9	10	11	12
13	10	10	12	13
14	10	11	12	13
15	11	12	13	14
16	12	12	14	15
17	12	13	14	16
18	13	13	15	16
19	13	14	15	17
20	14	15	16	18
21	14	15	17	18
22	15	16	17	19
23	16	16	18	20
24	16	17	19	20
25	17	18	19	21
26	17	18	20	22
27	18	19	20	22
28	18	19	21	23
29	19	20	22	24
30	20	20	22	24
31	20	21	23	25
32	21	22	24	26
33	21	22	24	26
34	22	23	25	27
35	22	23	25	27
36	23	24	26	28
40	25	26	28	31
44	27	28	31	33
48	29	31	33	36
52	32	33	35	38
56	34	35	38	40
60	36	37	40	43
64	38	40	42	45
68	40	42	45	48
72	42	44	47	50
76	45	46	49	52
80	47	48	51	55
84	49	51	54	57
88	51	53	56	59
92	53	55	58	62
96	55	57	60	64
100	57	59	63	66

注:$x = \frac{1}{2}z\sqrt{n} + \frac{(n+1)}{2}$,其中 n = 评价员数量,x = 正确判断的最小数,取整数,$z_{0.05} = 1.64$,$z_{0.01} = 2.33$。

附表 11　采用成对比较检验和二-三点检验进行相似性检验的正确响应临界值表

评价员数量 n	β = 0.05					β = 0.1				
	p_d					p_d				
	0.1	0.2	0.3	0.4	0.5	0.1	0.2	0.3	0.4	0.5
5	0	0	0	1	1	0	1	1	1	1
6	0	1	1	1	2	1	1	1	2	2
7	1	1	1	2	2	1	2	2	2	3
8	1	2	2	2	3	2	2	2	3	3
9	2	2	2	3	4	2	3	3	4	4
10	2	2	3	4	4	2	3	4	4	5
11	2	3	3	4	5	3	4	4	5	5
12	3	3	4	5	5	3	4	5	5	6
13	3	4	5	5	6	4	5	5	6	7
14	4	4	5	6	7	4	5	6	7	7
15	4	5	6	6	7	5	6	6	7	8
16	5	5	6	7	8	5	6	7	8	9
17	5	6	7	8	9	6	7	8	8	9
18	5	6	7	8	9	6	7	8	9	10
19	6	7	8	9	10	7	8	9	10	11
20	6	7	8	10	11	7	8	9	10	11
21	7	8	9	10	11	8	9	10	11	12
22	7	8	10	11	12	8	9	10	12	13
23	8	9	10	11	13	9	10	11	12	14
24	8	9	11	12	13	9	10	12	13	14
25	9	10	11	13	14	10	11	12	14	15
26	9	10	12	13	15	10	11	13	14	16
27	10	11	12	14	15	11	12	13	15	16
28	10	12	13	15	16	11	12	14	15	17
29	11	12	14	15	17	12	13	15	16	18
30	11	13	14	16	17	12	14	15	17	18
35	13	15	17	19	21	14	16	18	20	22
40	16	18	20	22	24	17	19	21	23	25
45	18	21	23	25	28	19	22	24	27	29
50	21	23	26	29	31	22	25	27	30	33
60	26	29	32	35	38	27	30	33	36	40
70	31	34	38	42	45	32	36	39	43	47
80	36	40	44	48	53	37	41	46	50	54
90	41	45	50	55	60	42	47	52	56	61
100	46	51	56	61	67	48	53	58	63	68

注 1：表中数值是根据二项分布求得的。对于表中没有的 n 值，可根据以下二项式的近似值计算 P_d 在 $100(1-\beta)\%$ 水平的置信上限，如果计算值小于选定的 P_d 值，则表明两个样品在 β 显著水平上相似。

$$2\left(\frac{x}{n}\right) - 1 + 2z_\beta \sqrt{\frac{nx - x^2}{n^3}}$$

其中，$x =$ 正确答案数或一致答案数，$n =$ 评价员数，$z_{0.20} = 0.84$，$z_{0.1} = 1.28$，$z_{0.05} = 1.64$，$z_{0.01} = 2.33$

注 2：当 $n < 30$，不推荐用成对比较检验检验相似性；当 $n < 36$，不推荐用二-三点检验检验相似性。

附表 12 五中取二检验正确响应临界值表

评价员数量 n	显著性水平 α			
	0.1	0.05	0.01	0.001
2	2	2	2	—
3	2	2	3	3
4	2	3	3	4
5	2	3	3	4
6	3	3	4	5
7	3	3	4	5
8	3	3	4	5
9	3	4	4	5
10	3	4	5	6
11	3	4	5	6
12	4	4	5	6
13	4	4	5	6
14	4	4	5	7
15	4	5	6	7
16	4	5	6	7
17	4	5	6	7
18	4	5	6	8
19	5	5	6	8
20	5	5	7	8
21	5	6	7	8
22	5	6	7	8
23	5	6	7	9
24	5	6	7	9
25	5	6	7	9
26	6	6	8	9
27	6	6	8	9
28	6	7	8	10
29	6	7	8	10
30	6	7	8	10
31	6	7	8	10
32	6	7	9	10
33	7	7	9	11

（续）

评价员数量 n	显著性水平 α			
	0.1	0.05	0.01	0.001
34	7	7	9	11
35	7	8	9	11
36	7	8	9	11
37	7	8	9	11
38	7	8	10	11
39	7	8	10	12
40	7	8	10	12
41	8	8	10	12
42	8	9	10	12
43	8	9	10	12
44	8	9	11	12
45	8	9	11	13
46	8	9	11	13
47	8	9	11	13
48	9	9	11	13
49	9	10	11	13
50	9	10	11	14
51	9	10	12	14
52	9	10	12	14
53	9	10	12	14
54	9	10	12	14
55	9	10	12	14
56	10	10	12	14
57	10	11	12	15
58	10	11	13	15
59	10	11	13	15
60	10	11	13	15
70	11	12	14	17
80	13	14	16	18
90	14	15	17	20
100	15	16	19	21

注：$x=\dfrac{3}{10}z\sqrt{n}+\dfrac{(n+5)}{10}$，其中 $n=$ 评价员数量，$x=$ 正确判断的最小数，取整数，$z_{0.05}=1.64$，$z_{0.01}=2.33$。

附表 13　无方向性成对比较检验正确响应临界值表(双尾检验)

评价员数量 n	显著性水平 α			
	0.1	0.05	0.01	0.001
4	—	—	—	—
5	5	—	—	—
6	6	6	—	—
7	7	7	—	—
8	7	8	8	—
9	8	8	9	—
10	9	9	10	—
11	9	10	11	11
12	10	10	11	12
13	10	11	12	13
14	11	12	13	14
15	12	12	13	14
16	12	13	14	15
17	13	13	15	16
18	13	14	15	17
19	14	15	16	17
20	15	15	17	18
21	15	16	17	19
22	16	17	18	19
23	16	17	19	20
24	17	18	19	21
25	18	18	20	21
26	18	19	20	22
27	19	20	21	23
28	19	20	22	23
29	20	21	22	24
30	20	21	23	25
31	21	22	24	25
32	22	23	24	26
33	22	23	25	27
34	23	24	25	27
35	23	24	26	28
36	24	25	27	29
40	26	27	29	31
44	28	29	31	34
48	31	32	34	36
52	33	34	36	39
56	35	36	39	41
60	37	39	41	44
64	40	41	43	46
68	42	43	46	48
72	44	45	48	51
76	46	48	50	53
80	48	50	52	56
84	51	52	55	58
88	53	54	57	60
92	55	56	59	63
96	57	59	62	65
100	59	61	64	67

注: $x=\dfrac{1}{2}z\sqrt{n}+\dfrac{(n+1)}{2}$,其中 $n=$ 评价员数量, $x=$ 正确判断的最小数,取整数, $z_{0.05}=1.96$, $z_{0.01}=2.58$。

附表 14　顺位检验法检验表（$\alpha = 0.05$）

评价员数 n	样品数 m													
	2	3	4	5	6	7	8	9	10	11	12	13	14	15
2	……	……	……	3~9	3~11	3~13	4~14	4~16	4~18	5~19	5~21	5~23	5~25	6~26
3	……	……	……	4~14	4~17	4~20	4~23	5~25	5~28	5~31	5~34	5~37	5~40	6~42
	……	4~8	4~11	5~13	6~15	6~18	7~20	8~22	8~25	9~27	10~29	10~32	11~34	12~36
4	……	5~11	5~15	6~18	6~22	7~25	7~29	8~32	8~36	8~40	9~43	9~47	10~50	10~54
	……	5~11	6~14	7~17	8~20	9~23	10~26	11~29	13~31	14~34	15~37	16~40	17~43	18~46
5	……	6~14	7~18	8~22	9~26	9~31	10~35	11~39	12~43	12~48	13~52	14~56	14~61	15~65
	6~9	7~13	8~17	10~20	11~24	13~27	14~31	15~35	17~38	18~42	20~45	21~49	23~52	24~56
6	7~11	8~16	9~21	10~26	11~31	12~36	13~41	14~46	15~51	17~55	18~60	19~65	19~71	20~76
	7~11	9~15	11~19	12~24	14~28	16~32	18~36	20~40	21~45	23~49	25~53	27~57	29~61	31~65
7	8~13	10~18	11~24	12~30	14~35	15~41	17~46	18~52	19~58	21~63	22~69	23~75	25~80	26~86
	8~13	10~18	13~22	15~27	17~32	19~37	22~41	24~46	26~51	28~56	30~61	33~65	35~70	37~75
8	9~15	11~21	13~27	15~33	17~39	18~46	20~52	22~58	24~64	25~71	27~77	29~83	30~90	32~96
	10~14	12~20	15~25	17~31	20~36	23~41	25~47	28~52	31~57	33~63	36~68	39~73	41~79	44~84
9	11~16	13~23	15~30	17~37	19~44	22~50	24~57	26~64	28~71	30~78	32~85	34~92	36~99	38~106
	11~16	14~22	17~28	20~34	23~40	26~46	29~52	32~58	35~64	38~70	41~76	45~81	48~87	51~93
10	12~18	15~25	17~33	20~40	23~48	25~55	27~63	30~70	32~78	34~86	37~93	39~101	41~109	44~116
	12~18	16~24	19~31	23~37	26~44	30~50	33~57	37~63	40~70	44~76	47~83	51~89	54~96	57~103
11	13~20	16~28	19~36	22~44	25~52	28~60	31~68	34~76	36~85	39~93	42~101	45~109	47~118	50~126
	14~19	18~26	21~34	25~41	29~48	33~56	37~62	41~69	45~76	49~83	53~90	57~97	60~105	64~112
12	15~21	18~30	21~39	25~47	28~56	31~65	34~74	38~82	41~91	44~100	47~109	50~118	53~127	56~136
	15~21	19~29	24~36	28~44	32~52	37~59	41~67	45~75	50~82	54~90	58~98	63~105	67~113	71~121
13	16~23	20~32	24~41	27~51	31~60	35~69	38~79	42~88	45~98	49~107	52~117	56~126	59~136	62~146
	17~22	21~31	26~39	34~47	35~56	40~64	45~72	50~80	54~89	59~97	64~105	69~113	74~121	78~130

（续）

样品数 m

评价员数 n	2	3	4	5	6	7	8	9	10	11	12	13	14	15
14	17~25	22~34	26~44	30~54	34~64	38~74	42~84	46~94	50~104	54~114	57~125	61~135	65~145	69~155
	18~24	23~33	28~42	33~51	38~60	44~68	49~77	54~86	59~95	65~103	70~112	75~121	80~130	85~139
15	19~26	23~37	28~47	32~58	37~68	41~79	46~89	50~100	54~111	58~122	63~132	67~143	71~154	75~165
	19~26	25~35	30~45	36~54	42~63	47~73	53~82	59~91	64~101	70~110	75~120	81~129	87~138	92~148
16	20~28	25~39	30~50	35~61	40~72	45~83	49~95	54~106	59~119	63~129	68~140	73~151	77~163	82~174
	21~27	27~37	33~47	39~57	45~67	51~77	57~87	63~97	69~107	75~117	81~127	87~137	93~147	100~156
17	22~29	27~41	32~53	38~64	43~76	48~88	53~100	58~112	63~124	68~136	73~148	78~160	83~172	88~184
	22~29	28~40	35~50	41~61	48~71	54~82	61~92	67~103	74~113	81~123	87~134	94~144	100~155	107~165
18	23~31	29~43	34~56	40~68	46~80	51~93	57~105	62~118	68~130	73~143	79~155	84~168	90~180	95~193
	24~30	30~42	37~53	44~64	51~75	58~86	65~97	72~108	79~119	86~130	93~141	100~152	107~163	114~174
19	24~33	30~46	37~58	43~71	49~84	55~97	61~110	67~123	73~136	78~150	84~163	90~176	96~189	102~202
	25~32	32~44	39~56	47~67	54~79	62~90	69~102	76~114	84~125	91~137	99~148	106~160	114~171	121~183
20	26~34	32~48	39~61	45~75	52~88	58~102	65~115	71~129	77~143	83~157	90~170	96~184	102~198	108~212
	26~34	34~46	42~58	50~70	57~83	65~95	73~107	81~119	89~131	97~143	105~155	112~168	120~180	128~192
21	27~36	34~50	41~64	48~78	55~92	62~106	68~121	75~135	82~149	89~163	95~178	102~192	108~207	115~221
	28~35	36~48	44~61	52~74	61~86	69~99	77~112	86~124	94~137	102~150	110~163	119~175	127~188	135~201
22	28~36	36~52	43~67	51~81	58~96	65~111	72~126	80~140	87~155	94~170	101~185	108~200	115~215	122~230
	29~37	38~50	46~64	55~77	64~90	73~103	81~117	90~130	99~143	108~156	116~170	125~183	134~196	143~209
23	30~38	38~54	46~69	53~85	61~100	69~115	76~131	84~146	94~162	99~177	106~193	114~208	121~224	128~240
	31~38	40~52	49~66	58~80	67~94	76~108	85~122	95~135	104~149	113~163	122~177	131~191	141~204	150~218
24	31~41	40~56	48~72	56~88	64~104	72~120	80~136	88~152	96~168	104~184	112~200	120~216	127~233	135~249
	32~40	41~55	51~69	61~83	70~98	80~112	90~126	99~141	109~155	119~169	128~184	138~198	147~213	157~227
25	33~42	41~59	50~75	59~91	67~108	76~124	84~141	92~158	101~174	109~191	117~208	126~224	134~241	142~258
	33~42	43~57	53~72	63~87	73~102	84~116	94~131	104~146	114~161	124~176	134~191	144~206	154~221	164~236
26	34~44	43~61	52~78	61~95	70~112	79~129	88~146	97~163	106~180	114~198	123~215	132~232	140~250	149~267
	35~43	45~59	56~74	66~90	77~105	87~121	98~136	108~152	119~167	129~183	140~198	151~213	161~229	172~244

（续）

评价员数 n	2	3	4	5	6	7	8	9	10	11	12	13	14	15
27	35~46	45~63	55~80	64~98	73~116	83~133	92~151	101~169	110~187	119~205	129~222	138~240	147~258	156~276
	36~45	47~61	58~77	69~93	80~109	91~125	102~141	113~157	124~173	135~189	146~205	157~221	168~237	179~253
28	37~47	47~65	57~83	67~101	76~120	86~138	96~156	106~174	115~193	125~211	134~230	144~248	153~267	162~286
	38~46	49~63	60~80	72~96	83~113	95~129	106~146	118~162	129~179	140~196	152~212	163~229	175~245	186~262
29	38~49	49~67	59~86	69~105	80~123	90~142	100~161	110~180	120~199	130~218	140~237	150~256	160~275	169~295
	39~48	51~65	63~82	74~100	86~117	98~134	110~151	122~168	134~185	146~202	158~219	170~236	182~253	194~270
30	40~50	51~69	61~89	72~108	83~127	93~147	104~166	114~186	125~205	135~225	145~245	156~264	166~284	176~304
	41~49	53~67	65~85	77~103	90~120	102~138	114~156	127~173	139~191	151~209	164~226	176~244	189~261	201~279
31	41~51	52~72	64~91	75~111	86~131	97~151	108~171	119~191	130~211	140~232	151~252	162~272	173~292	183~313
	42~51	55~69	67~88	80~106	93~124	106~142	119~160	131~179	144~197	157~215	170~233	183~251	196~269	208~288
32	42~54	54~74	66~94	77~115	89~135	100~156	112~176	123~197	134~218	146~238	157~259	168~280	179~301	190~322
	43~53	56~72	70~90	83~109	96~128	109~147	123~165	136~184	149~203	163~221	176~240	189~259	202~278	216~296
33	44~55	56~76	68~97	80~118	92~139	104~160	116~181	128~202	139~224	151~245	163~266	174~288	186~309	197~331
	45~54	58~74	72~93	86~112	99~132	113~151	127~176	141~189	154~209	168~226	182~247	196~266	209~286	223~305
34	45~57	58~78	70~100	83~121	95~143	108~164	120~186	132~208	144~230	156~252	168~274	180~296	192~318	204~340
	46~56	60~76	74~96	88~116	103~135	117~155	131~175	145~195	159~215	174~234	188~254	202~274	216~294	231~313
35	47~58	60~80	73~102	86~124	98~147	111~169	124~191	136~214	149~236	161~259	174~281	186~304	199~326	211~349
	48~57	62~78	77~98	91~119	106~139	121~159	135~180	150~200	165~220	179~241	194~261	209~281	223~302	238~322
36	48~60	62~82	75~105	88~128	102~150	115~173	128~196	141~219	154~242	167~265	180~288	193~311	205~335	318~358
	49~99	64~80	79~101	94~122	109~143	124~164	139~185	155~205	170~226	185~247	200~268	215~289	230~310	245~331
37	50~61	63~85	77~108	91~131	105~154	118~178	132~201	145~225	159~248	172~272	185~296	199~319	212~343	225~367
	51~60	66~82	81~104	97~125	112~147	128~168	144~189	159~211	175~232	190~254	206~275	222~296	237~318	353~339
38	51~63	65~87	80~110	94~134	108~158	122~182	136~206	150~230	164~254	177~279	191~303	205~327	219~351	232~376
	52~62	68~84	84~105	100~128	116~150	132~172	148~194	164~216	180~238	196~260	212~282	282~304	244~326	260~348

样品数 m

附表 15　顺位检验法检验表 ($\alpha = 0.01$)

样品数 m

评价员数 n	2	3	4	5	6	7	8	9	10	11	12	13	14	15
2	……	……	……	……	……	……	……	……	3~19	3~21	3~23	3~25	3~27	3~29
3	……	……	……	4~14	4~17	4~20	5~22	5~25	4~29	4~32	4~35	4~38	4~41	4~44
	……	……	……	……	……	……	……	……	5~28	6~30	6~33	7~35	7~38	7~41
4	……	……	5~15	5~19	5~23	5~27	6~30	6~34	6~38	6~42	7~45	7~49	7~53	7~57
	……	……	……	6~18	6~22	7~25	8~28	8~32	9~35	10~38	10~42	11~45	12~48	13~51
5	……	6~14	6~19	7~23	7~28	8~32	8~37	9~41	9~46	10~50	10~55	11~59	11~64	12~68
	……	……	7~18	8~22	9~26	10~30	11~34	12~38	13~42	14~46	15~50	16~54	17~58	18~62
6	……	7~17	8~22	9~27	9~33	10~38	11~43	12~48	13~53	13~59	14~64	15~69	16~74	16~80
	……	8~16	9~21	10~26	12~30	13~35	14~40	16~44	17~49	18~54	20~58	21~63	21~69	24~72
7	8~13	8~20	10~25	11~31	12~37	13~43	14~49	15~55	16~61	17~67	18~73	19~79	20~85	21~91
	……	9~19	11~24	12~30	14~35	16~40	18~45	19~51	21~56	23~61	25~66	26~72	28~77	30~82
8	9~15	10~22	11~29	13~35	14~42	16~48	17~55	19~61	20~68	21~75	23~81	24~88	25~95	27~101
	9~15	11~21	13~27	15~33	17~39	19~45	21~51	23~57	25~63	28~68	30~74	32~80	34~86	36~92
9	10~17	12~24	13~32	15~39	17~46	19~53	21~60	22~68	24~75	26~82	27~90	29~97	31~104	32~112
	10~17	12~24	15~30	17~37	20~43	22~50	25~56	27~63	30~69	32~76	35~82	37~89	40~95	42~102
10	11~19	13~27	15~35	18~42	20~50	22~58	24~66	26~74	28~82	30~90	32~98	34~106	36~114	38~122
	11~19	14~26	17~33	20~40	23~47	25~55	28~62	31~69	34~76	37~83	40~90	42~98	46~104	49~111
11	12~21	15~29	17~38	20~46	22~55	25~63	27~72	30~80	32~89	34~98	37~106	39~115	41~124	44~132
	13~20	16~28	19~36	22~44	25~52	29~59	32~67	35~75	39~82	42~90	45~98	48~106	52~113	55~121
12	14~22	17~31	19~41	22~50	25~59	28~68	31~77	33~87	36~96	39~105	42~114	44~124	47~133	50~142
	14~22	18~30	21~39	25~47	28~56	32~64	36~72	39~81	43~89	47~97	50~106	54~114	58~122	62~130
13	15~24	18~34	21~44	25~53	28~63	31~73	34~83	37~93	40~103	43~113	46~123	50~132	53~142	56~152
	15~24	19~33	23~42	27~51	31~60	35~69	39~78	44~86	48~95	52~104	56~113	60~122	64~131	68~140

（续）

评价员数 n	2	3	4	5	6	7	8	9	10	11	12	13	14	15
14	16~26	20~36	24~46	27~57	31~67	34~78	38~88	41~99	45~109	48~120	51~131	55~141	58~152	62~162
	17~25	21~35	25~45	30~54	34~64	39~73	43~83	48~92	52~103	57~111	61~121	66~130	76~140	75~149
15	18~27	22~38	26~40	30~60	34~71	37~83	41~94	45~105	49~116	53~127	50~139	60~150	64~161	68~172
	18~27	23~37	28~47	32~58	37~68	42~78	47~88	52~98	57~108	62~118	67~128	72~138	76~149	81~159
16	19~29	23~41	28~52	32~64	36~76	41~87	45~99	40~111	53~123	57~135	62~146	66~158	70~170	74~182
	19~29	25~39	30~50	35~61	40~72	46~82	51~93	50~104	61~115	67~125	72~136	77~147	83~157	88~168
17	20~31	25~43	30~55	35~67	39~80	44~92	49~104	53~117	58~129	62~142	67~154	71~167	76~179	80~192
	21~30	26~42	32~53	38~64	42~76	49~87	55~98	60~110	66~124	72~132	78~143	83~155	89~166	95~177
18	22~32	27~45	32~58	37~71	42~84	47~97	52~110	57~123	62~136	67~149	72~162	77~175	82~188	86~202
	22~32	28~44	34~56	40~68	46~80	52~92	99~103	65~115	71~127	77~129	83~151	89~163	95~175	102~186
19	23~34	29~47	34~61	40~74	45~88	50~102	59~115	61~129	67~142	72~156	77~170	82~184	86~197	93~211
	24~33	30~46	36~59	43~71	49~84	56~96	62~109	69~121	75~133	82~146	89~158	95~171	102~183	108~196
20	24~36	30~50	36~64	42~78	48~92	54~106	60~120	65~125	71~140	77~163	82~178	88~192	94~206	99~221
	25~35	32~48	38~62	45~75	85~88	59~101	60~114	73~127	80~140	87~153	94~166	101~179	108~192	115~203
21	26~37	32~52	38~67	45~81	51~96	57~111	63~126	66~141	75~156	82~170	88~185	94~200	100~215	106~230
	26~37	33~51	41~61	48~78	55~92	63~105	70~119	78~182	85~146	92~100	100~173	107~187	115~200	122~214
22	27~39	34~54	40~70	47~85	54~100	60~116	67~131	74~148	80~162	80~178	93~193	99~209	106~224	112~240
	28~38	35~53	43~67	51~81	58~96	66~110	74~124	82~138	90~152	98~166	106~180	113~195	121~209	129~223
23	28~41	36~56	43~72	50~88	57~104	64~120	71~136	78~152	85~168	91~185	98~201	105~217	112~233	119~249
	29~40	37~55	45~70	53~85	62~99	70~114	78~129	86~144	95~158	103~173	111~188	119~203	128~217	136~232
24	30~42	37~59	45~75	52~92	60~108	67~125	75~141	82~188	89~175	96~192	104~208	111~225	118~242	125~259
	30~42	39~57	47~73	56~88	65~103	73~119	80~134	91~140	99~165	108~180	117~195	126~210	134~226	143~241
25	31~44	39~61	47~78	55~95	63~112	71~129	78~147	66~164	94~181	101~199	109~216	117~233	124~251	132~268
	32~43	41~59	50~75	59~91	68~107	77~123	86~139	95~155	101~171	113~187	123~202	132~218	141~234	150~250

样品数 m

（续）

样品数 m

评价员数 n	2	3	4	5	6	7	8	9	10	11	12	13	14	15
26	33~45	41~63	49~81	57~99	66~116	74~134	82~152	90~170	98~188	106~206	114~224	122~242	130~260	138~278
	33~45	42~62	52~78	61~95	71~111	80~128	90~144	100~166	109~177	149~193	128~210	138~226	147~243	157~259
27	34~47	43~65	51~84	60~102	69~120	77~139	86~157	94~176	103~194	111~213	120~231	128~250	137~268	145~287
	35~46	44~64	54~81	64~98	74~115	84~132	94~149	104~166	114~183	124~200	134~217	144~234	154~251	164~268
28	35~49	44~68	54~86	63~105	72~124	81~143	90~162	99~181	108~200	110~220	125~239	134~258	143~277	152~296
	36~48	46~66	56~84	67~101	77~119	88~136	93~154	108~172	119~189	129~207	140~224	150~242	161~259	171~277
29	37~60	46~70	56~89	65~109	75~128	84~148	94~167	103~187	112~207	122~226	131~246	140~266	149~286	158~306
	37~50	48~68	59~86	69~105	80~123	91~141	102~159	113~177	124~195	135~213	145~232	156~250	167~268	178~286
30	38~52	48~72	58~92	68~112	78~132	88~152	97~173	107~183	117~213	127~233	136~254	146~274	155~295	165~315
	39~51	50~70	61~89	72~108	83~127	95~145	106~164	117~183	129~201	140~220	151~239	163~257	174~276	185~295
31	39~54	50~74	60~95	71~115	81~136	91~157	101~178	112~198	122~219	132~240	142~261	152~282	162~303	172~324
	40~53	51~73	63~92	75~111	85~131	98~150	110~169	122~188	133~208	145~227	157~246	169~265	180~285	192~304
32	41~55	52~70	62~98	73~119	84~140	95~161	105~183	166~204	126~226	137~217	147~269	158~290	168~312	179~333
	41~55	53~75	65~95	77~115	90~134	102~154	114~174	120~194	138~214	151~233	163~253	175~273	187~293	199~313
33	42~57	53~79	65~100	76~122	87~144	98~166	109~188	120~210	134~232	142~254	153~276	164~298	174~321	185~343
	43~56	55~77	68~97	80~118	93~138	105~159	118~179	131~199	145~220	156~240	169~260	181~281	194~301	206~322
34	44~58	55~81	67~103	78~126	90~148	102~170	113~193	124~216	136~238	147~261	158~284	170~306	181~329	192~352
	44~58	57~79	70~100	83~121	96~142	109~163	122~184	125~205	148~226	161~217	174~268	187~289	201~309	214~330
35	45~60	57~83	69~106	81~129	93~152	105~175	117~196	120~221	141~244	152~208	164~291	176~314	187~338	199~361
	46~59	59~81	72~103	86~124	99~146	113~167	120~189	140~210	153~232	167~253	180~275	191~289	207~318	221~339
36	46~62	59~85	71~109	84~132	96~156	109~179	121~203	133~227	145~251	157~275	170~298	182~322	194~346	206~370
	47~61	61~83	74~106	88~128	102~150	116~172	130~194	144~216	158~238	172~260	186~282	200~304	214~326	228~348
37	48~63	61~87	74~111	86~136	99~160	112~184	125~208	137~242	150~257	163~281	175~306	188~330	200~355	213~379
	48~63	63~85	77~108	91~131	105~154	120~176	134~199	149~221	163~244	177~267	192~239	206~312	221~334	235~357
38	49~65	62~90	76~114	89~139	102~164	116~188	120~213	142~233	155~263	168~288	181~318	194~338	207~363	219~389
	50~64	64~83	79~111	94~134	109~157	123~181	138~304	153~227	168~250	183~273	198~296	213~319	227~323	242~366